視覺傳達設計

丙級檢定 學術科
應檢寶典 | 2025版

LAYOUT
LAYOUT
SHADOW

序

　　目前國內技術型高中設計群科學生基礎的檢定職種可說就是「視覺傳達設計」丙級了，這一版「視覺傳達設計」丙級術科測驗題目除了符合勞動部技能檢定中心要求縮短丙級術科測驗時間的原則之外，還增加了印刷色彩原理的應用，或許也算是另一種創意吧。術科的基本測驗架構沒有多大改變，基於某些緣由還是採取徒手繪製的應檢模式。本研究室集合了多位擁有高中、職實務教學經驗的教師針對學、術科內容詳實且正確地剖析，希望在茫茫學海中盡一點微薄的力量。

　　「視覺傳達設計」檢定職種是技術型高中設計群科又愛又恨的檢定職種，因為術科測驗內容包含：基本製圖（需要黑墨單鉤畫線）及書寫中文標宋體、中文黑體、英文羅馬體、英文黑體等四種字體（含黑色平塗），最後再加上印刷色彩學的調製與平塗。想要取得證照必須有系統的理解和花較長時間的練習，但用心及有方法的練習之後，十之八九也都能得到很好的成績，達到檢定通過的水平，也是在這個樣樣獨尊電腦的年代，肯定學生扎實訓練的獎勵方式。

　　本書共分為兩大部分，第一部分為學科相關資訊重點解說以及公告題庫逐題詳解；第二部分為術科分解示範。術科基本製圖部分逐題進行繪製並有步驟剖析，中文字體部分由基本永字八法開始進行說明，羅馬字體部分則詳述字型結構與特徵，引導考生理解用筆方法與字間、字架，真正學會文字的設計原理。印刷色彩學部分則透過全域色相環圖示出指定色域。透過本書教學說明及練習，每位考生都能打穩基礎、順利應考、取得證照。

　　本書能夠順利付梓，除了要感謝編輯團隊日以繼夜、焚膏繼晷的努力之外，最要感謝的是碁峰資訊提供了這個舞台，讓這本小書能順利推出，提供臺灣技職教育界的莘莘學子多一個學習的選項。最後祝福每一位考生都能順利取得證照！

技能檢定研究室
2025.03

目 錄

PART 1 學科題庫解析

色彩學 1-1
 一　電磁光波與色彩 1-2
 二　色彩三要素 1-2
 三　三原色與各式混合 1-3
 四　色彩體系 1-4
 五　生理現象 1-5
 六　色彩聯想 1-6
 學科試題 1-8

攝　影 1-21
 一　攝影簡史 1-22
 二　相機結構 1-22
 三　光圈 1-22
 四　快門 1-23
 五　視角（攝角） 1-23
 六　鏡頭 1-24
 七　景深 1-24
 八　感光度（ISO） 1-25
 九　底片（Film） 1-26
 十　感光元件 1-27
 十一　色溫度 1-27
 十二　電子閃光燈 1-28
 學科試題 1-30

印刷概要 1-41
 一　中西印刷簡史 1-42
 二　印刷紙張規格 1-43
 三　紙張種類 1-44

四	印刷程序	1-45
五	印刷的五大版式	1-46
	學科試題	1-47

廣告媒體 1-59

一	四大廣告媒體	1-60
二	廣告創意的本質	1-60
三	廣告業常見的英文縮寫	1-60
四	POP 廣告	1-61
五	書籍的結構	1-62
六	常見解析度	1-62
七	我國市面上常見的飲料包裝	1-63
	學科試題	1-64

圖　學 1-77

一	線條的種類、粗細及用途	1-78
二	線條優先次序	1-79
三	正投影圖與展開圖	1-79
四	各種記號	1-80
五	鉛筆硬度	1-82
六	國際重要標準名稱	1-82
	學科試題	1-83

設計基礎 1-97

一	點線面體	1-98
二	美的形式原理	1-99
三	包浩斯	1-100
	學科試題	1-101

共同科目 1-113

一	90006 職業安全衛生共同科目	1-114
二	90007 工作倫理與職業道德共同科目	1-121
三	90008 環境保護共同科目	1-132
四	90009 節能減碳共同科目	1-139

術科題庫解析

檢定相關資料 2-1

  壹 技術士技能檢定視覺傳達設計職類丙級術科測試試題使用說明..................2-2

  貳 技術士技能檢定視覺傳達設計職類丙級術科測試應檢人須知........................2-2

  參 技術士技能檢定視覺傳達設計職類丙級術科測試應檢人自備工具表............2-4

  肆 技術士技能檢定視覺傳達設計丙級術科測試材料表..2-4

基本製圖 2-5

  一 試題編號：20100-111301 2-6

  二 試題編號：20100-111302 2-8

  三 試題編號：20100-111303 2-10

  四 試題編號：20100-111304 2-12

  五 試題編號：20100-111305 2-14

  六 試題編號：20100-111306 2-16

字體 2-19

  一 中文字體 2-20

  二 英文字體 2-31

色彩設定 2-37

版面配置原則 2-45

描圖紙裱貼指引 2-49

術科試題 2-53

  一 試題編號：20100-111301 2-54

  二 試題編號：20100-111302 2-55

  三 試題編號：20100-111303 2-56

  四 試題編號：20100-111304 2-57

  五 試題編號：20100-111305 2-58

  六 試題編號：20100-111306 2-59

術科試題配色參考表

視覺傳達設計
Visual Communication Design

PART **1**・學科題庫解析

色 彩 學

 **電磁光波與色彩**

如果沒有光線我們就無法看見任何色彩和物體,而地球上大部份的光線來自於太陽,小部份來自人造光源,如:燈管、燈泡…。而人類的肉眼只能看得見光譜中極小的波段,我們稱這個波段為「可見光譜」,當這些可見光波進入眼睛,我們就可以感應到光和色彩。

光譜本身是一種波狀的能量,人類肉眼能感應到的範圍大約是波長 380nm 到 780nm,而最佳明視的波長範圍約 400nm 到 700nm。單位 nm(mμ)就是一般常講的奈米,1mm(公釐)= 1000000nm(奈米)。高於 700nm 為紅外線、無線電波…,低於 400nm 為紫外線(UV 光)、X 射線、γ 射線…。

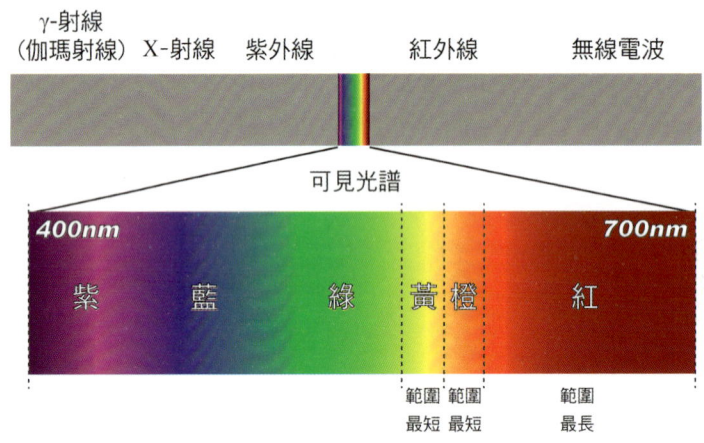

英國物理學家牛頓在一封信中自述:於西元 1666 年當時還是大學生的牛頓,利用三稜鏡將光折射分散出紅、橙、黃、綠、藍、靛、紫等顏色,我們稱此為有色光譜。西元 1672 年,牛頓在英國皇家學院會報(Philosophical Transactions of the Royal Society)發表了「光的新理論」(New Theory of Light)創立了光譜理論。

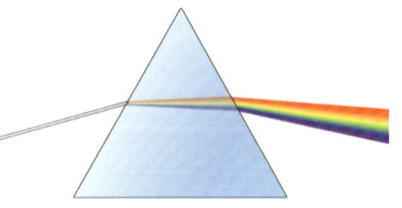

 **色彩三要素**

光波波長的長短決定色彩的色相(Hue),色相指的是色彩的名稱。波長越短越偏藍、波長越長越偏紅。

光波反射率的高低區別色彩的明度(Value),明度指的是色彩的明暗程度。反射率越大明度越高、反射率越小明度越低。

光波振幅的高低差區別色彩的彩度(Chroma),彩度指的是色彩的飽和程度或純度。振幅越大彩度越高、振幅越小彩度越低。

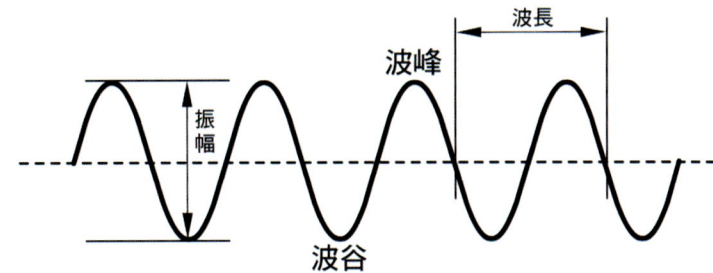

而色相（Hue）、明度（Value）、彩度（Chroma）則合稱為色彩三要素或色彩三屬性，而以色彩三要素作有系統的排列形成三度空間的結構稱為色立體（Color Solid）。將色相有系統的環狀排列則稱為色相環（Color Ring 或 Color Circle）。

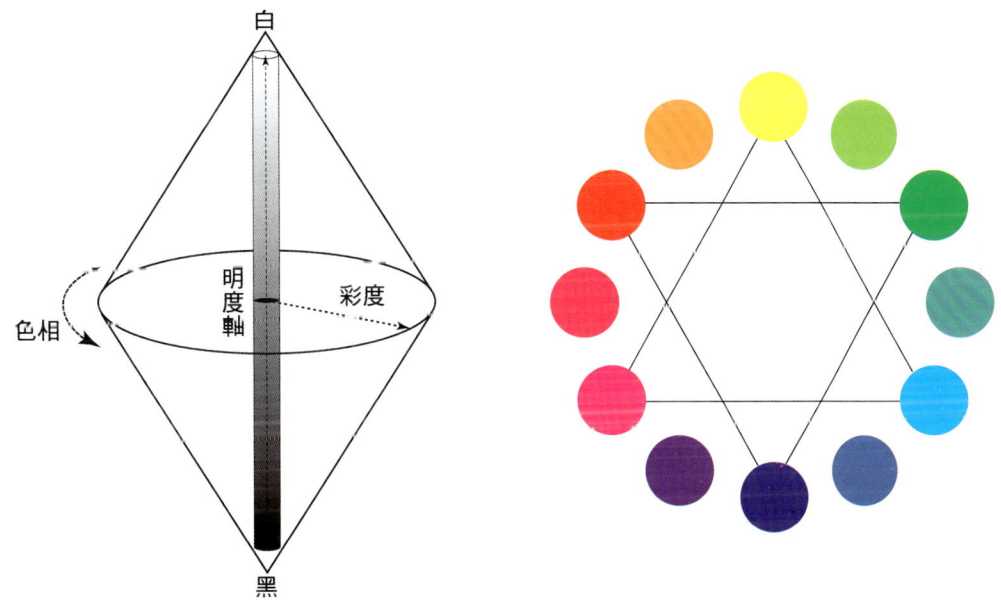

三 三原色與各式混合

色光的三原色指的是紅（Red）、綠（Green）、藍（Blue）。色光越混合色彩越亮所以稱之為「加法混色」又稱為「正混合」，理論上所有光線加在一起會形成白光。

色料的三原色指的是青（Cyanine Blue）、洋紅（Magenta Red）、黃（Yellow），加上黑（Black）合稱印刷四原色，英文簡稱 C、M、Y、BK 或 C、M、Y、K。色料越混合色彩越暗所以稱之為「減法混色」又稱為「負混合」，理論上所有色料加在一起會形成近似黑。

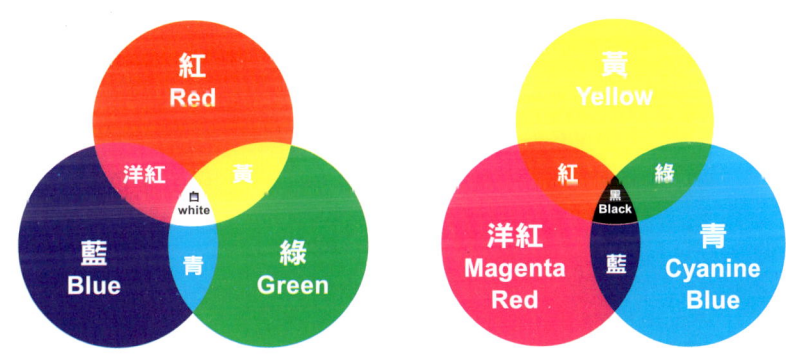

在圓形的轉盤上，貼上不同的色彩加上高速旋轉後，所形成的色彩混合效果稱之為「旋轉混合」。理論上旋轉的速度越快，混色效果越佳，混色後的明度會略微提高，彩度會略微降低。

旋轉混合屬於色光混合的一種又稱為「連續加法混色」或「中性混合」，最具代表性的是麥斯威爾所作轉盤實驗，稱之為「麥斯威爾轉盤」。

而將各種色彩並排於畫面上，透過空間中光線的作用，使觀賞者眼睛內的視網膜自動混色，而產生出有別於原來的色彩，這種現象我們稱之為「並置混色」。常見的並置混色的現象有十九世紀末新印象派（Neo-Impressionism）或稱點描派的畫作，代表畫家有秀拉（Georges Seurat）、席涅克（Paul Signac），還有彩色電視機的映像功能、彩色印刷和紡織品也都是屬於「並置混色」的效果。

四 色彩體系

	伊登表色法 Itten	曼塞爾色彩體系 Munsell	奧斯華德色彩體系 Ostwald	自然色彩體系 N.C.S.（Nature Color System）	日本色研配色體系 P.C.C.S.（Practical Color Co-ordinate System）
發展源流	由紅、黃、藍三原色發展而來。	以赫爾姆茲（Helmholtz）「五原色」說 紅（Red）、綠（Green）、藍（Blue）+ 黃（Yellow）、紫（Purple）發展出10色相之「補色對色環」。	赫林（Hering）「四原色」 紅（Red）、綠（Green）、藍（Blue）、黃（Yellow）發展出8色的「補色對色環」，每個色相再細分3色，形成24色相。	赫林（Hering）「四原色」紅（Red）、綠（Green）、藍（Blue）、黃（Yellow）加上黑、白兩色共6色相。	由接近色光三原色的：橙紅（Orange Red）、綠（Green）、青紫（Violet Blue）與色料三原色 洋紅（Magenta Red）、黃（Yellow）、藍（Cyanine Blue）等六色為基礎再細分成24色相，其24色相環上互為補色關係，故又稱：補色相環。
原色數	三原色	五原色	四原色	四原色	六原色
基本色	6色相	10色相	8色相	6色相	12色相
色相數	12色相環	100色階	24色相環	40色相環	24色相環
明度階	6條緯線 7階	N0→黑色、N10→白色，中間加入9個灰階：N0 -N10	由白到黑依序為：a、c、e、g、i、l、n、p		1.0→黑色、9.5→白色，中間加入：2.4、3.5、4.5、5.5、6.5、7.5、8.5 等7個灰階
		11階	8階		9階
彩度階		14階	28格	11階	9階
表色法		H V/C 色相 明度/彩度	色相號碼 白量 黑量 主張 F+W+B=100% （C+W+B=100%） 純色量+白量+黑量=100%	S-C-Φ（SC-Φ）黑量-彩色量-色相	H-V-C 色相-明度-彩度

	伊登表色法 Itten	曼塞爾色彩體系 Munsell	奧斯華德色彩體系 Ostwald	自然色彩體系 N.C.S.（Nature Color System）	日本色研配色體系 P.C.C.S.（Practical Color Co-ordinate System）
色立體	球形	不規則樹形（色之樹）	複圓錐體（算盤珠形）	上下對稱複圓錐體（類似奧斯華德）	斜橢圓形（卵形）
圖形	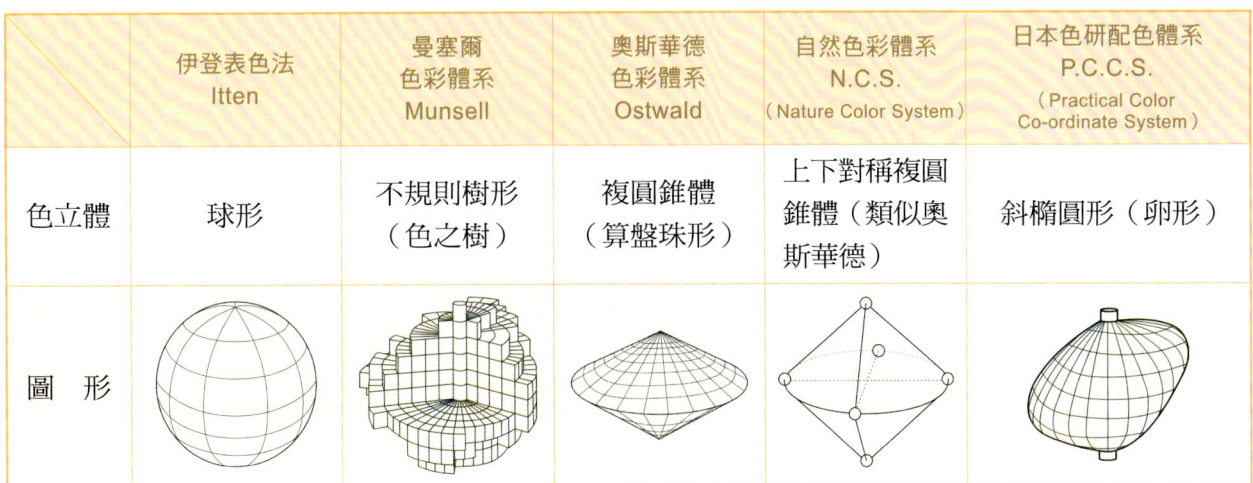				

五 生理現象

【錐狀細胞與桿狀細胞】

細胞名稱	位置	功能	數量	疾病
錐狀細胞	集中在中心窩（fovea）附近。	負責細部與色彩感應。依光色素的不同分為三種受器，分別接收光譜中的紅、綠、藍三主色。	約八百萬個。	錐狀細胞功能不良會導致色盲。
桿狀細胞	中心窩（fovea）以外的視網膜周邊。	負責夜晚及周邊視覺。	約一億三千萬個。	桿狀細胞損傷會導致夜盲。

【暗適應與明適應】

- **暗適應（Dark adaptation）**：人類眼睛在暗處對光的敏感度逐漸提高的過程，與桿狀細胞中視紫紅質的合成增強有關。

- **明適應（Light adaptation）**：人類眼睛由暗到亮的適應過程，其機制是桿狀細胞在暗處蓄積了大量的視紫紅質，進入亮處遇到強光時迅速分解，而產生耀眼的光感。這個過程很快，通常在幾秒鐘內即可完成。

- 明適應所需的應變時間短，暗適應則需較長的時間。

【視覺暫留】

- 視覺暫留（Persistence of vision）是影像停止對眼睛的刺激之後，影像仍然會在眼睛的視網膜上做短暫的停留現象。而當我們注視某物體一段時間後，再將視線移開，在短時間內仍可看到該物體的形像，這也是一種視覺暫留的現象，我們也稱該現象為「殘像」或「後像」（After image）。

- **後像分為兩種：** 如果影像的顏色與原來物體的顏色相同，這種影像稱為「正片後像」，電影技術就是利用這個原理。如果顏色與原來物體的顏色不同，就稱為「負片後像」，產生負片後像的原因除了視覺暫留的作用之外，視覺疲勞也是引發的原因之一。

六　色彩聯想

- **五行與五色：**

相傳遠古時候伏羲氏將宇宙生成、地球對應太陽公轉、月亮對應地球公轉、地球自轉等關係以及農業社會與人生哲學之間相互關係演繹成為「八卦」加上後來中國陰陽五行等學說的發揚光大，以致有所謂五行的學說，其方位與色彩對應為：

五行	木	火	土	金	水
五色	東	南	中	西	北

- **五臟、五行與五色：**

『黃帝內經』指出：白色入肺…赤色入心…青色入肝…黃色入胃…黑色入腎…等，這是中國醫學中有關五臟配五色的相關理論，其五臟、五行與色彩對應為：

五臟	肝	心	脾胃	肺	腎
五行	木	火	土	金	水
五色	青	赤	黃	白	黑

- **方位與色彩：**

周禮春官大宗伯記載：以玉作六器，以禮天地四方：以蒼璧禮天、以黃琮禮地、以青圭禮東方、以赤璋禮南方、以白琥禮西方、以玄璜禮北方，其方位與色彩對應為：

方位	天	地	東	南	西	北
六器	蒼璧	黃琮	青圭	赤璋	白琥	玄璜
色彩	青	黃	青	赤	白	黑

- **音階與色彩：**

畢達哥拉斯（Pythagoras）「顏色與音樂調性之間頻率共振」的理論指出，音階中的 Do、Re、Mi、Fa、Sol、La、Si 七種調都有其相對應的色彩，其調性與色彩對應為：

音　階	Do	Re	Mi	Fa	Sol	La	Si
對應色彩	紅色	橙色	黃色	綠色	藍色	靛色	紫色

- **中國臉譜與色彩：**

    中國臉譜的色彩是用來表現劇中人物的性格，每種色彩都有其獨特的意義，表現其性格與色彩相近的人物角色，臉譜色彩所代表的性格象徵如下：

色彩	個性	代表人物
紅	具有血性，正直、忠心耿耿	關公、姜維
紫（褐）	具有血性，但較為沉著	廉頗、徐延昭
黃	勇猛殘忍、工於心計	王僚、典韋、宇文成都
藍	凶猛、桀傲不遜	馬武、朱溫、竇二敦
綠	性情暴躁，不受拘束	夏侯德、程咬金
黑	忠正憨直	張飛、項羽、包拯
白	陰險奸詐、居心叵測	曹操、司馬懿
金、銀	神聖、德高望重（多用於神仙）	二郎神、如來佛

學科試題

(2) 1. 色光的三原色係指 ①紅黃綠 ②紅綠藍 ③紅黃紫 ④黃青紫。
解 色光的三原色指的是紅（Red）、綠（Green）、藍（Blue）。

(4) 2. 色料的三原色是係指 ①紅、黃、綠 ②紅、橙、藍 ③藍、綠、紫 ④洋紅、黃、青。
解 色料的三原色指的是青（Cyanine Blue）、洋紅（Magenta Red）、黃（Yellow），加上黑（Black）合稱印刷四原色，英文簡稱C、M、Y、BK或C、M、Y、K。

(1) 3. 曼塞爾（Munsell）色彩體系的色環主色有 ①5 ②6 ③7 ④8個色相。
解 曼塞爾（Munsell）色彩體系原色數為紅（Red）、綠（Green）、藍（Blue）、黃（Yellow）、紫（Purple）五個色相。

(3) 4. NCS（Nature Color System）色彩體系的色環主色有 ①2 ②3 ③4 ④5個色相。
解 N.C.S.（Nature Color System）色彩體系原色數為紅（Red）、綠（Green）、藍（Blue）、黃（Yellow）四個色相。

(3) 5. 可以依據光波的波長之長短來區別色彩的 ①明度 ②彩度 ③色相 ④形式。
解 光波波長的長短決定色彩的色相（Hue），色相指的是色彩的名稱。波長越短越偏藍、波長越長越偏紅。

(1) 6. 可以依據光波的反射率之高低區別色彩的 ①明度 ②彩度 ③色相 ④形式。
解 光波反射率的高低區別色彩的明度（Value），明度指的是色彩的明暗程度。反射率越大明度越高、反射率越小明度越低。

(2) 7. 可以依據光波本身振幅之高低差區別色彩的 ①明度 ②彩度 ③色相 ④形式。
解 光波振幅的高低差區別色彩的彩度（Chroma），彩度指的是色彩的飽和程度或純度。振幅越大彩度越高、振幅越小彩度越低。

(2) 8. 色相、明度、彩度合稱為色彩 ①三原色 ②三屬性 ③三顏色 ④三原則。
解 色相（Hue）、明度（Value）、彩度（Chroma）合稱為色彩三要素或色彩三屬性。

(4) 9. 色彩的飽和程度或純度稱為 ①明度 ②色相 ③色環 ④彩度。
解 彩度指的是色彩的飽和程度或純度。

(2) 10. 色彩明暗的程度稱為 ①色相 ②明度 ③彩度 ④色調。
解 色彩的明暗程度指的是明度。

(2) 11. 依色彩的三屬性作有系統的排列形成三度空間的結構稱為 ①色環 ②色立體 ③色相 ④三原色。
解 將色彩三屬性作有系統的排列形成三度空間的結構稱之為色立體（Color Solid）。

(1) 12. 中國戲劇臉譜大都以何種顏色表示忠臣 ①紅 ②白 ③黑 ④黃。
解 中國戲劇臉譜中紅色臉譜代表有血性，正直、忠心耿耿，代表人物：關公、姜維。

( ) 13. 下列何者之電磁波的波長大於 700mμ ①紫外線 ②X射線 ③紅外線 ④γ射線。 ③

> 解 人類肉眼能感應到的範圍大約是波長 380nm 到 780nm，而最佳明視的波長範圍約 400nm 到 700nm。單位 nm（mμ）就是一般常講的奈米。高於 700nm 為紅外線、無線電波…。

( ) 14. 在不可視光譜中，何者之波長比可視光線之波長更長 ①紫外線光 ②紅外線光 ③可視光 ④X光線。 ②

> 解 人類肉眼能感應到的範圍大約是波長 380nm 到 780nm，而最佳明視的波長範圍約 400nm 到 700nm。單位 nm（mμ）就是一般常講的奈米。高於 700nm 為紅外線、無線電波…。

( ) 15. 下列何者電磁波的波長小於 380mμ 稱為 ①紫外線 ②可視光線 ③電視波 ④紅外線。 ①

> 解 人類肉眼能感應到的範圍大約是波長 380nm 到 780nm，而最佳明視的波長範圍約 400nm 到 700nm。單位 nm（mμ）就是一般常講的奈米。低於 400nm 為紫外線（UV光）、x 射線、γ 射線…。

( ) 16. 在不可視光譜中，何者之波長比可視光線之波長更短 ①紫外線 ②紅外線 ③熱線 ④無線電波。 ①

> 解 人類肉眼能感應到的範圍大約是波長 380nm 到 780nm，而最佳明視的波長範圍約 400nm 到 700nm。單位 nm（mμ）就是一般常講的奈米。低於 400nm 為紫外線（UV光）、x 射線、γ 射線…。

( ) 17. 英文的 Hue 是指 ①色相 ②明度 ③彩度 ④色調。 ①

> 解 Hue 指的是色相。

( ) 18. 英文的 Chroma 是指 ①色相 ②明度 ③彩度 ④色相環。 ③

> 解 Chroma 指的是彩度。

( ) 19. 英文的 Value 是指 ①彩度 ②明度 ③色相 ④色相環。 ②

> 解 Value 指的是明度。

( ) 20. 色相的環狀配列稱為 ①色調 ②色立體 ③色相環 ④光譜。 ③

> 解 色相有系統的環狀排列則稱為色相環（Color Ring 或 Color Circle）。

( ) 21. PCCS 之彩度劃分為 ① 1~10 共 11 階段 ② 10~20 共 11 階段 ③ 1S~9S 共 9 階段 ④ a.c.e.g …P 等 8 階段。 ③

> 解 P.C.C.S. 日本色研配色體系彩度劃分為 1S、2S、3S、4S、5S、6S、7S、8S、9S，共 9 個階段。

( ) 22. 兩種第一次色混合而成的顏色叫做 ①第一次色 ②第二次色 ③第三次色 ④第四次色。 ②

> 解 兩種第一次色混合而成的顏色叫做第二次色。

( ) 23.顏料的第一次色相當於色光的 ①第一次色 ②第二次色 ③第三次色 ④第四次色。 ②

解 顏料的第一次色相當於色光第二次色。

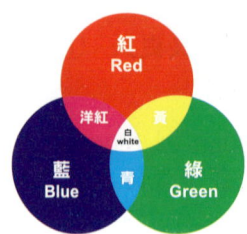

( ) 24.色光的第一次色相當於顏料的 ①第一次色 ②第二次色 ③第三次色 ④第四次色。 ②

解 色光的第一次色相當於顏料第二次色。

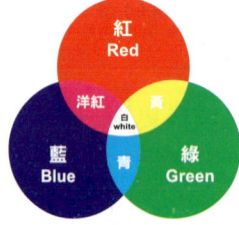

( ) 25.色光混色又稱為 ①加法混色 ②減法混色 ③乘法混色 ④除法混色。 ①

解 色光越混合色彩越亮所以稱之為「加法混色」又稱為「正混合」。

( ) 26.色料混色又稱為 ①加法混色 ②減法混色 ③乘法混色 ④除法混色。 ②

解 色料越混合色彩越暗所以稱之為「減法混色」又稱為「負混合」。

( ) 27.下列純色何者明度最高 ①黃色 ②橙色 ③紅色 ④藍色。 ①

解 純色中明度最高的為黃色。

( ) 28.下列純色何者明度最低 ①黃色 ②橙色 ③紅色 ④藍色。 ④

解 純色中明度最低的為藍色。

( ) 29.下列何者不屬於色彩三屬性 ①色相 ②濃度 ③明度 ④彩度。 ②

解 色彩三要素或色彩三屬性指的是：色相（Hue）、明度（Value）、彩度（Chroma）。

( ) 30.紅色色料加上黃色色料會產生 ①紫色 ②綠色 ③橙色 ④黑色。 ③

解 理想中等量的紅色色料加上黃色色料會產生接近橙色。

( ) 31.紅色色料加上綠色色料會產生 ①紫色 ②綠色 ③橙色 ④深灰色。 ④

解 理想中等量的紅色色料加上綠色色料會產生深灰色。

( ) 32.在實驗室中透過三稜鏡分析光譜的是 ①畢卡索 ②牛頓 ③包浩斯 ④曼塞爾。 ②

解 西元1666年當時還是大學生的牛頓，利用三稜鏡將光折射分散出紅、橙、黃、綠、藍、靛、紫等顏色。

1-10

( ) 33.何者不屬於色料配色 ①水彩 ②油畫 ③螢幕影像 ④水墨。 ③

解 水彩、油畫、水墨都屬於色料配色也就是色料混色，螢幕影像為並置混色，實屬色光混合。

( ) 34.下列何種色彩稱為無彩度 ①黑色 ②灰藍色 ③乳白色 ④棕色。 ①

解 灰藍色、乳白色、棕色都是有彩度的色相，黑、灰、白才是屬於無彩度色相。

( ) 35.曼塞爾（Munsell）色彩數值的表示法依序為 ①色相、彩度、明度 ②明度、色相、彩度 ③色相、明度、彩度 ④彩度、色相、明度。 ③

解 曼塞爾（Munsell）色彩數值的表示法依序為：H（色相）V（明度）/C（彩度）。

( ) 36.曼塞爾（Munsell）色彩體系的 H 代表 ①色相 ②明度 ③彩度 ④濃度。 ①

解 曼塞爾（Munsell）色彩體系 H 指的是色相（Hue）。

( ) 37.奧斯華德（Ostwald）色彩體系對於色彩的表示以白色＋黑色＋純色＝ ①0 ②10 ③50 ④100。 ④

解 奧斯華德（Ostwald）色彩體系對於色彩的表示以白色＋黑色＋純色＝100。

( ) 38.奧斯華德（Ostwald）色彩體系的色立體形成一個上下對稱的 ①三角椎形 ②圓形 ③正方形 ④梯形。 ①

解 奧斯華德（Ostwald）色彩體系的色立體為上、下對稱的三角錐形組合成為複圓錐體（算盤珠形）如圖 。

( ) 39.奧斯華德（Ostwald）色彩體系將明度分為幾個階段 ①5 個 ②8 個 ③10 個 ④12 個。 ②

解 奧斯華德（Ostwald）色彩體系將明度由白到黑區分為：a、c、e、g、i、l、n、p，8個階段。

( ) 40.中國傳統水墨畫講求「墨分五彩」是指 ①色相 ②明度 ③彩度 ④顏料 的充分活用與表現。 ②

解 中國傳統水墨畫講求的「墨分五彩」是指墨的濃淡變化，也就是明度的變化。

( ) 41.下列何種色彩屬於暖色 ①藍色 ②青色 ③綠色 ④橙色。 ④

解 色彩暖與寒的心理感覺與色彩的明度與彩度都有相當關係，若單純以色相環來劃分，波長較長的紅、橙、黃色皆屬於暖色，波長較短的綠、藍、紫色則屬於寒色。

( ) 42.下列何種色彩屬於寒色 ①紅色 ②橙色 ③黃色 ④藍色。 ④

解 色彩暖與寒的心理感覺與色彩的明度與彩度都有相當關係，若單純以色相環來劃分，波長較長的紅、橙、黃色皆屬於暖色，波長較短的綠、藍、紫色則屬於寒色。

( ) 43.下列何種色彩配色屬於色料補色對 ①紅色與黃色 ②藍色與白色 ③橙色與黃色 ④綠色與洋紅色。 ④

解 綠色與洋紅色屬於色料補色對。紅色與黃色為相鄰色、橙色與黃色為相鄰色。

( ) 44.「孔雀藍」的色彩名稱是來自 ①固有色名 ②系統色名 ③印刷色名 ④油墨廠色票名。　①

解 固有色名：又稱「傳統色名」或「慣用色名」，是以植物、動物、礦物、人、事、時、地、物…等來命名。例如：芥末綠、橄欖綠、鮭魚紅、咖啡色、橘子色、土黃色、老鼠色、孔雀藍、天空藍、皮膚色、土耳其藍…。

系統色名：基本色名以有系統的方式加入修飾語或形容詞所組成的色彩名稱。例如：鮮明帶黃的綠（Vivid Yellowish Green）、暗調帶藍的綠（Dark Bluish Green）。

印刷色名：以印刷常見的 CMYK 四色依需要比例標色，例如：C100M50Y30K10、M80Y50。

油墨廠色票名：各大油墨廠商會製作屬於該公司的印刷油墨色票，例如：Panton 公司的 Panton「2748c」、大日本油墨（D.I.C.）的「DIC580s」、東洋顏料（TOYO Color Finder）的「CF10676」。

( ) 45. PCCS 色彩標示法把無彩色分成幾個明度階 ①10個 ②12個 ③9個 ④3個。　③

解 P.C.C.S. 日本色研配色體系把無彩色分成 1.0、2.4、3.5、4.5、5.5、6.5、7.5、8.5、9.5 等，9 個明度階。

( ) 46. 色料中的紅色加藍色等於 ①綠色 ②咖啡色 ③紅紫色 ④黃色。　③

解 理論上等量的紅色加藍色會產生紅紫色。

( ) 47. 色料中藍紫色的補色為 ①紅色 ②橙黃色 ③青色 ④綠色。　②

解 從色相環中可得知藍紫色的補色為橙黃色。

( ) 48. 印刷演色表示法上「C」代表 ①青色 ②洋紅色 ③黃色 ④黑色。　①

解 色料的三原色中「C」指的是青（Cyanine Blue）。

( ) 49. 印刷演色表示法上「Y」代表 ①青色 ②洋紅色 ③黃色 ④黑色。　③

解 色料的三原色中「Y」指的是黃（Yellow）。

( ) 50. 印刷演色表示法上「M」代表 ①青色 ②洋紅色 ③黃色 ④黑色。　②

解 色料的三原色中「M」指的是洋紅（Magenta Red）。

( ) 51. 印刷演色表示法上「K」代表 ①青色 ②洋紅色 ③黃色 ④黑色。　④

解 色料的三原色中「K」指的是黑（Black）。

( ) 52. 在曼塞爾（Munsell）的色相環中，下列色相何者明度最低 ①紅 ②橙 ③藍 ④黃。　③

解 上列選項中藍色明度最低。

( ) 53. 在日本色研（PCCS）色相環上相鄰的色彩稱為 ①互補色 ②對比色 ③類似色 ④自然色。　③

解 P.C.C.S. 日本色研配色體系的色相環，相鄰的色彩稱為類似色。

( ) 54.為了響應環保觀念，今後的設計講求的是　①綠色設計　②紅色設計　③黃色設計　④藍色設計。　①

> 現代設計潮流講求的是「綠色設計」（Green design）的精神與實踐。

( ) 55.奧斯華德（Ostwald）色彩系之最高明度階段以　①0　②a　③10　④P表示。　②

> 奧斯華德色彩體系（Ostwald）將明度從白到黑劃分為：a、c、e、g、i、l、n、p，8個明度階，最高明度階為a。

( ) 56.CNS的三視圖是採用　①第一角法　②第二角法　③第三角法　④第四角法。　③

> 答案第一角法與第三角法皆可，因CNS 3 B1001規定「6.正投影：正投影法分為第一角法與第三角法兩種，本標準規定第一角法或第三角法同等適用」。

( ) 57.蒙得裡安（Mondrian）所畫「紅黃藍」的構成，是以何種形式表現　①渦線　②曲線　③拋物線　④垂直線與水平線。　④

> 蒙德里安（Piet Mondrian,1872-1944）荷蘭畫家，風格派運動幕後藝術家和非具象繪畫的創始者之一，以「紅黃藍」構成的畫作　　　　　　均以垂直線與水平線構成。

( ) 58.下列何種色彩較會給人輕快的感覺　①棗紅色　②明黃色　③墨綠色　④藏青色。　②

> 上列選項中明黃色較會給人輕快的感覺。

( ) 59.下列何種色彩較會給予沉重的感覺　①天藍色　②翠綠色　③藏青色　④粉紅色。　③

> 上列選項中藏青色較會給予沉重的感覺。

( ) 60.紅色加下列那一種顏色會變成暗濁色　①綠色　②黃色　③橙色　④白色。　①

> 理論上等量的紅色加上等量的綠色會變成暗濁色。

( ) 61.下列何者對色光三原色之敘述錯誤　①不能再分解　②不能由其它色光混合出來　③為紅、黃、藍光　④紅和綠光相混合時可得到黃色光。　③

> 色光三原色為紅（Red）、綠（Green）、藍（Blue），無法再分解也不能由其它色光混合而成，理論上等量的紅光和綠光相混合時可得到黃光。

( ) 62.PCCS表色系加入色調（Tone）的概念，其中Pale是指　①灰的　②暗的　③沌的　④淡的。　④

> P.C.C.S.日本色研配色體系的12個色調名稱：鮮豔色調或純色調v（Vivid）、明亮色調b（Bright）、強烈色調s（Strong）、深色調dp（Deep）、淺色調lt（Light）、柔色調sf（Soft）、鈍色調或濁色調d（Dull）、暗色調dk（Dark）、淡色調或粉色調p（Pale）、淺灰色調ltg（Light Grayish）、灰色調g（Grayish）、暗灰色調dkg（Dark Grayish）。

( ) 63.PCCS表色系中，中文色調名為「深的」其英文色調記號為　①dp　②d　③dk　④b。　①

> P.C.C.S.日本色研配色體系的12個色調名稱：鮮豔色調或純色調v（Vivid）、明亮色調b（Bright）、強烈色調s（Strong）、深色調dp（Deep）、淺色調lt（Light）、柔色調sf（Soft）、鈍色調或濁色調d（Dull）、暗色調dk（Dark）、淡色調或粉色調p（Pale）、淺灰色調ltg（Light Grayish）、灰色調g（Grayish）、暗灰色調dkg（Dark Grayish）。

( ) 64.高樓頂上裝置紅燈，是因其何種色彩機能　①鮮艷好看　②波長較長　③彩度較高　④原色之一。　②

解 高樓頂上裝置紅燈，是因為可見光譜中波長最長的是紅色光，也是最能穿越空氣傳達到遠方的光線，功能就是可以警示航空飛行器，避免發生撞擊建築物的事件。

( ) 65.人類可視光譜的波長範圍大約是　① 330~680nm　② 340~750nm　③ 400~700nm　④ 430~790nm。　③

解 人類眼睛最佳明視的波長範圍約 400nm 到 700nm。

( ) 66.眼睛所看到的香蕉，其「黃色」是　①光源色　②表面色　③透過色　④標準色。　②

解 光源色：發光物體自己發出光線直接刺激視網膜所形成色彩。
　　表面色：光源照射在不透明的物體上，物體表面吸收部份光線而反射出其餘的光線所形成的色彩。
　　透過色：通過可透光線的物體所產生的色彩。
　　眼睛看到黃色香蕉是光源照射在香蕉上，香蕉表面吸收部份光線而反射出黃色的光線，所以黃色屬於表面色。

( ) 67.光源對物體色的顯色影響稱為　①明適應　②色覺恆常　③色適應　④演色性。　④

解 物體在光源下感受的逼真百分比稱為演色性，演色性高的光源對色彩的表現較為豐富，也就是眼睛所看到的顏色越接近自然顏色。

( ) 68.以綠色光線照射攤販上賣的紅色的蘋果，蘋果會呈何種顏色　①青綠色　②黃橙色　③黃綠色　④黑褐色。　④

解 色光線照射在紅色蘋果上，其大部分的綠色光線都被紅色蘋果的表面吸收，僅反射微量的光線即為黑褐色的表面色。

( ) 69.以紅色光線照射攤販上賣的綠番石榴，番石榴會呈現何種顏色　①暗褐色　②鮮綠色　③藍綠色　④黃綠色。　①

解 紅色光線照射在綠番石榴，其大部分的紅色光線都被綠番石榴的表面吸收，僅反射微量的光線即為暗褐色的表面色。

( ) 70.醫護人員在一般病房穿白色工作服，但在手術房則穿淺綠色工作服，其作用是①不易髒　②環保色　③美觀　④補色心理。　④

解 醫護人員在手術房可能長時間注視紅色血液，容易產生綠色的殘影影響正常視覺，故穿著淺綠色工作服作用在於消除殘影平衡正常視覺。

( ) 71.注視白紙上的綠色圖形 30 秒後，將視線移往另一張白紙上，此時視覺會產生　①綠色　②黑色　③灰色　④紅色　圖形。　④

解 這是一種視覺暫留的作用，稱為「殘像」或「後像」（After image），該作用會造成「負片後像」，所以會產生負片效果，綠色圖形就變成補色效果，即為紅色圖形。

( ) 72.視網膜視覺網能辨別、感覺色相的是 ①錐狀細胞 ②桿狀細胞 ③視束 ④虹彩。 ①

細胞名稱	位置	功能	數量	疾病
錐狀細胞	集中在中心窩（fovea）附近。	負責細部與色彩感應。依光色素的不同分為三種受器，分別接收光譜中的紅、綠、藍三主色。	約八百萬個	錐狀細胞功能不良會導致色盲。
桿狀細胞	中心窩（fovea）以外的視網膜周邊。	負責夜晚及周邊視覺。	約一億三千萬個	桿狀細胞損傷會導致夜盲。

( ) 73.視網膜視覺細胞中負責明暗感覺的是 ①錐狀細胞 ②桿狀細胞 ③虹彩 ④晶狀體。 ②

細胞名稱	位置	功能	數量	疾病
錐狀細胞	集中在中心窩（fovea）附近。	負責細部與色彩感應。依光色素的不同分為三種受器，分別接收光譜中的紅、綠、藍三主色。	約八百萬個	錐狀細胞功能不良會導致色盲。
桿狀細胞	中心窩（fovea）以外的視網膜周邊。	負責夜晚及周邊視覺。	約一億三千萬個	桿狀細胞損傷會導致夜盲。

( ) 74.一般電燈泡的光源相當於 ①標準光A ②標準光B ③標準光C ④標準光E。 ①

標準光源A：色溫為2854°K的充氣螺旋鎢絲燈（類似夜間燈泡），其光色偏黃為最早人工光源典型。

標準光源B：色溫為4874°K，光色相當於中午日光（CIE已經宣告廢止使用標準光源B）。

標準光源C：色溫為6744°K，光色相當於有雲的日光。柔和穩定色彩偏藍，定義為晴天平均日光。

( ) 75.CIE的中文名稱為 ①國際形象協會 ②國際平面設計協會 ③國際照明委員會 ④國際色彩流通協會。 ③

C.I.E.為「國際照明委員會」（英文：International Commission on Illumination，法文：Commission internationale de l'éclairage，採用法語簡稱為C.I.E.）該組織是一個有關光學、照明、顏色和色度空間科學領域的國際組織，成立於1913年，總部設於奧地利維也納。

( ) 76.傍晚晚霞呈現紅色光線之風景是因為 ①紅色光譜分佈面積較廣 ②紅色光波波長較長 ③紅色的彩度較高 ④紅色的波長最短。 ②

大氣層的厚度是平均的，傍晚因為太陽光線進入大氣層的角度改變，使得太陽光要通過比平常更厚大氣層，造成光線散射的現象更加嚴重。波長較短的光線，例如：藍色光就會被大氣層散射掉，而留下波長較長的紅、橙色光，所以傍晚的天空偏紅色。

( ) 77.色盲最多的是 ①紅綠色盲 ②青黃色盲 ③紅黃色盲 ④青綠色盲。 ①

一般而言色盲分為：紅綠色盲（最多）、藍黃色盲（非常罕見）和全色盲（共有色盲）。

( ) 78. 在一純色中加入白色會使得 ①明度降低、彩度降低 ②明度降低、彩度提高 ③明度提高、彩度降低 ④明度提高、彩度提高。 ③

解 在純色中加入白色會使得明度提高、彩度降低。

( ) 79. 色立體的中心軸為 ①彩度階 ②明度階 ③色相階 ④濃度階。 ②

解 色立體的中心軸為明度軸，最頂端為白、最下端為黑。

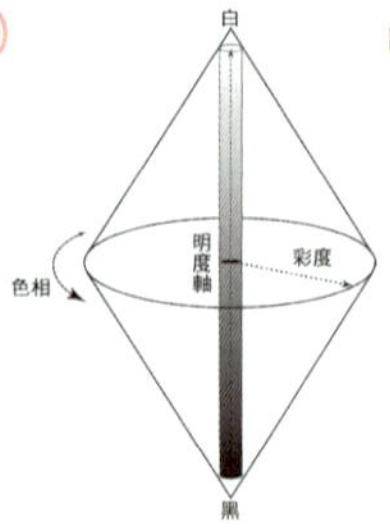

( ) 80. 日本色彩研究所配色體系，其 1-14-10 的表色意義為 ①色相紅、明度 14、彩度 10 ②明度 1、色相青綠、彩度 10 ③彩度 1、色相青綠、明度 10 ④明度 1、彩度 14、色相黃綠。 ①

解 日本色研表色體系又稱色之標準（為日本色研配色體系 P.C.C.S. 之前一版色彩體系）以 H（色相）-V（明度）-C（彩度）表色，1-14-10 代表：色相紅、明度 14、彩度 10。

( ) 81. 以 1-14-10 的表色方式代表純紅的色彩體系是 ①曼塞爾 ②奧斯華德 ③日本色研 ④ P.C.C.S.。 ③

解 日本色研表色體系又稱色之標準（為日本色研配色體系 P.C.C.S. 之前一版色彩體系）以 H（色相）-V（明度）-C（彩度）表色，1-14-10 代表純紅。

( ) 82. 以 2R-4.5-9S 的表色方式代表純紅的色彩體系是 ①曼塞爾 ②奧斯華德 ③日本色研 ④ P.C.C.S.。 ④

解 日本色研配色體系（P.C.C.S.）以 H（色相）-V（明度）-C（彩度）表色，2R-4.5-9S 代表：色相紅、明度 4.5、彩度 9S 的純紅色。

( ) 83. 下列色彩何種最鮮艷 ① 5R 4.5/14 ② 5YR 2.5/10 ③ 5G 5/8.5 ④ 5B 6/4。 ①

解 上項均為曼塞爾色彩體系（Munsell）表色法，該體系表色法為 H（色相）V（明度）/C（彩度），5R 4.5/14 為：紅色、明度 4.5、彩度 14，5YR 2.5/10 為：黃紅色、明度 2.5、彩度 10，5G 5/8.5 為：綠色、明度 5、彩度 8.5，5B 6/4 為：藍色、明度 6、彩度 4。5R 4.5/14 最鮮艷。

( ) 84. 下列有關曼塞爾表色系統的敘述何者不正確 ①由 10 種基本色相所組成 ②色立體似算珠型 ③明度階層分 11 階段 ④表色法 H V/C。 ②

解 曼塞爾色彩體系（Munsell）是由 10 種基本色相所組成、明度階層分 11 階段、表色法 H V/C、色立體為不規則樹形（色之樹）

( ) 85. 用純色加入適當比 黑白含量形成的表色系為何 ①曼塞爾表色系（Munsell） ②奧斯華德表色系（Ostwald） ③日本色彩研究所表色系 P.C.C.S. ④伊登表色系（Itten）。 ②

解 奧斯華德色彩體系（Ostwald）主張：F(C) 純色量＋W 白量＋B 黑量＝ 100%。

( ) 86. 在奧斯華德（Ostwald）表色系的表色法，查表得知 g 的白色含量為 22%、黑色含量為 78%，c 的白色含量為 56%、黑色含量為 44%，則 8gc 的純色含量為　①22% ②34% ③46% ④61%。　②

解 奧斯華德色彩體系（Ostwald）主張：F(C) 純色量＋W 白量＋B 黑量＝100%，奧斯華德色彩體系表色法為：色相號碼 白量 黑量，8gc → 8 為色相號碼，純色量＋22%＋44%＝100%，純色量＝34%。

( ) 87. 以色光的原色混合，次數越多，其亮度　①不變　②越高　③越低　④不一定。　②

解 色光越混合色彩越亮所以稱之為「加法混色」又稱為「正混合」，理論上所有光線加在一起會形成白光。

( ) 88. 以色料的原色混合，次數越多，其明度　①不變　②越高　③越低　④不一定。　③

解 色料越混合色彩越暗所以稱之為「減法混色」又稱為「負混合」，理論上所有色料加在一起會形成近似黑。

( ) 89. 新印象派中，畫家秀拉（G.Seurat）的點描畫作品，其顯色的效果是屬於　①加法混合　②減法混合　③並置混合　④迴轉混合。　③

解 將各種色彩並排於畫面上，透過空間中光線的作用，使觀賞者眼睛內的視網膜自動混色，而產生出有別於原來的色彩，這種現象我們稱之為「並置混色」。十九世紀末新印象派（Neo-Impressionism）或稱點描派的畫作，代表畫家秀拉（Georges Seurat）即是屬於「並置混色」的效果。

( ) 90. 下列何者與「並置混合」的原理無關　①電視映像　②新印象派（Neo-Impressionism）的繪畫　③紡織品　④圖案平塗。　④

解 而將各種色彩並排於畫面上，透過空間中光線的作用，使觀賞者眼睛內的視網膜自動混色，而產生出有別於原來的色彩，這種現象我們稱之為「並置混色」。常見的並置混色的現象有十九世紀末新印象派（Neo-Impressionism）或稱點描派的畫作，代表畫家有秀拉（Georges Seurat）、席涅克（Paul Signac），還有彩色電視機的映像功能、彩色印刷和紡織品……都是屬於「並置混色」的效果，圖案平塗並不屬於「並置混合」的原理。

( ) 91. 印刷用演色表標示 C80%、M10%、Y80%、BK10%，是接近於　①綠色　②粉紅色　③褐色　④橙色。　①

解 C80%、M10%、Y80%、BK10% → 接近綠色。

( ) 92. 色彩印刷，演色表標色為 C：60%、M：100%、Y：80%、BK：10% 接近於哪一色　①紫紅色　②粉紅色　③橙色　④褐色。　④

解 C：60%、M：100%、Y：80%、BK：10% → 接近褐色。

( ) 93. 超市冷凍肉品陳列架上，何種光源照射較能在視覺上提高肉品的新鮮度　①紅色光　②綠色光　③黃色光　④白色光。　①

解 超市冷凍肉品陳列架上使用紅燈照射，是因為當豬肉屬於紅肉，而紅燈照射在豬肉上時只會反射紅光，而吸收其他顏色的光波，所以當下我們會感覺到豬肉非常地紅，而認為豬肉非常新鮮增加賣相。

( ) 94. 色光混合中，將紅（Orange red）和綠（Green）兩色光相混合時，可得到　①黃色光　②紫色光　③藍色光　④白色光。　①

（　）95. 把兩個相同色彩之橙色橘子分別放在紅色桌布及黃色桌布上，在黃色桌布上的橙色橘子會比紅色桌布的橙色橘子偏向　①黃色　②紅色　③綠色　④白色。　②

解　把兩個相同色彩之橙色橘子分別放在紅色桌布及黃色桌布上，黃色桌布上的橙色橘子會比較紅，而在紅色桌布上的橙色橘子卻會比較黃，這就是一種「色相對比」的現象。

（　）96. 把兩個相同色彩之橙色橘子分別放在紅色桌布及黃色桌布上，在紅色桌布上的橙色橘子會比黃色桌布的橙色橘子偏向　①黃色　②紅色　③綠色　④白色。　①

解　把兩個相同色彩之橙色橘子分別放在紅色桌布及黃色桌布上，黃色桌布上的橙色橘子會比較紅，而在紅色桌布上的橙色橘子卻會比較黃，這就是一種「色相對比」的現象。

（　）97. 在色彩體系中加入色調（Tone）的觀念是　①曼塞爾（Munsell）表色系　②奧斯華德（Ostwald）表色系　③伊登（Itten）表色系　④日本色彩研究表色系 P.C.C.S.。　④

解　P.C.C.S. 日本色研配色體系加入色調（Tone）的觀念，並分別訂出12個色調，其名稱如下：鮮豔色調或純色調 v（Vivid）、明亮色調 b（Bright）、強烈色調 s（Strong）、深色調 dp（Deep）、淺色調 lt（Light）、柔色調 sf（Soft）、鈍色調或濁色調 d（Dull）、暗色調 dk（Dark）、淡色調或粉色調 p（Pale）、淺灰色調 ltg（Light Grayish）、灰色調 g（Grayish）、暗灰色調 dkg（Dark Grayish）。

（　）98. 酸與甜在色彩意象之傳達，其影響較大的因素為　①色相　②明度　③彩度　④形狀。　①

解　色彩的酸味與甜味是一種人類經驗的共感覺，當然也會因為個人生活經驗不同而有些差異，其主要影響的因素為色相。一般而言：酸→綠色，甜→橙色、粉色系，苦→深褐色、黑色、灰色，辣→鮮紅色、橙紅色，澀→深綠色、藍色。

（　）99. 影響色彩輕重感覺最主要的屬性是　①色相　②明度　③彩度　④濃度。　②

解　明度高低會影色彩的輕重感覺，一般而言明度高的色彩感覺較輕、明度低的色彩感覺較重。

（　）100. 在白色的背景上，下列何種純色的注目性最高　①黃色　②綠色　③紫色　④橙色。　③

解　色彩注目性（Attention）是指色彩引起人注意的程度，也就是色彩醒目的效果。在白色的背景上各純色的注目性依照高低為：紫→藍紫→藍→藍綠→綠→紅紫→紅→橙→黃綠→黃橙→黃。

（　）101. 下列何者色彩搭配的明視度最高　①綠底黃字　②黑底黃字　③紅底橙字　④黃底白字。　②

解　明視度（Visibility）指的是眼睛可以辨視到圖象的程度，而色彩明視度則是指色彩可以最長距離達到正確辨視的程度。而色彩搭配明視度依照高低為：黑底黃字→黃底黑字→黑底白字→紫底黃字→紫底白字→藍底白字→綠底白字→白底黑字→黃底綠字→黃底藍字。

( ) 102. 相同重量的物品，用水藍色包裝比用墨綠色包裝，感覺上水藍色包裝的物品較輕，其主要原因為 ①彩度 ②明度 ③色相 ④濃度。　②

　　解 明度高低也會影色彩的輕重感覺，一般而言明度高的色彩感覺較輕、明度低的色彩感覺較重。所以用水藍色包裝會比用墨綠色包裝感覺來的較輕。

( ) 103. 一張白紙，拿到陰暗處，仍然覺得它是白色的，此種情形稱為 ①明適應 ②暗適應 ③薄暮現象 ④色覺恆常。　④

　　解 一張白紙，拿到陰暗處，仍然覺得它是白色的，這種情形稱為「色覺恆常」（色彩恆常）。所謂色覺恆常是色彩感覺因為人類的經驗讓大腦深刻記憶其原始的色彩，當環境色彩改變時，大腦因為記憶及先入為主的認知，而產生色彩不變的判斷，這是一種自以為是的現象，因為色彩並不是真的恆常不變，原因是大腦會自動修正色彩的變化。

( ) 104. 警告危險，視認性最高的配色是 ①紅＋黑 ②黃＋黑 ③黃＋白 ④青＋紅。　②

　　解 根據中國國家標準（CNS 9328 Z1024）安全用顏色通則第 2 點規定：黃色＋黑色為注意、警告之表示事項。

( ) 105. 表示有放射能危險的是 ①黃＋青 ②黃＋紫紅 ③青＋紅 ④黑＋白。　②

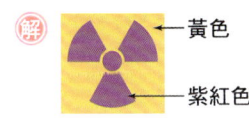

( ) 106. 當人們從戶外進入室內暗房時，眼睛會暫時無法適應，此現象稱為 ①明適應 ②視覺殘像 ③暗適應 ④邊緣對比。　③

　　解 當人們從戶外進入室內暗房時，眼睛會暫時無法適應是因為人類眼睛在暗處對光的敏感度逐漸提高的過程，與桿狀細胞中視紫紅質的合成增強有關，這種現象稱為：暗適應（Dark adaptation）。

( ) 107. 當人們從室內暗房出到戶外時，眼睛會暫時無法適應，此現象稱為 ①明適應 ②視覺殘像 ③暗適應 ④邊緣對比。　①

　　解 當人們從室內暗房出到戶外時，眼睛會暫時無法適應是因為人類眼睛由暗到亮的適應過程，其機制是桿狀細胞在暗處蓄積了大量的視紫紅質，進入亮處遇到強光時迅速分解，而產生耀眼的光感，這種現象稱為：明適應（Light adaptation）。

( ) 108. 甲色為 4R 8/6，乙色為 6RP 4/3，甲：乙恰當的平衡面積比計算為 ①2：3 ②1：3 ③1：4 ④4：1。　③

　　解 4R 8/6 與 6RP 4/3 均為曼塞爾色彩體系（Munsell）表色法，根據曼塞爾色彩面積理論：$\frac{A色 明度 \times 彩度}{B色 明度 \times 彩度} = \frac{B色面積}{A色面積}$，則甲、乙色為 $\frac{甲色 4R \; 8\times6}{乙色 6PR \; 4\times3} = \frac{乙色面積 12}{甲色面積 40}$，甲色面積：乙色面積即為 4：1，甲、乙面積欲達平衡則反比為 1：4。

( ) 109. 曼塞爾（Munsell）表色系的表色法，5R 4/6 和 5BG 7/4 兩色相比較，依符號可知，5R 4/6 比 5BG 8/4 ①明度低、彩度高 ②明度高、彩度高 ③明度低、彩度低 ④明度高、彩度低。　①

　　解 曼塞爾色彩體系（Munsell）表色法，該體系表色法為 H（色相）V（明度）/C（彩度），5R 4/6 為：紅色、明度 4、彩度 6，5BG 7/4 為：藍綠色、明度 8、彩度 4，兩色相比較 5R 4/6 比 5BG 8/4 明度低、彩度高。

( ) 110. 將綠色調植物置於紅色的桌面上，會覺得綠色調特別新鮮活潑，這是因為　①明度對比　②補色對比　③彩度對比　④類似調和。　②

解 綠色植物放置於紅色桌面上，會覺得綠色調特別新鮮活潑，這是補色對比的現象。

( ) 111. 周禮記載「以玄璜禮北方」，「玄」還指什麼色　①白色　②黃色　③紅色　④黑色。　④

解 周禮春官大宗伯記載：以玉作六器，以禮天地四方：以蒼璧禮天、以黃琮禮地、以青圭禮東方，以赤璋禮南方，以白琥禮西方，以玄璜禮北方，玄指的是黑色。其方位與色彩對應為：

方位	天	地	東	南	西	北
六器	蒼璧	黃琮	青圭	赤璋	白琥	玄璜
色彩	青	黃	青	赤	白	黑

( ) 112. 在中國古代的色彩象徵裡，南方是以何種顏色作為代表　①紅色　②黃色　③青色　④紫色。　①

解 周禮春官大宗伯記載：以玉作六器，以禮天地四方：以蒼璧禮天、以黃琮禮地、以青圭禮東方，以赤璋禮南方，以白琥禮西方，以玄璜禮北方，南方代表的是紅（赤）色。其方位與色彩對應為：

方位	天	地	東	南	西	北
六器	蒼璧	黃琮	青圭	赤璋	白琥	玄璜
色彩	青	黃	青	赤	白	黑

( ) 113. 女性化粧，使用較深色的腮紅，其會有什麼顯著效果　①秀氣　②更加立體感　③眼睛更亮　④臉會胖些。　②

解 使用腮紅可以造成色彩對比讓五官更加立體。

( ) 114. 中國傳統的方位色彩觀，何者正確　①東：白，西：朱，南：黃，北：青　②東：青，西：白，南：朱，北：黑　③東：青，西：黃，南：朱，北：黑　④東：黃，西：白，南：朱，北：青。　②

解 周禮春官大宗伯記載：以玉作六器，以禮天地四方：以蒼璧禮天、以黃琮禮地、以青圭禮東方，以赤璋禮南方，以白琥禮西方，以玄璜禮北方，其方位與色彩對應為：

方位	天	地	東	南	西	北
六器	蒼璧	黃琮	青圭	赤璋	白琥	玄璜
色彩	青	黃	青	赤	白	黑

( ) 115. 7-ELEVEN 連鎖店，其招牌的標準色有　①藍、白、紅　②綠、白、紅　③綠、紅、橙　④黃、紫、紅。　③

解 （7-ELEVEN 標誌：橙、紅、綠）

( ) 116. 下列何者為漸層色的表示法　①Y60%＋M80%　②M20%~M80%　③C100%　④BK。　②

解 M20%~M80% 為洋紅（Magenta Red）20%到洋紅（Magenta Red）80%的漸層色彩。

 **攝影簡史**

1826 年法國人約瑟夫・尼普斯 Joseph Nicéphore Niépce 拍攝出世界上第一張照片。

1839 年法國人路易・雅克・曼德・達蓋爾 Louis Jacques Mand Daguerre 發明了可攜式木箱照相機成為世界上第一台真正的照相機。

美國人喬治・伊士曼 George Eastman 所創立的伊斯曼・柯達公司（Eastman Kodak Company）於 1888 年研製出卷式感光膠卷，同年生產出第一部匣型照相機。後於 1935 年研究出彩色底片，並且可以沖洗出類似現代的彩色相片，攝影技術正式進入彩色時代。

1948 年美國寶麗來公司（Polaroid）推出世界上第一部即時成像相機（拍立得）。

 **相機結構**

一般而言，相機可分為機身與鏡頭兩部分，大部分的消費型相機（俗稱傻瓜相機）鏡頭是固定於機身前方不可更換，而單眼相機的鏡頭只要鏡頭接環相同就可以相互更換。

相機之所以能拍照的原理是光線通過鏡頭進入機身，透過相機的特殊構造，將影像投射在機身後方的底片或感光元件上，而使被拍攝的影像再次重現。

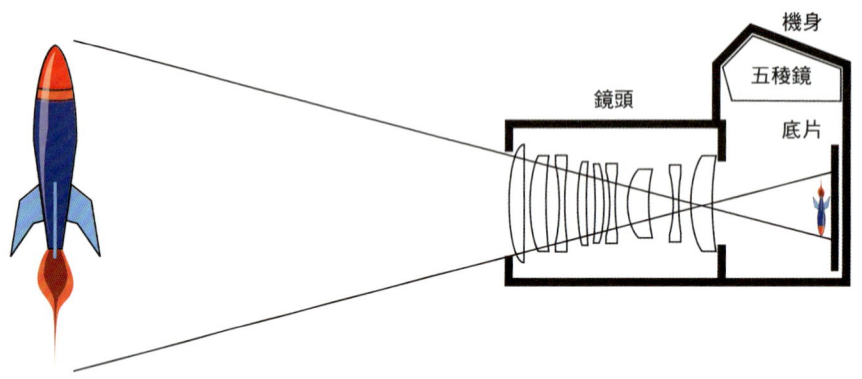

 **光圈**

一組在鏡頭中可以活動的葉片，利用葉片開合大小來控制光線在一定時間內進入相機內的光量多寡。一般而言，光圈並非單獨運作，通常必須搭配快門速度依所要表現的效果進行調控。光圈大小一般分為：f/1.4、f/2、f/2.8、f/4、f/5.6、f/8、f/11、f/16、f/22、f/32。光圈值愈小，例如：f/2.8 進光量較多；光圈值愈大，例如：f/32 進光量較少。一般而言，光圈愈大、景深愈淺，光圈愈小、景深愈長。相鄰兩個光圈值，其進光量為倍數關係。例如：f/5.6 乘 2 倍為 f/4，f/5.6 乘 4 倍為 f/2.8，f/5.6 乘 1/2 倍為 f/8。

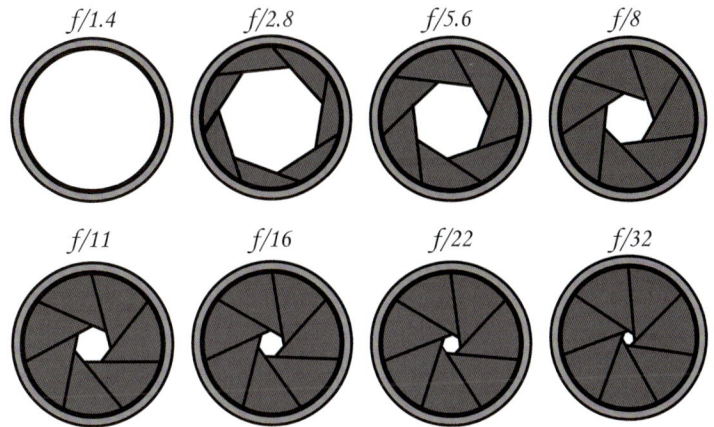

 快門

　　控制光線從鏡頭進入機身，對底片或感光元件感光時間長短的結構。快門速度的時間長短一般為：B、1 秒、1/2 秒、1/4 秒、1/8 秒、1/15 秒、1/30 秒、1/60 秒、1/125 秒、1/250 秒、1/500 秒、1/1000 秒、1/2000 秒、1/4000 秒⋯。B 快門為長時間曝光，當按下快門鈕時快門保持開放，也就是讓光線持續進入，鬆開快門鈕快門隨即關閉，一般使用 B 快門會搭配腳架以及快門線，才不會造成影像長時間曝光受到震動而模糊。

 視角（攝角）

　　視角（攝角）是指鏡頭所能提供的觀景範圍角度，鏡頭的焦距長短決定視角的大小。焦距愈短，視角愈大，影像愈小；焦距愈長，視角愈窄，影像愈大。135 相機 55mm 鏡頭有 47 度的視角，能夠再現人眼在正常條件下的視角，所以又稱標準鏡頭（Normal Lens）。

- 人類極限視角為 120 度。
- 正常視角為 45-55 度。
- 集中注意力時約為 25 度。

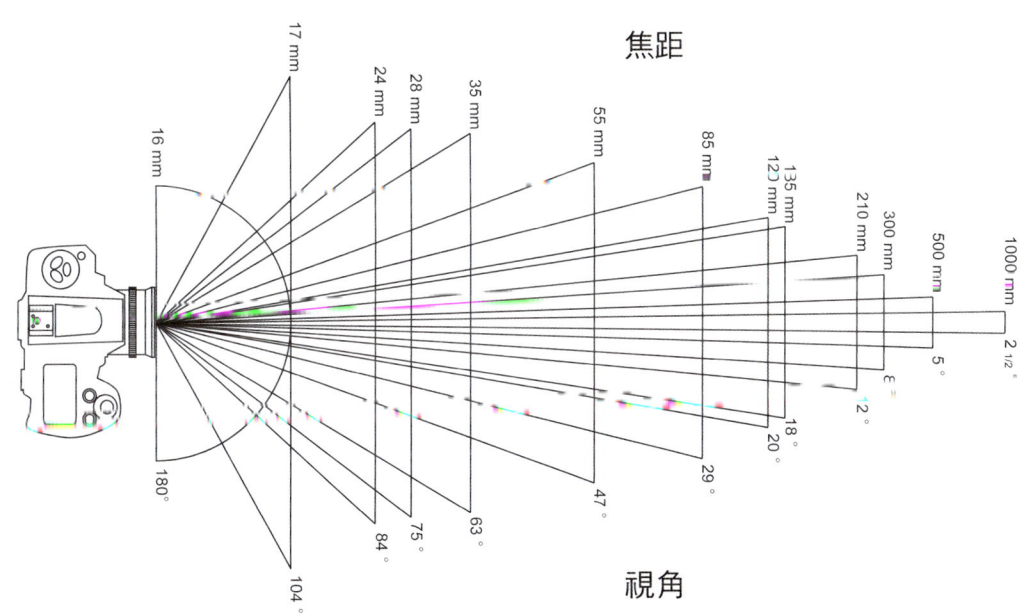

 **六　鏡頭**

一支鏡頭內由數群多枚鏡片組成，這些鏡片都有其不同的功能，一般鏡頭分類為：

1. 以鏡頭焦點距離的長短（焦距 Focal Length）區分：
   - 廣角鏡頭 50mm 以下。
   - 標準鏡頭 50mm-55mm。
   - 中長鏡頭 55mm-300mm。
   - 超長鏡頭 300mm 以上。

2. 以焦距固定與否區分：
   - 定焦鏡頭 Prime Lens 固定一個焦距。
   - 變焦鏡頭 Zoom Lens 多重焦距，通常是一個範圍，例如 17-210mm。

 七　景深

對焦完成之後，焦點清楚的範圍，也就是在這段距離內的物體都應該是清楚的，在這段距離前和後的距離都會模糊。而影響景深「長」、「淺」的三大因素是：光圈值的大小、鏡頭焦距長短以及攝影距離遠近。

一般所謂景深較淺是指對焦拍攝的景物其前後景物較為模糊，景深較長則指對焦拍攝的景物其前後景物較為清楚。影響景深「長」或「淺」的三個因素，其中兩個條件固定時，光圈口徑愈大（光圈值愈小）景深愈淺，光圈口徑愈小（光圈值愈大）景深愈長。鏡頭焦距愈長的鏡頭景深愈淺，鏡頭焦距愈短的鏡頭景深愈長。拍攝距離愈近景深愈淺，拍攝距離愈遠景深愈長。

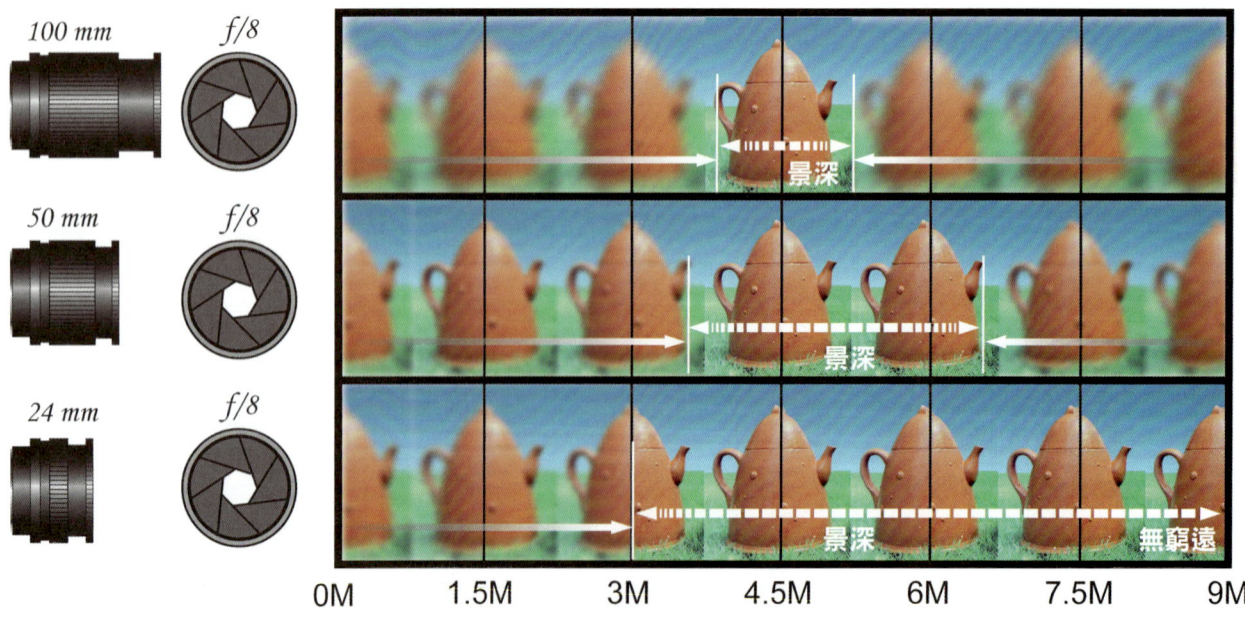

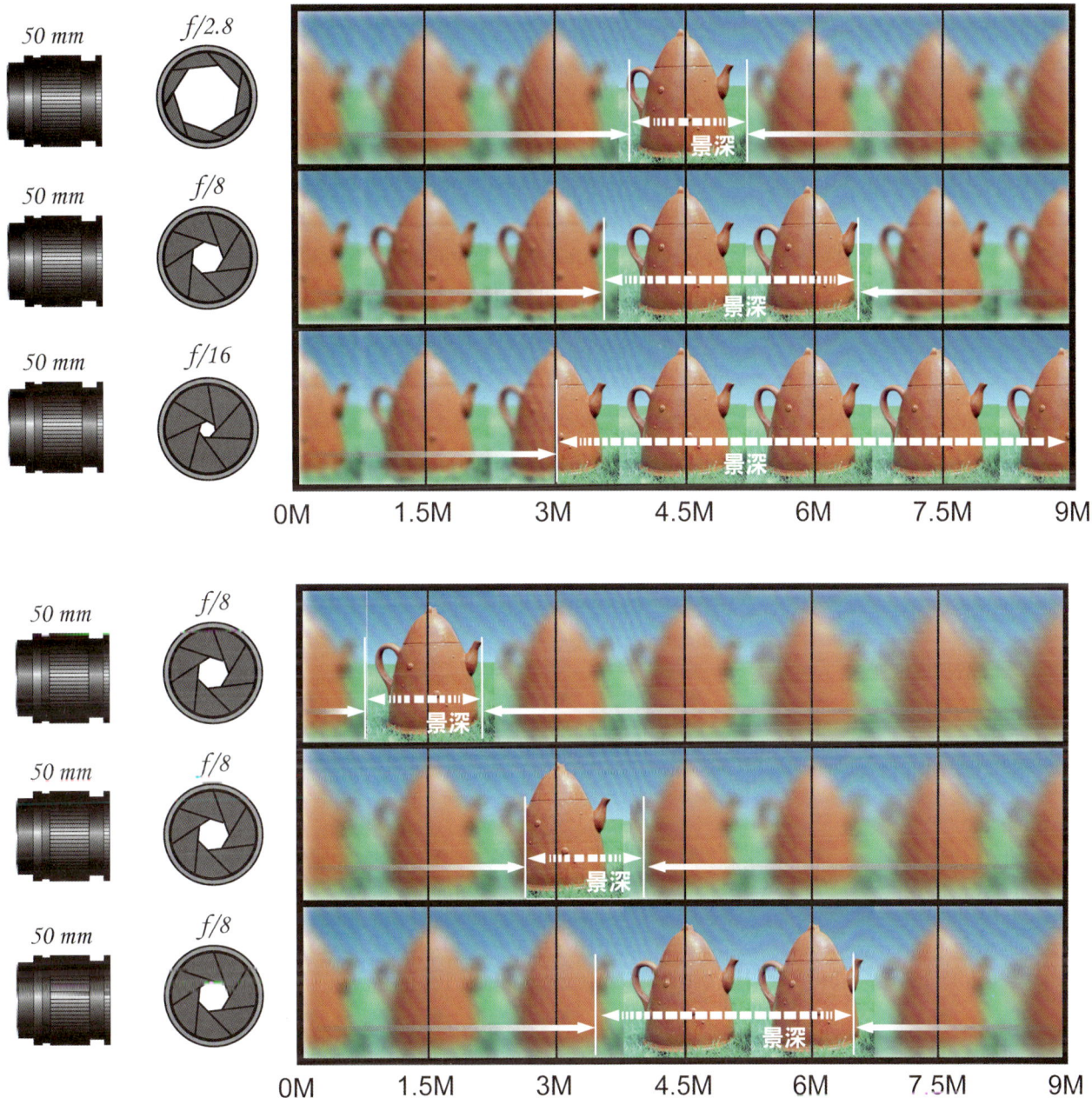

八 感光度（ISO）

　　以前世界各國對於感光度有各自不同的標準，但還是以 1943 美國制訂的「ASA 算數法」與 1934 德國制訂的「DIN 對數法」為主要兩大陣營。1960 年 2 月國際標準組織（International Organization for Standardization）制訂了 ISO 規範進而統一了世界標準，不過有些廠商仍然會標示為（ASA）/ISO 值或（DIN）/ISO 值。

九 底片（Film）

又名菲林，用於傳統相機的一種成像材料。

1. 以片幅大小來區分：

135 型	傳統相機中最常用的底片，Kodak 當時發明該底片的編號為 135，故稱為 135 型底片，尺寸為 24×36mm 對角線長約為 43mm，片基上有打較密的齒孔，整捲有 24 或 36 張裝俗稱 1 吋的底片。
110 型	小型匣式，13×17mm，片基上有打比較稀疏的齒孔，整捲 24 張底片。
120 型	中型底片，Kodak 當時發明該底片的編號為 120，故稱為 120 型底片。60×60mm，俗稱 2 吋半底片，一卷可拍 12 張。60×45mm 一卷 15-16 張、60×70mm 一卷 10 張、60×80mm 一卷 9 張、60×90mm 一卷 7-8 張、60×170mm 一卷 4 張等尺寸。
45 型	大幅底片，4 吋 ×5 吋（10.16X12.7cm）、5 吋 ×7 吋或 8 吋 ×10 吋，常見拍攝廣告或大型海報。

2. 以感色特性來區分：

色盲片（Color Blind Film）又稱感藍片	只能感應藍紫光線與紫外線，拍攝成品黑白反差明顯適用於翻拍黑白線條畫表文件。
紅外線軟片（Infrared Film）	紅外線為人眼無法感受的光線，在軟片乳劑加入特殊染料，可感應紅外線，通常應用於醫學、軍事與科學。
正色片（Ortho Chorme Film）	不能感應紅光和橙光，對綠光、藍光極為敏感，可用於拍攝風景適用風景拍攝，不適於人像類拍攝。
全色片（Panchromate Film）	能感應所有人眼所能感受的光線，就是一般使用的軟片，其中又可分為正片以及負片兩種。正片就是一般俗稱的幻燈片，其組成的色彩與肉眼所看到的色彩相同，可用於印刷製版原稿；負片在拍攝所組成的色彩為原色彩的互補色。

彩色底片因應不同的光源色溫，又可分為「日光片」及「燈光片」，日光下的景物若使用燈光片拍攝，色調會偏藍，燈光下的景物若使用日光片拍攝則會偏黃。

3. 以感光度（ISO）來分別：

常見的有低感度 ISO 50、ISO 100、ISO 200、ISO 400、ISO 800、ISO 1600、到高感度 ISO 3200。感度愈低粒子愈細膩，感度愈高粒子愈粗糙，一般使用 ISO 100、ISO 200。

 感光元件

存在於數位相機中，是將一種叫做 CCD（Charge-Coupled Device，電荷感光耦合元件半導體）的感光材料或 CMOS（Complementary Metal-Oxide Semiconductor，補充性氧化金屬半導體）作為的成像材料。CCD 或 CMOS 把透過鏡頭進入的光影轉換成強弱不同的電荷訊號，然後將這些電荷訊號再記錄成數位資訊，最終寫入記憶體（卡）中成為電腦可以讀取的檔案。

	感光	紀錄
傳統相機	底片	底片
數位相機	CCD 或 CMOS	記憶體

 色溫度

19 世紀末英國物理學家開爾文勳爵（Lord Kelvin）制定一套色溫計演算法，色溫的表示是以絕對溫度 °K 表示之。原理是以一個黑色物體在加熱過程中散發出光線，隨著溫度的不同，光線顏色就會隨之改變。

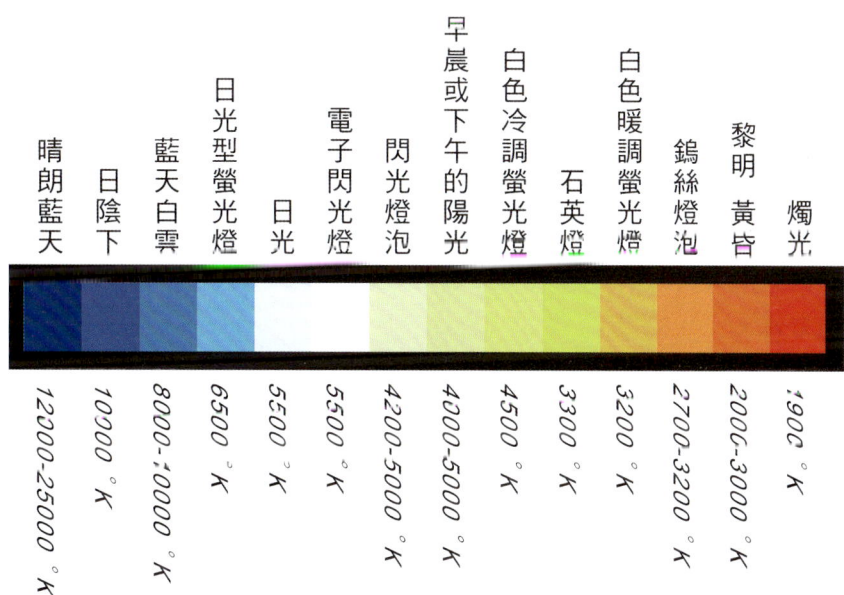

國際照明委員會（英語：International Commission on Illumination，法語：Commission Internationale de l'éclairage，簡稱 C.I.E.）1931 年推出 A、B、C 三種標準光源：

- 標準光源 A：色溫為 2854°K 的充氣螺旋鎢絲燈（類似夜間燈泡），其光色偏黃為最早人工光源典型。
- 標準光源 B：色溫為 4874°K，光色相當於中午日光（CIE 已經宣告廢止使用標準光源 B）。
- 標準光源 C：色溫為 6744°K，光色相當於有雲的日光。柔和穩定色彩偏藍，定義為晴天平均日光。

1965 年 CIE 推出另一系列的光源：

- 標準光 D65 和常用光源 D65：標準光 D65 的色溫大約為 6505°K，為模擬的人工合成晝光，以類似性質的氙氣燈來當作常用日光，為目前測光最常用的標準光。
- 輔助標準光 D50、D55、D75 輔助標準光分別代表色溫約為 5000°K、5500°K、7500°K（正確來說應該是 5003°K、5503°K 及 7504°K）。和標準光 D65 的情形一樣，因為實現這些輔助標準光的正式光源尚未被開發出來，所以目前是使用近似性質的常用光源 D50、D55 及 D75。
- 日光片色溫為 5500°K，使用日光片在家中鎢絲燈光下拍攝會偏黃色。
- A 型燈光片色溫為 3400°K，適合於一般石英燈等人工光源拍攝，使用燈光片在白天戶外拍攝會偏藍色。
- B 型燈光片色溫為 3200°K，適於鎢絲燈拍攝，使用燈光片在白天戶外拍攝會偏藍色。
- 一般電子閃光燈色溫為 5500°K（會因廠牌不同而有所差異）。

電子閃光燈

一般都是無燈絲僅在氙氣（Xe）管內高壓放電發光，所以又稱為「萬次閃燈」。閃光燈的測光方式，一般可分為「入射式自動測光」與「鏡後測光 Through The Lens（TTL）」兩種。

入射式自動測光是閃光燈本身已經俱備測光感應器，當閃光燈投影到被攝物後，被攝物反射回閃光燈，達到一定比例之後，閃光燈隨即停止閃光。

鏡後測光（TTL）原理是當快門被按下的瞬間，閃光燈會先發出較微弱的閃光，由相機機身內的測光感應器計算被攝物反射回來的閃光與現場光的亮度比例，再控制閃光燈發出適當的閃光，是一種較有效的測光方式。

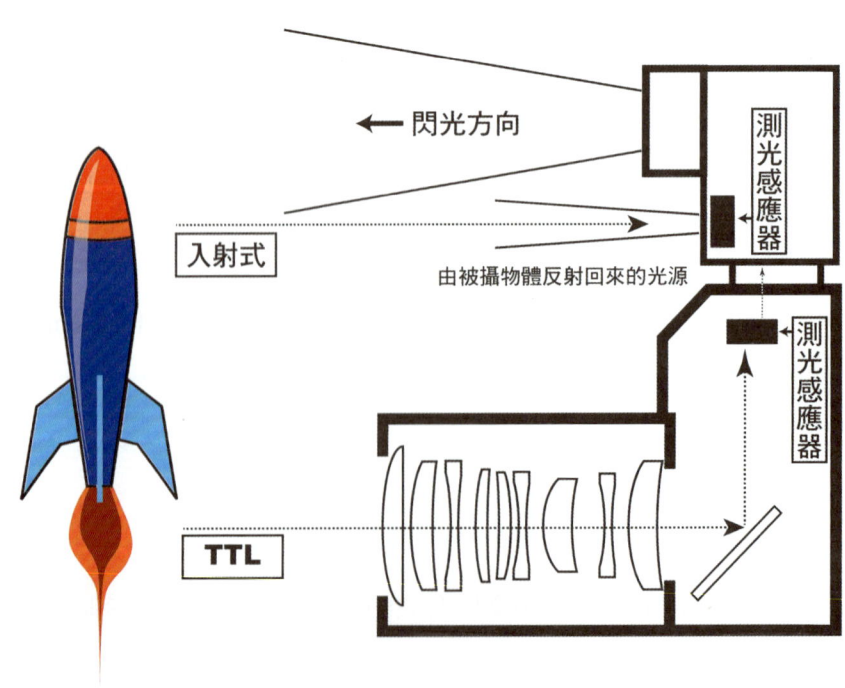

GN 值指的是「閃燈指數」（Guide Number）。

- GN（閃燈指數）＝ D（攝距）× f（光圈值）
- D（攝距）＝ GN（閃燈指數）÷ f（光圈值）
- f（光圈值）＝ GN（閃燈指數）÷ D（攝距）

「反平方定律」為光學的基本定律：當一個點光源發光照在一個與光線前進方向垂直的平面上時，該平面的「照度」與「光源至平面距離」的平方成反比（單位面積的受光量，單位為 lux）。

假設：一公尺的照度為 1 lux 時

  1 公尺 = 1 lux
  2 公尺 = 1/4 lux
  3 公尺 = 1/9 lux
  4 公尺 = 1/16 lux
  5 公尺 = 1/25 lux
  6 公尺 = 1/36 lux
  7 公尺 = 1/49 lux
  8 公尺 = 1/64 lux
  9 公尺 = 1/81 lux
  10 公尺 = 1/100 lux

學科試題

(1) 1. 下列何者與閃光燈曝光量決定無關 ①色溫 ②快門 ③照射距離 ④光圈。
   解 快門、光圈與照射距離決定閃光燈曝光量，一般電子閃光燈色溫即設定 5500°K。

(3) 2. 拍攝婚宴、餐會等大場面可將閃光燈的同步快門做何調整較佳 ①加快一、二級 ②不必做任何調整 ③降低一、二級 ④加快門線。
   解 婚宴、餐會等大場面因為現場空間較大、畫面場景人物較多，為了避免曝光量不足或光線集中前景，所以閃光燈的同步快門可降低一、二級進行實測，以求達到最佳效果。

(4) 3. 所謂反平方定律即光源與物體的距離為 1 米時，照度為 1，距離 2 米時照度為 ①2 ②1/2 ③3/4 ④1/4。
   解 「反平方定律」為光學的基本定律：當一個點光源發光照在一個與光線前進方向垂直的平面上時，該平面的「照度」與「光源至平面距離」的平方成反比（單位面積的受光量，單位為 lux），1 米 = 1 lux　2 米 = 1/4 lux。

(2) 4. 最能製造陰影，產生立體感，對紋理的描寫效果特佳的光線為 ①正面光 ②右前側面光 ③逆光 ④頂光。
   解 正面光明朗缺乏陰影，逆光具剪影效果，側面光有較佳立體效果及紋理表現。

(1) 5. 全片幅相機的對角線為 ①43.2mm ②45.7mm ③47mm ④50mm。
   解 全片幅相機一般指的是 135 型相機，135 型相機底片尺寸為 24×36mm 對角線長約為 43mm。

(4) 6. 望遠鏡頭（長鏡頭）其視角約為 ①120°~180° ②65°~110° ③45°~50° ④2°~35°。
   解 視角 2°~35° 約為中長距離鏡頭到望遠鏡頭的視角，45°~50° 為標準鏡頭的視角，65°~110° 為廣角鏡頭的視角，120°~180° 為廣角鏡頭到魚眼鏡頭的視角。

(3) 7. 標準鏡頭的視角約為 ①120°~180° ②65°~110° ③45°~50° ④2°~35°。
   解 視角 2°~35° 約為中長距離鏡頭到望遠鏡頭的視角，45°~50° 為標準鏡頭的視角，65°~110° 為廣角鏡頭的視角，120°~180° 為廣角鏡頭到魚眼鏡頭的視角。

(1) 8. 光圈的作用下列何者為非 ①改變曝光的速度 ②控制光孔的大小 ③調節曝光量 ④控制景深。
   解 光圈可控制光圈葉片開口大小藉以調節曝光量及控制景深長短，曝光的速度應該使用快門來調整。

(3) 9. 控制景深大小的三個因素，下列何者為非 ①光圈 ②焦距 ③快門 ④攝距。
   解 影響景深「長」、「淺」的三大因素是：光圈值的大小、鏡頭焦距長短及攝影距離遠近。

(1) 10. 利用景深表判定景深範圍的第一步驟是 ①調焦距 ②看光圈大小 ③看光圈數值相對兩邊的顏色線 ④判定景深範圍。
   解 用景深表判定景深範圍的程序為：對焦→調整光圈大小→看光圈數值相對兩邊的顏色線→判定景深範圍。

(4) 11. 廣角鏡頭的特性下列何者為非 ①景深大 ②畫角大 ③誇張透視感 ④壓縮遠近的透視感。

(解) 廣角鏡頭的特性為：景深大、畫角大以及誇張的透視感，壓縮遠近的透視感乃長鏡頭的特性。

(①) 12. 攝影時若以「表現動態的變化」為主，須先決定 ①快門 ②光圈 ③光線 ④軟片。
(解)「表現動態的變化」就是取決於曝光的時間，而控制曝光的時間就是快門。

(③) 13. TTL 測光方式是將測光體裝在 ①鏡頭前方 ②鏡頭中間 ③鏡頭後方 ④鏡頭側面。
(解) 鏡後測光（TTL）原理是當快門被按下的瞬間，閃光燈會先發出較微弱的閃光，由相機機身內的測光感應器計算被攝物反射回來的閃光與現場光的亮度比例，再控制閃光燈發出適當的閃光。測光感應器位於機身內當然位置是在鏡頭後方。

(②) 14. 曝光的要件下列何者為非 ①光線 ②景深 ③快門 ④光圈。
(解) 曝光的要件為：光線、快門以及光圈。

(③) 15. 4×5 相機的軟片尺寸為 ① 4cm×5cm ② 6cm×7cm ③ 10.2cm×12.7cm ④ 20.3cm×25.4cm。
(解) 4 inch X 5 inch 約為 10.16 X 12.7cm。

(②) 16. A 型燈光片的色溫為 ① 5600°K ② 3400°K ③ 3200°K ④ 2800°K。
(解) A 型燈光片色溫為 3400°K，適合於一般石英燈等人工光源拍攝。

(③) 17. 能測量經由鏡頭到達對焦平面或軟片平面光線的測光方式稱為 ① TLL 系統 ② SIR 系統 ③ TTL 系統 ④ LRS 系統。
(解) 鏡後測光（TTL）原理是當快門被按下的瞬間，閃光燈會先發出較微弱的閃光，由相機機身內的測光感應器計算被攝物反射回來的閃光與現場光的亮度比例，再控制閃光燈發出適當的閃光。測光感應器位於機身內當然位置是在鏡頭後方。

(④) 18. 中型相機使用 120 軟片之 6×4.5cm 的片盒時，1 卷軟片可拍 ① 8 張 ② 10 張 ③ 12 張 ④ 16 張。
(解) 120 軟片 60X45mm 的片盒，一卷約可拍 15-16 張。

(①) 19. 中型相機的觀景器，大都採用平腰觀景之毛玻璃，結像方式為 ①上下正確，左右相反 ②上下顛倒，左右相反 ③上下正確，左右正確 ④上下顛倒，左右正確。
(解) 120 中型相機在觀景窗為上下正確，左右相反，135 單眼反射式相機與 110 相機在觀景窗則是正面呈像，4"×5" 大型相機在觀景窗中則是上下左右相反。

(①) 20. 下列何項是廣角鏡頭的特性 ①景深大 ②視角小 ③視感壓縮 ④焦點較易控制。
(解) 廣角鏡頭的特性為：景深大、畫角大以及誇張的透視感。

(①) 21. 走進電影院會一時看不見東西，過一段時間後才慢慢恢復辨識能力。此視覺順應的結果是 ①暗順應 ②正殘像 ③消極性殘像 ④色彩恆常性。
(解) 瞳孔負責調節進入眼球的光線量，還必須由感光細胞（錐狀細胞與桿狀細胞）來調節眼睛對光線的敏感度。所以突然由光亮處進入黑暗處時，剛開始會看不見東西，後來慢慢看得見東西，該現象就稱為「暗順應」。

(②) 22. 若想控制景深，製造畫面清晰與模糊的效果，我們應調節 ①快門 ②光圈 ③底片 ④ ASA（ISO）。
(解) 影響景深「長」、「淺」的三大因素：光圈值的大小、鏡頭焦距長短以及攝影距離遠近。

1-31

( ) 23. 在焦點平面的前後,皆有一段容許景物清晰的範圍,此範圍我們即稱 ①焦距 ②景深 ③攝距 ④物距。　②

> 解 對焦完成之後,焦點清楚的範圍,也就是在這段距離內的物體都應該是清楚的,在這段距離前和後的距離都會模糊,這就是所謂的「景深」。

( ) 24. 不會影響到景深之因素是 ①攝距 ②快門 ③光圈 ④焦距(鏡頭長短)。　②

> 詳解:影響景深「長」、「淺」的三大因素是:光圈值的大小、鏡頭焦距長短以及攝影距離遠近。

( ) 25. 視角超過 180°的鏡頭應是 ①標準 ②長 ③廣角 ④魚眼 鏡頭。　④

> 解 視角超過 180°的鏡頭屬於魚眼鏡頭。

( ) 26. 全片幅單眼相機標準鏡頭的焦距,其感光元件對角線為 ①43mm ②20mm ③28mm ④24mm。　①

> 解 135 型相機底片尺寸為 24X36mm 對角線長約為 43mm,全片幅數位相機感光元件規格一般是比擬 135 型相機的片幅即為 43mm。感光元件尺寸與相機鏡頭焦長無關。

( ) 27. 與人眼的視角相近的是 ①魚眼 ②廣角 ③標準 ④望遠 鏡頭。　③

> 解 標準鏡頭為 50mm-55mm(55mm 鏡頭其視角為 47 度),而人類眼睛正常視角為 45-55 度。

( ) 28. 鏡頭變形率最小的是 ①魚眼 ②標準 ③廣角 ④望遠 鏡頭。　②

> 解 鏡頭變形率最小的是 50mm-55mm 標準鏡頭。

( ) 29. 最能壓縮景深的鏡頭是 ①標準 ②廣角 ③望遠 ④魚眼 鏡頭。　③

> 解 鏡頭焦點距離愈長愈能壓縮景深,若排除光圈因素,則:望遠鏡頭＞標準鏡頭＞廣角鏡頭＞魚眼鏡頭。

( ) 30. 若拍攝建築要防止變形最好能使用何種鏡頭 ①標準 ②微距 ③增距 ④移軸。　④

> 解 移軸鏡頭(Tilt Shift)可以修改畫面的透視,或是創造出特殊景深的畫面,不會因為透視而造成變形,可不失真的紀錄下建築物的外觀。

( ) 31. 若拍攝大倍率昆蟲最好的鏡頭選用是 ①微距鏡頭 ②廣角鏡頭 ③望遠鏡頭 ④伸縮鏡頭。　①

> 解 微距鏡頭(Macro Lens)可以對距離極近的被攝物正確對焦。

( ) 32.「針孔相機」能替代針孔的是 ①鏡頭 ②軟片 ③快門 ④反光鏡。　①

> 解 此所指的「針孔相機」應是以暗箱製作,其鏡頭是以針扎如毛孔般細小的孔代替一般鏡頭的「針孔相機」。而非市面上微型鏡頭的「針孔相機」。

( ) 33. 觀景影像上下左右相反的是 ①4"×5"大型相機 ②120 中型相機 ③135 單眼反射式相機 ④110 相機。　①

> 解 120 中型相機在觀景窗為上下正確,左右相反,135 單眼反射式相機與 110 相機在觀景窗則是正面呈像,4"×5"大型相機在觀景窗中則是上下左右相反。

( ) 34. 目前業餘使用者,使用最廣的相機 ①大型相機 ②中型相機 ③135 型單眼反射式相機 ④數位相機。　④

> 解 在此泛指「消費型數位相機」,大型相機與中型相機都有數位型機背。

( ) 35.拍製成世界上第一張照片的是 ①法國、尼普斯 ②法國、達蓋爾 ③英國、塔爾伯 ④英國、威基伍・湯瑪斯。 ①

　　解 1826 年法國人約瑟夫・尼普斯 Joseph Nicéphore Niépce 拍攝出世界上第一張照片。

( ) 36.1886 年發明柯達第一部匣型照相機的是 ①美國、喬治伊斯曼 ②法國、達居爾 ③英國、塔爾伯 ④法國、尼普斯。 ①

　　解 美國人喬治・伊士曼 George Eastman 創立伊斯曼・柯達公司（Eastman Kodak Company）研製出卷式感光膠卷並生產出第一部匣型照相機。

( ) 37.彩色底片正式上市於 ① 1965 年 ② 1945 年 ③ 1935 年 ④ 1955 年。 ③

　　解 伊斯曼・柯達公司（Eastman Kodak Company）於 1935 年研究出彩色底片，並且可以沖洗出類似現代的彩色相片，攝影技術正式進入彩色時代。

( ) 38.要拍攝光軌應使用何種快門 ①高速快門 ②中速快門 ③慢速快門 ④ B 快門。 ④

　　解 B 快門就是手控快門為 Buble setting 的縮寫，其功能就是由使用者自行控制快門開闔的時間。

( ) 39.光圈 F4 是 F5.6 的進光量 ① 1 倍 ② 1/2 倍 ③ 2 倍 ④相等。 ③

　　解 相鄰兩個光圈值，其進光量為倍數關係，f/4 為 f/5.6 的兩倍。

( ) 40.光圈 F4 是 F2.8 的進光量 ① 1 倍 ② 1/2 倍 ③ 2 倍 ④相等。 ②

　　解 相鄰兩個光圈值，其進光量為倍數關係，f/4 為 f/2.8 的 1/2 倍。

( ) 41.下列何者人像攝影能使背景模糊 ①縮小光圈 ②加大攝距 ③利用長焦距鏡頭 ④利用廣角鏡頭。 ③

　　解 能使背景模糊也就是讓景深變淺，利用長焦距鏡頭可以達到效果，廣角鏡頭只會拉長景深。

( ) 42.拍攝運動攝影時應使用何種快門以凝結動作 ①慢速快門 ②快速快門 ③中速快門 ④中慢快門。 ②

　　解 捕捉運動瞬間的凝結動作要使用快速快門。

( ) 43.黑白人像攝影欲消除雀斑及小皺紋可以用 ①黃色濾鏡 ②紅色濾鏡 ③偏光鏡 ④減光鏡。 ①

　　解 使用黃色濾鏡會讓皮膚看起來更白（接近正常膚色），但並不是真的可以消除雀斑及小皺紋，而是使用黃色濾鏡可以增加黑白對比、反差，讓雀斑及小皺紋變得不清楚。使用紅色濾鏡皮膚會更白、橙色濾鏡次之、黃色濾鏡最接近正常膚色。

( ) 44.黑白攝影欲表現草地上的白鴿宜使用 ①藍色 ②紅色 ③黃色 ④綠色 濾鏡。 ②

　　解 紅色濾鏡可以阻止藍光和綠光的進入，讓紅光直接進入，所以會造成藍色和綠色物體變暗，紅色物體變亮。使用紅色濾鏡會讓綠色的草地變深，自然就能襯托出白鴿。

( ) 45.黑白暗房的安全燈一般都是 ①綠色 ②紅色 ③藍色 ④黃色。 ②

　　解 黑白暗房常用的安全燈是紅色或琥珀色，彩色暗房是使用暗綠色或是暗黃色安全燈。這是因為黑白相紙對於藍色或綠色的燈光會有所感應，對紅色燈光不會反應，所以紅色燈光對於黑白相紙而言是安全的。

( ) 46. 下列何者為閃光燈指數 ①F 值 ②G.N. 值 ③ISO 值 ④ASA 值。　②

　　解 F 值指的是光圈值，ISO、ASA 值均指是感光度，G.N. 值則是閃燈指數為 Guide Number 的縮寫。

( ) 47. 下列何者為高感度軟片 ①ISO100 ②ISO125 ③ISO60 ④ISO400。　④

　　解 感度高低依序：ISO400＞ISO125＞ISO100＞ISO60。

( ) 48. 下列何者為低感度軟片 ①ISO125 ②ISO32 ③ISO100 ④ISO200。　②

　　解 感度高低依序：ISO200＞ISO125＞ISO100＞ISO32。

( ) 49. 相機的對焦系統一般「自動」是以何種簡稱 ①AF ②MF ③TTL ④WB。　①

　　解 自動對焦 AF 為英文 Automatic Focus 縮寫。

( ) 50. 相機的對焦系統一般「手動」是以何種簡稱 ①AF ②MF ③TTL ④WB。　②

　　解 手動對焦 MF 為英文 Manual Focus 縮寫。

( ) 51. 五稜鏡做為標準裝置的是 ①大型相機 ②中型相機 ③單眼反射式相機 ④110 相機。　③

　　解 單眼反射式相機（Single Lens Reflex）就是一般所謂的單眼相機，其設計是利用一塊放置在鏡頭與底片間的鏡子將來自鏡頭的影像投射到對焦屏上，再通過聚焦透鏡將影像送到五稜鏡反射到單眼相機的目鏡。但為了減輕單眼相機的重量，許多現代的單眼反射式相機已經開始使用反光鏡代替五稜鏡了。

( ) 52. 用一般相機拍攝錢幣、紙鈔時宜使用 ①天光鏡 ②近接鏡 ③減光鏡 ④偏光鏡。　②

　　解 天光鏡（Skylight Filter）：簡稱 SL 鏡，也能夠吸收紫外線，只不過 UV 鏡能夠有效吸收紫外線，但對色彩平衡作用不大，而天光鏡除了具備 UV 鏡的功能以外，還能起到色彩平衡的作用。

　　　　近接鏡（Close-Up）：為放大鏡，有不同倍率、提供微距拍攝使用。

　　　　減光鏡（Neutral Density Filter）：簡稱 ND 鏡，除了可以減少光量的通過外，還有不改變色彩的功能，所以無論用於彩色攝影或黑白攝影，都不會產生波長和色溫的偏差。

　　　　偏光鏡（Polarizing Filter）：簡稱 PL 鏡，可以消除物體表面的反光、讓被拍攝的景物影像更加清晰，色彩更鮮艷，是一種黑白和彩色攝影都能適用的特殊濾鏡。

( ) 53. 黑白攝影欲使天空變暗呈現白雲宜使用 ①藍色 ②紅色 ③黃色 ④綠色 濾鏡。　②

　　解 紅色濾鏡可以阻止藍光和綠光的進入，讓紅光直接進入，所以會造成藍色和綠色物體變暗，紅色物體變亮。使用紅色濾鏡會讓藍色的天空變深，自然就能襯托出白雲。

( ) 54. 一般黑白沖片的藥水液溫應保持在 ①20℃ ②30℃ ③40℃ ④50℃。　①

　　解 常用沖片藥水有：「顯影液」、「急制液」、「定影液」三種，或再加「水洗協助劑」及「水痕防止劑」，其水溫度都控制在 20℃。

( ) 55. 可製造特殊效果及詭扭曲的影像，並使所有直線產生筒型畸變的是 ①標準鏡頭 ②魚眼鏡頭 ③望遠鏡頭 ④變焦鏡頭。　②

　　解 視角接近或等於 180°的鏡頭稱為魚眼鏡頭，魚眼鏡頭的鏡面就像魚眼一般向外凸起，通過魚眼鏡頭所看到的景物會變成一種以球形方式包含全景的效果，就如同魚類從水中看水面的效果一樣。

( ) 56.攝影底片中，120 底片有以下那三種規格 ①6×5、6×6、6×8 ②6×6、6×7、6×9 ③6×4、6×7、6×9 ④6×2、6×3、6×6。　②

　　解 60X45mm 一卷可拍 15-16 張、60X60mm 一卷可拍 12 張、60X70mm 一卷 10 張、60X80mm 一卷 9 張、60X90mm 一卷可拍 7-8 張、60X170mm 一卷 4 張等尺寸。

( ) 57.照射距離（D）× 光圈值（F）等於 ①景深指數 ②曝光指數 ③閃光指數 ④軟片指數。　③

　　解 GN（閃燈指數）＝ D（攝距）× f（光圈值）
　　　 D（攝距）＝ GN（閃燈指數）÷ f（光圈值）
　　　 f（光圈值）＝ GN（閃燈指數）÷ D（攝距）

( ) 58.鏡頭所能拍攝的畫面範圍，我們稱為 ①景深 ②焦距 ③像距 ④攝角。　④

　　解 視角（攝角）是指鏡頭所能提供的觀景範圍角度，鏡頭的焦距長短決定視角（攝角）的大小。

( ) 59.測光錶之設計，其反射率之基準一般定在 ①16% ②18% ③20% ④22%。　②

　　解 從黑階→灰階→白階的色階表大約有 10 色階區域，而灰階剛好是落在中間色階。這個中間灰色色階大約是 18％ 的反射率。在 18％反射率之下所有色調的表現和實際幾乎一樣。所以測光系統就以 18％反射率的灰階作為測光標準值，以能讓拍攝者測光後能拍出最接近以及還原原始色域之目標。

( ) 60.一般家庭用之鎢絲燈之色溫約為 ①5600°K ②3400°K ③2800°K ④1900°K。　③

　　解

( ) 61.所謂日光的平均色溫即早上 10:00 至下午 2:00 的平均值約為 ①3200°K ②3400°K ③5500°K ④7000°K。　③

　　解

( ) 62. 鏡頭上光圈的數值 f/5.6 的開孔為 f/8 的 ①4 倍 ②2 倍 ③1/2 倍 ④1/4 倍。 ②
　　　解 相鄰兩個光圈值，其進光量為倍數關係，f/5.6 為 f/8 的 2 倍。

( ) 63. 鏡頭上光圈的數值 f/11 的開孔為 f/5.6 的 ①4 倍 ②2 倍 ③1/2 倍 ④1/4 倍。 ④
　　　解 相鄰的兩個光圈值，其進光量為倍數關係，f/11 → f/8 → f/5.6，所以 f/11 為 f/5.6 的 1/4 倍。

( ) 64. 若使用燈光片拍白天戶外攝影會偏 ①藍色 ②黃色 ③紅色 ④綠色。 ①
　　　解 燈光片色溫為 3200-3400°K，使用燈光片在白天戶外拍攝會偏藍色。

( ) 65. 若使用日光片拍家中的鎢絲燈光會偏 ①藍色 ②黃色 ③紅色 ④綠色。 ②
　　　解 日光片色溫為 5500°K，使用日光片在家中鎢絲燈光下拍攝會偏黃色。

( ) 66. 日光片的色溫為 ①2400°K ②3400°K ③5500°K ④6500°K。 ③
　　　解 日光片色溫為 5500°K。

( ) 67. 燈光片 B 型的色溫為 ①2400°K ②3200°K ③5500°K ④6500°K。 ②
　　　解 B 型燈光片色溫為 3200°K，適於鎢絲燈拍攝。

( ) 68. 戶外拍攝時偏光鏡偏光效率最高時是陽光方向和相機角度成 ①30° ②45° ③60° ④90°。 ④
　　　解 偏光鏡能有效消除物體表面的反光，提高色彩還原及飽和度，與光線的最佳夾角為 90 度。

( ) 69. 下列底片的寬容度何者較大 ①彩色正片 ②彩色負片 ③黑白正片 ④黑白負片。 ④
　　　解 寬容度指的是底片所能正確容納景物亮度反差的範圍，又負片的寬容度要比正片的寬容度來的高。黑白底片的寬容度為 1:128 左右（底片上能記錄的最亮的光量是最暗的 128 倍）或稱 +/-2~4 級，彩色負片的寬容度在 1:32～64 左右或稱 +/-1~2 級，彩色正片的寬容度為 1:16～32 左右或稱 +/-0.5~1 級。

( ) 70. 橫走式快門閃光燈同步速度大多數為 ①1/30 ②1/60 ③1/125 ④1/250 秒。 ②
　　　解 目前市場上橫走式快門閃光燈同步速度大多數為 1/60 秒。

( ) 71. 除紅光不能感光外，其他色光皆能感光的是 ①全色片 ②正色片 ③色盲片 ④X 光片。 ②
　　　解 不能感應紅光及橙光，對綠光、藍光極為敏感，可用於拍攝風景適用風景拍攝，不適於人像類拍攝。

( ) 72. 數位相機提供 24Bits 的色彩位元深度（Color bit depth）代表每個色光用到的位元數是 ①4Bits ②8Bits ③12Bits ④16Bits。 ②
　　　解 Bit（位元）是 Binary digit（二進制數位）的縮寫，1 Byte（位元組）＝ 8 Bit，8 Bit 就可以定義 0-255（256）種顏色，也是我們常說的 256 階。全彩數位相機提供 24Bit 就是指數位相機記錄紅（Red）256 階用到 8 Bit、記錄綠（Green）256 階用到 8 Bit、8 Bit 記錄藍（Blue）256 階用到 8 Bit。全彩三原色的組合，即可產生 256×256×256 ＝ 16,777,216 種色彩。

( ) 73. 中型相機 6×6 軟片者其標準鏡頭應為 ①35mm ②50mm ③95mm ④135mm。 ③
　　　解 135 相機的焦段乘 1.6 就是 120 中型相機（6×6）相機的焦段，135 相機的標準鏡頭為 55mm×1.6 ＝ 90mm，較接近的答案為 95mm。

( ) 74. 表現瀑布綿密細柔的感覺應用何種快門來拍攝　① 1/4sec　② 1/30sec　③ 1/60sec　④ 1/125sec。

　　解 表現瀑布綿密細柔的感覺需要使用慢速快門較長時間來記錄流水的影像，依照快門的快慢依序為：1/125sec ＞ 1/60sec ＞ 1/30sec ＞ 1/4sec，所以選擇 1/4sec 快門。

( ) 75. 為消除天空的亂射光和物體表面的反射光可使用　①紅色濾鏡　②橘色濾鏡　③減光鏡　④偏光鏡。

　　解 天光鏡（Skylight Filter）：簡稱 SL 鏡，也能夠吸收紫外線，只不過 UV 鏡能夠有效吸收紫外線，但對色彩平衡作用不大，而天光鏡除了具備 UV 鏡的功能以外，還能起到色彩平衡的作用。

　　　近接鏡（Close-Up）：為放大鏡，有不同倍率、提供微距拍攝使用。

　　　減光鏡（Neutral Density Filter）：簡稱 ND 鏡，除了可以減少光量的通過外，還有不改變色彩的功能，所以無論用於彩色攝影或黑白攝影，都不會產生波長和色溫的偏差。

　　　偏光鏡（Polarizing Filter）：簡稱 PL 鏡，可以消除物體表面的反光、讓被拍攝的景物影像更加清晰，色彩更鮮艷，是一種黑白和彩色攝影都能適用的特殊濾鏡。

( ) 76. 用一般相機拍攝 360° 全景攝影時宜使用　①魚眼　②廣角　③標準　④望遠　鏡頭。

　　解 使用傳統片幅照相機拍攝 360° 全景攝影多屬於「多透視點（Multi-Perspective）全景攝影」，其又可細分為：多透視點旋軸全景攝影、多透視點定軸物轉全景攝影、多透視點平行移軸全景攝影、多透視點陣列序列全景攝影…等四類。該拍攝方式是將相機搭配全景雲台和腳架，每個相鄰畫面必須重疊 30% － 50% 的方式拍攝畫面，最後使用全景軟體縫合成 360° 的全景單幅照片。一般使用者宜使用標準鏡頭拍攝，完成「多透視點定軸物轉全景攝影」的機率比較高。

( ) 77. 用一般相機翻拍平面作品時宜使用　①魚眼　②廣角　③標準　④望遠　鏡頭。

　　解 翻拍平面作品應使用標準鏡頭拍攝，因為標準鏡頭有 47 度的視角，能夠再現人眼在正常條件下的視角，其影像變形率也最低。魚眼鏡頭與廣角鏡頭因為焦距太短、視角過大，而且影像變形率過高並不適合翻拍平面作品。望遠鏡頭因為焦距過長、視角過窄，致使相機鏡頭與平面作品必須拉大距離，所以並不是理想的翻拍鏡頭。

( ) 78. 用一般相機翻拍書籍作品時宜使用　①天光鏡　②近接鏡　③減光鏡　④偏光鏡。

　　解 天光鏡（Skylight Filter）：簡稱 SL 鏡，也能夠吸收紫外線，只不過 UV 鏡能夠有效吸收紫外線，但對色彩平衡作用不大，而天光鏡除了具備 UV 鏡的功能以外，還能起到色彩平衡的作用。

　　　近接鏡（Close-Up）：為放大鏡，有不同倍率、提供微距拍攝使用。

　　　減光鏡（Neutral Density Filter）：簡稱 ND 鏡，除了可以減少光量的通過外，還有不改變色彩的功能，所以無論用於彩色攝影或黑白攝影，都不會產生波長和色溫的偏差。

　　　偏光鏡（Polarizing Filter）：簡稱 PL 鏡，可以消除物體表面的反光、讓被拍攝的景物影像更加清晰，色彩更鮮艷，是一種黑白和彩色攝影都能適用的特殊濾鏡。

( ) 79. 高階數位相機其影像是直接取自 CCD 的檔案格式有「原始檔」之稱的是　① TIFF　② JPG　③ RAW　④ EXIF。

　　解 RAW 是從的圖像感測器上直接得到的僅經過最少處理的最原始數據，但各家的規格都不一樣，必須靠程式才能轉換成為需要的格式，畫質依序為 RAW ＞ TIFF ＞ JPG。

EXIF 則是 Exchangeable image file format 的縮寫，是專門為數位相機的照片訂定的標準，可以記錄數位照片的屬性、訊息和其他拍攝數據。

( ) 80. 鏡頭的焦距若大於相機所使用之感光元件之對角線長度，稱此鏡頭為 ①廣角鏡頭 ②標準鏡頭 ③望遠鏡頭 ④近攝鏡頭。　③

　　解 鏡頭焦距等於片幅對角線長的是標準鏡頭，鏡頭焦距小於片幅對角線長的是廣角鏡頭，鏡頭焦距大於片幅對角線長的是望遠鏡頭。

( ) 81. 拍攝運動攝影時主題清晰背景呈流動狀應使用何種技法 ①慢速快門 ②快速快門 ③中速快門 ④追蹤攝影。　④

　　解 追蹤攝影就是拍攝時鏡頭隨著物體移動的方向移動，快門速度可訂在 1/60 秒或 1/125 秒，啟動連續 AF 及連拍，並控制好移動的幅度及速度。

( ) 82. 黑白攝影中欲降低大霧的濃度宜使用 ①藍色 ②紅色 ③黃橙色 ④綠色 濾鏡。　③

　　解 本題有爭議，實務操作中黑白攝影要降低大霧宜使用紅色濾鏡，要增加霧的效果則使用藍色濾鏡。

( ) 83. 為消除櫥窗上玻璃的亂射光可使用 ①紅色濾鏡 ②天光濾鏡 ③減光鏡 ④偏光鏡。　④

　　解 天光鏡（Skylight Filter）：簡稱 SL 鏡，也能夠吸收紫外線，只不過 UV 鏡能夠有效吸收紫外線，但對色彩平衡作用不大，而天光鏡除了具備 UV 鏡的功能以外，還能起到色彩平衡的作用。

　　　 近接鏡（Close-Up）：為放大鏡，有不同倍率、提供微距拍攝使用。

　　　 減光鏡（Neutral Density Filter）：簡稱 ND 鏡，除了可以減少光量的通過外，還有不改變色彩的功能，所以無論用於彩色攝影或黑白攝影，都不會產生波長和色溫的偏差。

　　　 偏光鏡（Polarizing Filter）：簡稱 PL 鏡，可以消除物體表面的反光、讓被拍攝的景物影像更加清晰，色彩更鮮艷，是一種黑白和彩色攝影都能適用的特殊濾鏡。

( ) 84. 為消除湖面上水波的亂射光可使用 ①紅色濾鏡 ②天光濾鏡 ③減光鏡 ④偏光鏡。　④

　　解 天光鏡（Skylight Filter）：簡稱 SL 鏡，也能夠吸收紫外線，只不過 UV 鏡能夠有效吸收紫外線，但對色彩平衡作用不大，而天光鏡除了具備 UV 鏡的功能以外，還能起到色彩平衡的作用。

　　　 近接鏡（Close-Up）：為放大鏡，有不同倍率、提供微距拍攝使用。

　　　 減光鏡（Neutral Density Filter）：簡稱 ND 鏡，除了可以減少光量的通過外，還有不改變色彩的功能，所以無論用於彩色攝影或黑白攝影，都不會產生波長和色溫的偏差。

　　　 偏光鏡（Polarizing Filter）：簡稱 PL 鏡，可以消除物體表面的反光、讓被拍攝的景物影像更加清晰，色彩更鮮艷，是一種黑白和彩色攝影都能適用的特殊濾鏡。

( ) 85. 預拍一幅排成四橫列的團體照，請問對焦時應以那一排為對焦點，才能符合四排皆在景深範圍內 ①第一排 ②第二排 ③第三排 ④第四排。　②

　　解 拍攝團體照時應使用廣角鏡頭並提高快門速度，減縮光圈（F8 － F16），相機須盡量與橫列人群平行，對焦位置要選在「景深」中央位置，四橫列團體則對焦於第二排，另外必須引導大家盡量往中間站以免兩旁因為廣角鏡頭而變形。

( ) 86.相機模式設定中那一個是光圈優先 ①Av ②Tv ③P ④M。

解 CANON 單眼相機的曝光模式
M- 手動
Av- 光圈先決
Tv- 快門優先
P- 程式曝光

SONY、NIKON 單眼相機的曝光模式
M- 手動
A- 光圈先決
S- 快門優先
P- 程式曝光

( ) 87.相機模式設定中那一個是快門優先 ①Av ②Tv ③P ④M。

解 CANON 單眼相機的曝光模式
M- 手動
Av- 光圈先決
Tv- 快門優先
P- 程式曝光

SONY、NIKON 單眼相機的曝光模式
M- 手動
A- 光圈先決
S- 快門優先
P- 程式曝光

( ) 88.相機模式設定中那一個是程式自動 ①Av ②Tv ③P ④M。

解 CANON 單眼相機的曝光模式
M- 手動
Av- 光圈先決
Tv- 快門優先
P- 程式曝光

SONY、NIKON 單眼相機的曝光模式
M- 手動
A- 光圈先決
S- 快門優先
P- 程式曝光

( ) 89.相機模式設定中那一個是手動 ①Av ②Tv ③P ④M。

解 CANON 單眼相機的曝光模式
M- 手動
Av- 光圈先決
Tv- 快門優先
P- 程式曝光

SONY、NIKON 單眼相機的曝光模式
M- 手動
A- 光圈先決
S- 快門優先
P- 程式曝光

( ) 90.拍攝時光線照射在物體上,物體與光源之間若沒有其他介質影響,這時的光線就被稱為 ①直射光 ②漫射光 ③反射光 ④透射光。

> 解 直射光是指光線照射在物體上,物體與光源之間若沒有其他介質影響,例如:太陽下,具光線硬、反差大之特色。反射光是指主體或場景的光線並非來自光源直接投射,而是經由反射而來。在平常的攝影創作中,最常用的反光工具是反光板和反光傘。漫射光是指環境中沒有明顯的光源,既使有光線,光線也不具備很強的方向性,又或透過介質,如:雲層、霧氣、柔光罩等照射在物體上的光線,具反差小、光線弱、調性柔合的特性。

①

( ) 91.拍攝時我們稱透過介質,比如雲層、霧氣、柔光罩等照射在物體上的光線稱為 ①直射光 ②漫射光 ③反射光 ④透射光。

> 解 直射光是指光線照射在物體上,物體與光源之間若沒有其他介質影響,例如:太陽下,具光線硬、反差大之特色。反射光是指主體或場景的光線並非來自光源直接投射,而是經由反射而來。在平常的攝影創作中,最常用的反光工具是反光板和反光傘。漫射光是指環境中沒有明顯的光源,既使有光線,光線也不具備很強的方向性,又或透過介質,如:雲層、霧氣、柔光罩等照射在物體上的光線,具反差小、光線弱、調性柔合的特性。

②

( ) 92.拍攝時若主體或場景的光線並非來自光源直接投射,而是經由反射而來,稱為 ①直射光 ②漫射光 ③反射光 ④透射光。

> 解 直射光是指光線照射在物體上,物體與光源之間若沒有其他介質影響,例如:太陽下,具光線硬、反差大之特色。反射光是指主體或場景的光線並非來自光源直接投射,而是經由反射而來。在平常的攝影創作中,最常用的反光工具是反光板和反光傘。漫射光是指環境中沒有明顯的光源,既使有光線,光線也不具備很強的方向性,又或透過介質,如:雲層、霧氣、柔光罩等照射在物體上的光線,具反差小、光線弱、調性柔合的特性。

③

視覺傳達設計
Visual Communication Design
PART 1・學科題庫解析

印刷概要

一　中西印刷簡史

「造紙術」相傳為中國東漢時代的蔡倫（西元 63-121 年）所發明。時值東漢蔡倫擔任尚方令，監督宮廷物品製作，並改進當時的造紙技術以樹皮、破布、麻頭和魚網等廉價材料製作紙張，大大降低製造成本，使得紙張普及社會。西元 114 年朝廷封蔡倫為龍亭侯，所以後來人們都把紙稱為「蔡侯紙」。

宋人畢昇於西元 1040 年發明膠泥活字印刷術，取代了當時的雕版印刷術。膠泥活字印刷術是使用膠泥刻字，再以火燒成陶土活字，完成之活字則按韻排列存放。活字呈片狀，要排版前先在鐵板上鋪上松脂、蠟與紙灰的混合材料。排妥一版活字即將鐵板加熱，再用另一平板加壓字面，確保字面平整並使全部活字固定在鐵板之上。

元人王楨將活字印刷術中的泥版活字改用木版製造活字取代，讓活字製造更有效率，並設計轉輪排字架，將活字依韻排列，排版時可轉動輪盤。1298 年製造 3 萬餘木活字，排印「旌德縣誌」100 部。

西元 1440 年左右，德國人約翰・顧登堡（Johannes Gensfleisch zur Laden zum Gutenberg）發明的鉛活字版。鉛字活版印刷術是為每個字母和符號製作鋼模，然後壓在軟銅塊上以形成銅模，再把鉛、銻、錫與少許比例的鉍金屬混合的合金注入銅模中，以鑄造大量的鉛字。為整個印刷技術大改進的關鍵性人物。著名的「四十二行聖經」就是用約翰・顧登堡活字和印刷架排印的現存最早印刷書籍。

西元 1460 年義大利人菲尼古拉（M.Finiguerra）在夜晚加班雕刻的時候，誤將蠟燭油滴落在金屬版上，第二天除去版上的蠟膜，凹紋處所塗色料竟然轉印到蠟膜上。於是他改塗彩色油墨在雕版上，擦去平面無凹紋部分的油墨，以紙覆版重壓，竟得獲得精美印刷品這便是「雕刻金屬凹版印刷法」，而「Intaglio」一字，就是義大利文「雕刻」的意思。常見適用範圍：鈔票、股票、郵票等有價證券以及壁紙。

西元 1798 年德國作曲家阿羅斯・塞納菲爾德（Alois Senefelder）嘗試找出印製樂譜的實用方法，以蠟、肥皂和煤煙調成油墨，將樂譜倒反寫在石版上，他原想以酸刻蝕石版，但是他的實驗卻促成以油水相斥性為基礎的「石版印刷術」也就是平版印刷術的發軔。

西元 1905 美國人魯貝爾（I. W. Rubel）在傳統的印版滾筒和壓力滾筒中間加一個橡皮滾筒做為油墨轉印之用，使印版上的印紋可製作成正向，透過橡皮滾筒再轉印於紙張上而形成正向，使得平版印刷由原本的直接印刷改良為間接印刷，這就是第一部「橡皮轉印平版印刷機」。常見適用範圍：海報、產品型錄、簡介、傳單、畫刊雜誌。

二、印刷紙張規格

紙張基本尺寸

紙張實際尺寸	未扣除機器咬口處及加工裁切邊的原始紙張實際尺寸。
印刷完成尺寸	將紙張基本尺寸扣除機器咬口處及裁切後的紙張尺寸。

國內常用紙張規格

【ISO 系列紙張規格】

規格	A系列 印刷完成尺寸	用途	規格	B系列 印刷完成尺寸	用途	規格	C系列 印刷完成尺寸	用途
A0	841 mm×1189 mm		B0	1000 mm×1414 mm		C0	917 mm×1297 mm	
A1	594 mm×841 mm	海報	B1	707 mm×1000 mm	海報	C1	648 mm×917 mm	
A2	420 mm×594 mm		B2	500 mm×707 mm		C2	458 mm×648 mm	
A3	297 mm×420 mm		B3	353 mm×500 mm		C3	324 mm×458 mm	信封
A4	210 mm×297 mm	影印紙	B4	250 mm×353 mm	影印紙	C4	229 mm×324 mm	A4信封
A5	148 mm×210 mm		B5	176 mm×250 mm	信封	C5	162 mm×229 mm	信封
A6	105 mm×148 mm		B6	125 mm×176 mm	信封	C6	114 mm×162 mm	信封
A7	74 mm×105 mm		B7	88 mm×125 mm		C7	81 mm×114 mm	信封
A8	52 mm×74 mm		B8	62 mm×88 mm		C8	57 mm×81 mm	
A9	37 mm×52 mm		B9	44 mm×62 mm				
A10	26 mm×37 mm		B10	31 mm×44 mm				

【四六版及菊版紙張規格】

規格	四六版（全紙相當於 ISO B1） 紙張基本尺寸	印刷完成尺寸	用途	規格	菊版（全紙相當於 ISO A1） 紙張基本尺寸	印刷完成尺寸	用途
全開	1091 mm×787 mm（31 inch×43 inch）	1042 mm×751 mm	壁報紙	全開	872 mm×621 mm（35 inch×25 inch）	842 mm×594 mm	海報
對開	787×545 mm	751×521 mm	海報	對開	621 mm×436 mm	594 mm×421 mm	
3開	787×363 mm	751×345 mm		3開	621 mm×290 mm	594 mm×280 mm	
4開	545×393 mm	521×375 mm		4開	436 mm×310 mm	421 mm×297 mm	
8開	393 mm×272 mm	375 mm×260 mm	圖紙	8開	310 mm×218 mm	297 mm×210 mm	影印紙
16開	272 mm×196 mm	260 mm×187 mm		16開	218 mm×155 mm	210 mm×148 mm	

※ 另有菊倍紙又稱大菊版 35×47 英吋（888 mm×1193 mm），也廣泛用於海報印製。

紙張開數

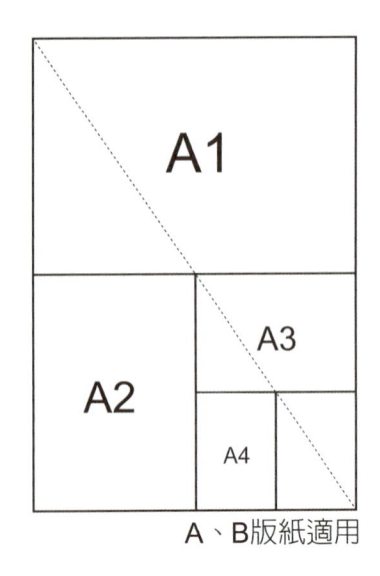

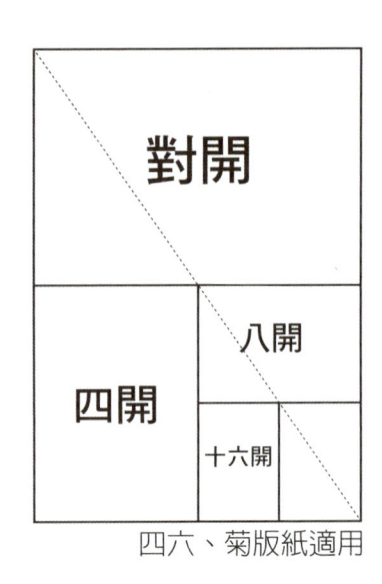

```
    A、B版紙適用              四六、菊版紙適用
    ┌─────────┐           ┌─────────┐
    │    A1    │           │   對開   │
    │          │           │          │
    ├────┬────┤           ├────┬────┤
    │ A2 │ A3 │           │四開│八開│
    │    ├──┤           │    ├──┤
    │    │A4│           │    │十六開│
    └────┴────┘           └────┴────┘
```

- 令＝紙張數量計算單位，一般所稱一令為 500 張全開紙（全開紙張有四六版及菊版兩種，同樣厚度的紙張會因全開紙張大小不同，導致磅數不同，所以必須註明紙張開本，否則容易造成誤會）。
- 令重（LB）＝ 500 張全開紙的總重量（單位：磅／令）。
- 基重 GSM（Gram per Square Meter）＝一平方公尺面積的紙張的公克重量（單位：G／M^2）。
- 條＝台灣業界使用的紙張厚度單位，1 條 =0.01mm。

三、紙張種類

塗佈紙料、非塗佈紙料與再生紙

部分紙張需要紙質平滑不起毛，伸縮性低的特性，便以塗佈壓光處理。這類紙張適合於彩色及細網線印刷，一般稱呼的「銅版紙」就是塗佈紙。

非塗佈紙料則是表面僅上膠處理，未經塗佈塗料的紙張，紙質較粗、吸墨性強，一般使用於線條或粗網線之印刷，如：「道林紙」。

再生紙是以回收紙張再製生產，紙面未經塗佈紙張。

印刷常用紙張

紙張種類	紙張適性
道林紙	屬於輕度塗佈紙類，以化學漿抄造而成，是目前文化出版、印刷裝訂最常用紙種之一，適合書籍、書刊雜誌、信封信紙、便條紙。

紙張種類	紙張適性
模造紙	以化學漿及部份機械漿抄造而成之印刷書寫用紙，特性與道林紙相仿，紙質較道林紙稍差，色澤略黃、韌性佳、拉力強，價格便宜，使用相當普遍。
劃刊紙	雙面輕塗佈加壓光處理，吸墨性低，托墨性佳，紙面光滑細緻，光澤低，典雅高尚，較模造紙佳，為畫刊圖冊、書籍雜誌主要用紙。
雜誌紙	專為雜誌期刊製造生產，紙質輕薄便於郵寄，光澤像銅版紙，不透明度佳。
印書紙	化學紙漿70%以上，其餘為機械漿，紙面平滑，因考慮閱讀保眼問題，紙張多為淺米黃色，特性與一般模造紙大致相同，為一般書刊雜誌的理想紙張。
聖經紙	含有大量二氧化鈦填料，紙質輕、不透明度高，專供印製聖經、字典印刷使用。
西卡紙	屬於紙板類、色澤柔和不反光，挺度與耐折性能佳，適用於卡片印製。
銅版紙	銅版紙是在原生紙表面塗佈加工的紙張。可分為單面或雙面塗佈壓光處理，紙面平滑亮白，具光澤，不起毛，印刷時色彩對比鮮明，光線反射率高，適合海報、型錄、月曆等印刷。
銅西卡紙	就是較厚（200磅以上）的銅版紙。銅西卡紙表面雙面塗佈壓光，色彩效果上與銅版紙相同，適合雙面彩色印刷。
雪面銅版紙	經粉面塗佈特殊處理，表面細緻沒有光澤、柔和、不反光，印刷效果非常好，最適合畫冊之用。
格拉辛紙	以化學木漿經高度鍊漿，成紙後再以強壓壓光機處理過的半透明紙張，「描圖紙」就是其中一種，還有用於包裝、相簿、集郵冊等隔頁之用途。
牛皮紙	用針葉樹的木材纖維，純紙漿製造，堅韌防水，比較不易撕破。牛皮紙質地結實，不容易吸水，適用於物品包裝。

四 印刷程序

- 印前作業

  完稿→分色→組頁→落大版→輸出→打樣，CTP（Computer to Plate）電腦直接製版

- 印中作業

  曬版→平張印刷→輪轉印刷

- 印後作業

  折紙→裝訂→裁切

- 加工作業

  上光→燙金→軋型→收縮膜

五、印刷的五大版式

類別	說明
凸版印刷（Letterpress）	文字或圖案的部份凸起高於不需印刷的部分，印刷時油墨著在凸起的區域，不要印刷的部分因為比較低所以不會沾到油墨，如此就可印出文字或圖案。
凹版印刷（Gravure Printing）	文字或圖案的的部份凹下低於不需印刷的部分，印刷時凹陷區域用來裝存油墨，接著將凹陷區域的油墨壓印在紙上。
平版印刷（Offset Printing）	版面的印紋與非印紋部分並沒有明顯的高低差別，而是利用水與油墨互相排斥的原理，印紋部分具有吸收油墨排斥水分的特性，而非印紋部分卻有吸收水分排斥油墨的性質，來完成印刷的過程。
孔版印刷（網版印刷）	利用金屬網、尼龍網或絹網製作，印紋部分為網孔鏤空，印刷時在網版上刮壓油墨，使油墨穿透鏤空的網孔印出文字或圖案。
數位印刷（無版印刷）	電子數位的方式完成印刷，有使用乾式墨粉與液體油墨兩種。

學科試題

(4) 1. 下列何種紙張之吸墨性最差 ①模造紙 ②道林紙 ③銅版紙 ④描圖紙。
　　解 描圖紙屬格拉辛紙一種，為木漿經高度鍊漿，成紙後再以強壓壓光機處理過，所以吸墨性最差。

(1) 2. 下列何種紙張印刷品質最穩定，並適用於精細之彩色印刷 ①銅版紙 ②再生紙 ③牛皮紙 ④模造紙。
　　解 銅版紙是在原生紙表面塗佈加工的紙張。可分為單面或雙面塗佈壓光處理，紙面平滑亮白，具光澤，不起毛，印刷時色彩對比鮮明，光線反射率高，適合海報、型錄、月曆等印刷。

(2) 3. 下列何種紙張之韌性最強，較不易破損 ①模造紙 ②牛皮紙 ③道林紙 ④劃刊紙。
　　解 牛皮紙是使用針葉樹的木材纖維，純紙漿製造，堅韌防水，比較不易撕破。牛皮紙質地結實，不容易吸水，適用於物品包裝。

(3) 4. 菊對開紙張尺寸為 ① 25"×35" ② 31"×43" ③ 17.5"×25" ④ 26"×36"。
　　解 菊全開紙張尺寸為：25 inch×35 inch，菊對開紙張尺寸為：17.5 inch×25 inch。

(3) 5. 四六版 16 開前後印刷之傳單，印製 1 令紙可得約幾張紙 ① 4000 張 ② 6000 張 ③ 8000 張 ④ 12000 張。
　　解 令＝紙張數量計算單位，一般所稱一令為 500 張全開紙，一張四六版全開紙張可以裁切 16 張四六版 16 開紙，500×16 ＝ 8,000 張。

(4) 6. 下列何者非裝訂時所執行的步驟之一 ①撿頁 ②摺紙 ③修邊 ④對版。
　　解 撿頁、摺紙與修邊屬於裝訂階段的工作，對版則是屬於印中作業。

(4) 7. 彩色印刷之準確度，由何處檢測最正確且最容易 ①彩色圖片 ②彩色文字 ③色塊 ④十字線。
　　解 當紙張從印刷機器印出來的時候，在大紙中間兩側會出現「十字線」記號，該十字線記號是彩色印刷的時候為了檢測色彩有無套準。例如四色印刷機的 CMYK 如果都是均勻重疊成一個十字線，就代表這張成品的顏色套印是正確無誤的。如果十字線記號有模糊或重影，則代表某些顏色必須再調整重疊。簡單講：「十字線就是印刷品網片是否對準的校正工具」。

(2) 8. 下列何者非印刷後之加工過程之一 ①裁切 ②曬版 ③上光 ④裝訂。
　　解 裁切、上光與裝訂屬於印刷的後加工，曬版則是屬於印中作業。

(2) 9. 雙色平版印刷機印製前四色後一色之印刷品時，每張紙需上機幾次？ ① 2 次 ② 3 次 ③ 4 次 ④ 5 次。
　　解 雙色平版印刷機一次上機可以印兩色，前四色必須兩次上機，後一色必須一次上機，合計上機三次。

(2) 10. 印刷用紙的數量單位一般以 ①公分 ②令 ③斤 ④段 為計算標準。
　　解 令＝紙張數量計算單位，一般所稱一令為 500 張全開紙（全開紙張有四六版及菊版兩種，同樣厚度的紙張會因全開紙張大小不同，導致磅數不同，所以必須註明紙張開本，否則容易造成誤會）。

( ) 11. 印刷用紙的計算單位為令，一令等於 ①300 ②400 ③500 ④600 張全開紙。　③

解 令＝紙張數量計算單位，一般所稱一令為500張全開紙（全開紙張有四六版及菊版兩種，同樣厚度的紙張會因全開紙張大小不同，導致磅數不同，所以必須註明紙張開本，否則容易造成誤會）。

( ) 12. 印刷用紙的計算單位為令，一令等於 ①500 ②1000 ③2000 ④4000 張 4開紙。　③

解 令＝紙張數量計算單位，一般所稱一令為500張全開紙，一張全開紙張可以裁切4張四開紙，500×4＝2,000張。

( ) 13. 印刷的五大版式是指 ①鋅版、鋁版、銀版、樹脂版、鉛板 ②凸版、凹版、平版、孔版、數位版 ③活版、銅版、柯氏版、橡皮版、紙板 ④平凹版、蛋白版、克羅版、PS版、網版。　②

解 印刷的五大版式是指凸版（Letterpress）、凹版（Gravure Printing）、平版（Offset Printing）、孔版（網版）、數位版（無版）等五大類。

( ) 14. 活版印刷的圖片部分是另製 ①照相平版 ②照相凸版 ③照相凹版 ④影寫版 來配合拼版印刷。　②

解 活版印刷文字部分是採用檢字排版，而圖片部分是另外製作照相凸版（鋅版）來配合拼版印刷。

( ) 15. 印刷版上所見到的印紋與所印出圖文的關係，下列何者為錯 ①孔版印紋與所印出之圖文同為正像 ②凸版印紋與所印出之圖文恰是負像 ③平版依不同版材有正像與負像 ④凹版印紋與所印出之圖文為正像。　④

解 孔版印紋與所印出之圖文同為正像、凸版印紋與所印出之圖文同為負像、凹版印紋與所印出之圖文為負像、平版依不同版材有正像與負像。

( ) 16. 一令紙可印出對開紙 ①250份 ②500份 ③1000份 ④2000份 印件。　③

解 令＝紙張數量計算單位，一般所稱一令為500張全開紙，500×2＝1,000張對開紙。

( ) 17. 以「基重」作紙張厚度單位時，1G是代表 ①G=g/m² ②G=m/g ③G=g/km ④G=g×m。　①

解 基重GSM（Gram per Square Meter）＝一平方公尺面積的紙張的公克重量（單位：G／M²）

( ) 18. 國際紙張規格（ISO）的A0紙大小是 ①比四六版小比菊版大 ②比菊版小比四六版大 ③比四六版菊版都大 ④比四六版菊版都小。　③

解 國際紙張規格（ISO）A0紙張尺寸為：1189 mm×841 mm，菊版全紙尺寸為：872 mm×621 mm，四六版全紙尺寸為：1042 mm×751 mm。

( ) 19. 國際紙張規格A4是表示其大小為菊全紙的 ①1/2 ②1/4 ③1/8 ④1/16。　③

解 菊版全紙相當於ISO A1，A1可以裁成8張A4紙張。

( ) 20. 目前平版印刷機的施印方式是使油墨印於 ①水輥上 ②橡皮輥筒上 ③PS版上 ④轉寫紙上 再轉印到印刷紙上。　②

解 目前平版印刷機多採間接印刷，也就是將印版滾筒上的印紋油墨先轉印至橡皮輥筒上，再間接轉印至紙張上。

( ) 21.外形曲折不規律的印品其裁切之位置宜以 ①四角裁切線 ②刀模稿線 ③每一轉角皆精確畫裁切線表示 ④十字對位線。 ❷

　　🈟 外形曲折不規律的印刷品其裁切位置應該依據刀模稿線裁切。

( ) 22.常見的特級銅版紙中，一般又分成哪兩種 ①單銅、雙銅 ②特銅、雪銅 ③布銅、花銅 ④亮銅、暗銅。 ❷

　　🈟 特級銅版紙依照日本造紙業一般分類標準為每面塗佈量約 20G/M² 之高級銅版紙，一般可分為：特銅及雪銅兩種。單銅指的是單面壓光塗佈、雙銅指的是雙面壓光塗佈，亮銅指的是銅版紙經壓光塗佈後之塗佈效果。

( ) 23.印工的單位是 ①令 ②色令 ③磅 ④才。 ❷

　　🈟 印刷廠印刷的工錢跟油墨成本費用稱為：「印工」，而印工的單位則是「色令」。例如：是一件 4,000 張單面四色菊八開的 DM，那麼就是 1x4=4（色令）。

( ) 24.印刷的公害不含 ①噪音 ②溶劑 ③廢紙 ④紫外線 傷害。 ❸

　　🈟 印刷機器的噪音、揮發性有機溶劑 VOC（Volatile Organic Compounds）造成的呼吸道影響、印刷使用的 UV 紫外線燈都會造成公害，而印刷後剩餘的廢紙卻可以依照紙張類別進行資源回收製造成再生紙材。

( ) 25.要避免印刷引起的化學傷害使用以下何者無效 ①注意洗手 ②戴手套、口罩 ③注意容器存放及標示 ④戴安全帽與墨鏡。 ❹

　　🈟 印刷引起的化學傷害就是因為油墨中含有揮發性有機溶劑 VOC（Volatile Organic Compounds），它是一些會與陽光、臭氧層中的氧化氮發產反應的有機化學物，會刺激人體肺部，對各種生物均會帶來負面影響。所以經常洗手、戴上手套及口罩、確實標示及存放危險容器都能降低印刷所引起的化學傷害可能。而佩戴安全帽與墨鏡對於印刷所引發的化學傷害可能防護有限。

( ) 26.印後加工浮凸效果，何者最不明顯 ①壓凸 ②烤松香 ③局部上光 ④印墨中加入光油。 ❹

　　🈟 「壓凸」是利用凹凸版在印刷品上壓印出圖形的高低效果。「烤松香」是印刷後馬上噴灑松香粉，再經過高溫烘烤，松香粉經過烘烤後便會溶解發泡吸收油墨，冷卻凝固後就能產生立體的效果。「局部上光」就是先在印刷品上施以一層霧面膠質薄膜也就是俗稱的「霧P」，將要上光的部位製成網版，再將 UV 光油或其他特殊油墨印在印刷品表面，接著使用紫外線燈光照射，形成為局部有亮光及凸起的效果。「印墨中加入光油」就是在印刷品上塗佈 UV 光油，光油色澤略帶淡黃色，會讓印刷品顯得光亮，並不會有明顯的浮凸效果。

( ) 27.塗佈紙是指 ①模造紙 ②道林紙 ③銅版紙 ④牛皮紙。 ❸

　　🈟 部分紙張需要紙質平滑不起毛，伸縮性低的特性，使以塗佈壓光處理。這類紙張適合於彩色及細網線印刷，一般說的「銅版紙」就是塗佈紙。

( ) 28.下列何者屬於電腦排版字體大小的標示法 ①號數制 ②級數制 ③點數制 ④磅數制。 ❸

　　🈟 依照勞動部勞動力發展署技能檢定中心頒「印前製程」技能檢定規範所載：「能辨識設計稿上所標示的文字字形及大小（點數、級數、號數）」。

( ) 29.凹版製版的方法不包含 ①手刻 ②照相感光腐蝕 ③電子彫刻 ④反射顯像。 ❹

　　🈟 依照勞委會頒訂「凹版製版」技能檢定規範所載：凹版製版分為：雕刻凹版、照相凹版、電子雕刻凹版三種。

( ) 30. 預塗式平版就是一般稱的 ①彈性版 ②樹脂版 ③PS版 ④蛋白版。　③

解 預塗式平版（Presensitized Offset Plate）就是 PS 版，預塗式平版是 1950 年由 3M 公司首先推出，原理就是將感光液預先塗佈在版基表面所形成的一種膠印版材，全世界有 90% 以上的膠印是採用 PS 版來印刷。而現在 PS 版已經發展出新一代的進階產品，稱之為 CTP 數位版材（Computer to Plate，簡稱 CTP 版），其原理就是在電腦上編輯完成的印刷資料，直接以數位方式輸出至雷射光源輸出機，再經由輸出機直接將圖文在 CTP 版上成像，如此可以節省底片成本及製版流程，更可以降低污染。

( ) 31. 以下何者非計算紙張厚度的單位 ①磅數 ②公克重 ③cm ④條數。　③

解 常見紙張厚度的單位為：令重（LB）= 500 張全開紙的總重量（單位：磅／令）。基重 GSM（Gram per Square Meter）= 一平方公尺面積的紙張的公克重量（單位：G／M²）。條 = 台灣業界使用的紙張厚度單位，1 條 =0.01mm。

( ) 32. 下列何者為上光經常採用的方式之一 ①MG ②PP ③cm YK ④HTM。　②

解 上光就是在印刷品的表面裱貼（Laminate）一層膠膜，不但具備保護印刷品防髒的功能，還可增加印刷品的附加價值。常見的上光膠膜是聚丙烯（Polypropylene），簡稱 PP，有亮光 PP 及霧光 PP 兩種。

( ) 33. 下列何種版油墨的墨膜最薄 ①凸版 ②網版 ③平版 ④凹版。　③

解 理論上來說油墨墨膜厚薄依序為：網版＞凹版＞凸版＞平版。

( ) 34. 一般演色表的排列編輯方式是 ①每頁以 C、M 變化為經緯逐頁增減 Y、K ②每頁以 Y、K 變化為經緯逐頁增減 C、M ③每頁以 Y、M 變化為經緯逐頁增減 C、K ④每頁以 C、Y 變化為經緯逐頁增減 M、K。　①

解 一般演色表的排列編輯方式是以青（Cyanine Blue）、洋紅（Magenta Red）為經緯，逐頁增減黃（Yellow）、黑（Black）。

( ) 35. 騎馬釘裝書，下列何者所指為非 ①無書背 ②中間頁與前後頁寬度不一 ③版要全部各頁稿齊 ④不適雜誌裝訂。　④

解 騎馬釘裝書無書背、中間頁與前後頁寬度不一、版要全部各頁稿齊、最適合頁數不多的雜誌。

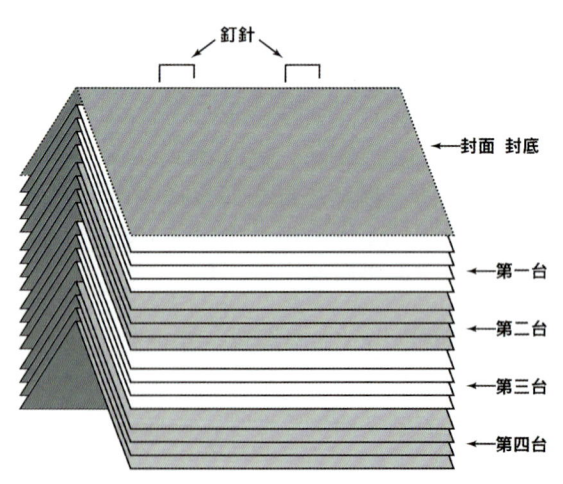

( ) 36. 何者不屬於印刷完稿出血部分 ①所有印滿週邊的色塊及邊條 ②滿版的底色 ③滿版的照片 ④標示頁碼。　④

解 出血就是超出印刷範圍的部分，精確地說是印刷後會超出而被裁切的範圍。當要印滿週邊的色塊及邊條、滿版的底色和滿版照片的時候，我們必須要將其製作到裁切線外 3mm 的位置，當印刷完成裁切之後，我們要的滿版效果就能出現。而頁碼必須標示在裁切線內，如此才能看到頁碼。

( ) 37.下列何者非彩色稿件校改時應注意的事項 ①套色準確與四色有無偏色 ②有無破網、錯網 ③有無左右倒置汙點 ④設計創意。　④

　　解 彩色稿件校稿時應注意的有：套色準確與四色有無偏色、有無破網及錯網、有無左右倒置及汙點，而設計創意部分是設計前就必須考量的部分。

( ) 38.傳統中文報紙內文的6號字等於電腦排版的多大字體 ①6pt ②8pt ③10pt ④12pt。　②

號數大小	特大號	大特號	特號	初號	小初	大一號	一（頭）號	小一	二號	小二	三號	小三	四號	小四	五號	小五	六號	小六	七號	八號
pt	72	63	54	42	36	31.5	28	24	21	18	16	15	14	12	10.5	9	8	6.875	5.25	4.5

( ) 39.最早的印刷機採用 ①平版圓壓式 ②平版平壓式 ③圓版圓壓式 ④無版無壓式。　②

　　解 早期的印刷機多採用平版平壓式，現多為圓版圓壓式所取代。

( ) 40.下列何者與彩色打樣印效不佳無關 ①製版的疏忽 ②完稿人員的錯誤 ③所附圖片影響 ④頁數太多。　④

　　解 彩色打樣印效不佳的可能原因有：製版的疏忽、完稿人員的錯誤及所附圖片品質有誤，頁數太多並非彩色打樣印效不佳的可能原因。

( ) 41.精裝書裝訂時，貼合封面後再行 ①裁修三面 ②裁修二面 ③裁修一面 ④不再裁修。　④

　　解 精裝書裝訂必須先經過裁修之後才能進行貼合封面的工作。

( ) 42.16開書的前後蝴蝶頁耗紙為 ①十六開一張 ②八開一張 ③四開一張 ④對開一張。　③

　　解 十六開書的蝴蝶頁需要一張八開紙，前後蝴蝶頁則要用掉兩張八開紙，兩張八開紙也就是一張四開紙。

( ) 43.經由電子四分色的彩色印刷，計算印工數時，正反面應以紙張令數 ①×2 ②×4 ③×8 ④×16 計算。　③

　　解 印刷廠印刷的工錢跟油墨成本費用稱為：「印工」，而印工的單位則是「色令」。一色一面之稱為1色令；一色兩面之稱為2色令，四色雙面就是4×2＝8色令。即四色（×4）雙面（×2）＝×8

( ) 44.校對彩色打樣時發現在版面上有布格狀紋，是由於 ①撞網 ②亂網 ③平網 ④反網 的現象。　①

　　解 彩色印刷品是由數種油墨和幾種網屏角度疊印而成的，如果網屏角度疊印和其他顏色產生衝突，就會產生網紋，這種現象就是所謂的「撞網」，就是一般所說的「網化」，有時也稱這種網紋為Moire pattern（莫爾條紋）或龜紋。

( ) 45.印刷演色的表示法上「Y」代表 ①藍色 ②紅色 ③黃色 ④黑色。　③

　　解 色料的三原色中「Y」指的是黃（Yellow）。

( ) 46.網版優於其他版的條件中，何者為非 ①可印在多種質材上 ②可印曲面 ③可印出油墨濃厚的油畫效果 ④印刷速度快。　④

　　解 網版可印在多種質材上、可印曲面、可印出油墨濃厚的油畫效果，但是其印刷速度並不快。

1-51

( ) 47.印版的大小較受印刷機固定規格限制的是 ①凸版 ②凹版 ③平版 ④網版。　③

　　解 平版印刷機多用於常見的書刊、海報...所以就會有常用固定規格的限制。

( ) 48.印刷採用的網線數中，具精緻印刷效果亦經常採用的是 ①0~65 線 ②120~150 線 ③175~200 線 ④350 線以上。　③

　　解 Ppi（Pixels per inch，每英吋像素數）指影像檔案、螢幕、相機所使用的解析度單位。
　　　Dpi（Dots per inch，每英吋墨點數）印表機所使用的解析度單位。
　　　Lpi（Line per inch，每英吋網線數）指印刷品在每一英吋內印刷線條的數量。
　　　精緻印刷效果經常採用 175~200 線（Lpi）。

( ) 49.以下何種檔案格式最適用於高品質網片輸出，又可兼顧網路傳輸速度（檔案容量小）是出版業界的共通標準 ①doc ②pdf ③tiff ④jpeg。　②

　　解 由 Adobe 發展出來的可攜式電子文件（PDF/Portable Document Format）是一種跨平台、跨軟體的檔案格式，副檔名 .pdf，適用於高品質網片輸出，又可兼顧網路傳輸速度（檔案容量小）是出版業界的共通標準。

( ) 50.下列何者是正確之敘述 ①A4 紙張＝菊版 4 開 ②菊版對開紙張大於四六版對開紙張 ③以菊對開紙張印刷，雙面最多可拼版成 8 頁 A4 ④菊全開紙張可裁成 3000 張 A3 尺寸。　③

　　解 A4 紙張＝菊版 8 開，菊版對開紙張（594 mm×421 mm）小於四六版對開紙張（751 mm×521 mm），菊全開紙張可裁成 4 張 A3 尺寸，而一令菊全開紙張可裁成 2,000 張 A3 尺寸（4×500＝2,000）。

( ) 51.以菊全開打樣機進行傳統平版印刷之彩色打樣；假設印刷品為 A4 尺寸 32 頁之四色彩色型，試問打樣之印刷費用應以幾色計 ①8 色 ②16 色 ③24 色 ④32 色。　②

　　解 菊全開→A4 尺寸×8 頁，A4 尺寸 32 頁→菊全開四張，一張菊全開曬四色版，四張菊全開為 4×4＝16 色。

( ) 52.折疊式的 DM，以折線區分版面，假設正、反各有 5 面，則此份 DM 為 ①10 折 ②5 折 ③4 折 ④8 折。　③

　　解 正、反各有 5 面，該 DM 為 4 折。

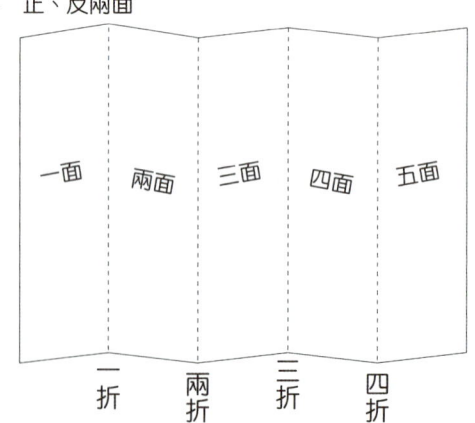

( ) 53.一令紙分為四束，其中一束紙有 ①100 張 ②125 張 ③250 張 ④500 張。　②

　　解 一令紙 500 張，500 張分成四束（500÷4＝125）每束為 125 張。

( ) 54. 印刷時以下列那一種油墨印在模造紙上，容易因氧化而變黑 ①金色 ②銀色 ③螢光色 ④珠光色。 ①

解 在印刷過程中經常用到金色油墨，金色可以製造出畫龍點睛的效果，但金色油墨的吸附性和轉移性較一般的油墨差，又印在模造紙上更容易因氧化而變黑。

( ) 55. 紙板加工鑽孔時，以下那一個不屬於考慮之項目 ①孔徑 ②孔距 ③孔深 ④紙張厚度。 ③

解 紙板加工鑽孔要考慮的項目為：孔徑、孔距及紙張厚度。

( ) 56. 以下何者不會影響書本裝訂之成本費用 ①頁數 ②台數 ③本數 ④字數。 ④

解 書本裝訂影響成本費用的因素有：頁數、台數、本數。

( ) 57. 下列何種印刷處理方式不會造成印刷面之凹凸立體效果 ①烤松香 ②數位印刷 ③鉛版印刷 ④燙金。 ②

解 「烤松香」是印刷後馬上噴灑松香粉，再經過高溫烘烤，松香粉經過烘烤後便會溶解發泡吸收油墨，冷卻凝固後就能產生立體的效果。「鉛版印刷」是將圖文製作成為鉛版，再施以油墨透過機器壓印在印刷品上，壓印過程會造成壓印部分因機器施力而形成凹凸。「燙金」就是電化鋁燙印技術，是指在一定的溫度和壓力下將電化鋁箔（金箔）燙印到印刷品的表面，印刷品的表面變會產生凸起的金屬光澤效果。

( ) 58. 「膠泥活字版印刷術」的發明人 ①畢昇 ②王楨 ③顧登堡 ④蔡倫。 ①

解 宋人畢昇於西元 1040 年發明膠泥活字印刷術，取代了當時的雕版印刷術。膠泥活字印刷術是使用膠泥刻字，再以火燒成陶土活字，完成之活字則按韻排列存放。活字呈片狀，要排版前先在鐵板上鋪上松脂、蠟與紙灰的混合材料。排妥一版活字即將鐵板加熱，再用另一平板加壓字面，確保字面平整並使全部活字固定在鐵板之上。

( ) 59. 「木刻活字版印刷術」的發明人 ①畢昇 ②王楨 ③顧登堡 ④蔡倫。 ②

解 元人王楨將活字印刷術中的泥版活字改用木版製造活字取代，讓活字製造更有效率，並設計轉輪排字架，將活字依韻排列，排版時可轉動輪盤。1298 年製造 3 萬餘木活字，排印「旌德縣誌」100 部。

( ) 60. 「鉛字活版印刷術」的發明人 ①畢昇 ②王楨 ③顧登堡 ④蔡倫。 ③

解 西元 1440 年左右，德國人約翰・顧登堡（Johannes Gensfleisch zur Laden zum Gutenberg）發明的鉛活字版。鉛字活版印刷術是為每個字母和符號製作鋼模，然後壓在軟銅塊上以形成銅模，再把鉛、銻、錫與少許比例的鉍金屬混合的合金注入銅模中，以鑄造大量的鉛字。為整個印刷技術大改進的關鍵性人物。著名的「四十二行聖經」就是用約翰・顧登堡活字和印刷架排印的現存最早印刷書籍。

( ) 61. 「造紙術」的發明人 ①畢昇 ②王楨 ③顧登堡 ④蔡倫。 ④

解 「造紙術」相傳為中國東漢時代的蔡倫（西元 63-121 年）所發明。時值東漢蔡倫擔任尚方令，監督宮廷物品製作，並改進當時的造紙技術以樹皮、破布、麻頭和魚網等廉價材料製作紙張，大大降低製造成本，使得紙張普及社會。西元 114 年朝廷封蔡倫為龍亭侯，所以後來人們都把紙稱為「蔡侯紙」。

( ) 62. 「平版印刷術」的發明人 ①顧登堡 ②納菲爾德 ③貝爾 ④菲尼古拉。 ②

解 西元 1798 年德國作曲家阿羅斯・塞納菲爾德（Alois Senefelder）嘗試找出印製樂譜的實用方法，以蠟、肥皂和煤煙調成油墨，將樂譜倒反寫在石版上，他原想以酸刻蝕石版，但是他的實驗卻促成以油水相斥性為基礎的「石版印刷術」也就是平版印刷術的發軔。

1-53

( ) 63.「凹版印刷術」的發明人 ①顧登堡 ②納菲爾德 ③貝爾 ④菲尼古拉。 ④

解 西元1460年義大利人菲尼古拉（M.Finiguerra）在夜晚加班雕刻的時候，誤將蠟燭油滴落在金屬版上，第二天除去版上的蠟膜，凹紋處所塗色料竟然轉印到蠟膜上。於是他改塗彩色油墨在雕版上，擦去平面無凹紋部分的油墨，以紙覆版重壓，竟得獲得精美印刷品這便是「雕刻金屬凹版印刷法」，而「Intaglio」一字，就是義大利文「雕刻」的意思。常見適用範圍：鈔票、股票、郵票等有價證券。

( ) 64.「橡皮轉印平版印刷機」的發明人 ①顧登堡 ②納菲爾德 ③貝爾 ④菲尼古拉。 ③

解 西元1905美國人魯貝爾（I. W. Rubel）在傳統的印版滾筒和壓力滾筒中間加一個橡皮滾筒做為油墨轉印之用，使印版上的印紋可製作成正向，透過橡皮滾筒再轉印於紙張上而形成正向，使得平版印刷由原本的直接印刷改良為間接印刷，這就是第一部「橡皮轉印平版印刷機」。

( ) 65.「燙金」主要是採用何種版印刷 ①凸版 ②平版 ③凹版 ④孔版。 ①

解 「燙金」就是電化鋁燙印技術，是指在一定的溫度和壓力下將電化鋁箔（金箔）燙印到印刷品的表面，印刷品的表面變會產生凸起的金屬光澤效果，是一種凸版印刷技術。

( ) 66.「朱文白字的印章」是何種版印刷 ①凸版 ②平版 ③凹版 ④孔版。 ①

解 印章的原理就是凸版印刷的原理。

( ) 67.「珂羅版」是何種印刷版式 ①凸版 ②平版 ③凹版 ④孔版。 ②

解 珂羅版（Collotype）是以玻璃為版基，在玻璃板上塗佈一層用重鉻酸鹽及明膠溶合而成的感光版，再與照相底片密合曝光製成印版進行印刷。

( ) 68.「PS版」是何種印刷版式 ①凸版 ②平版 ③凹版 ④孔版。 ②

解 PS版就是預塗式平版（Presensitized Offset Plate）的縮寫，預塗式平版是1950年由3M公司首先推出，原理就是將感光液預先塗佈在版基表面所形成的一種膠印版材，全世界有90％以上的膠印是採用PS版來印刷。而現在PS版已經發展出新一代的進階產品，稱之為CTP數位版材（Computer to Plate，簡稱CTP版），其原理就是在電腦上編輯完成的印刷資料，直接以數位方式輸出至雷射光源輸出機，再經由輸出機直接將圖文在CTP版上成像，如此可以節省底片成本及製版流程，更可以降低污染。

( ) 69.「壓凸」是採用何種版印刷 ①凸版 ②平版 ③凹版 ④孔版。 ①

解 「壓凸」是利用凹凸版在印刷品上壓印出圖形的高低效果為凸版印刷方式。

( ) 70.「壁紙」是採用何種版印刷 ①凸版 ②平版 ③凹版 ④孔版。 ③

解 西元1460年義大利人菲尼古拉（M.Finiguerra）在夜晚加班雕刻的時候，誤將蠟燭油滴落在金屬版上，第二天除去版上的蠟膜，凹紋處所塗色料竟然轉印到蠟膜上。於是他改塗彩色油墨在雕版上，擦去平面無凹紋部分的油墨，以紙覆版重壓，竟得獲得精美印刷品這便是「雕刻金屬凹版印刷法」，而「Intaglio」一字，就是義大利文「雕刻」的意思。常見適用範圍：鈔票、股票、郵票等有價證券以及壁紙。

( ) 71.「流水號碼」是採用何種印刷版式 ①凸版 ②平版 ③凹版 ④孔版。 ①

解 「流水號碼」就是指「連續號碼」，一般這種效果都是採用凸版印刷方式。

( ) 72.「鈔票」主要採用何種印刷版式 ①凸版 ②平版 ③凹版 ④孔版。 ③

解 西元1460年義大利人菲尼古拉（M.Finiguerra）在夜晚加班雕刻的時候，誤將蠟燭油滴落在金屬版上，第二天除去版上的蠟膜，凹紋處所塗色料竟然轉印到蠟膜上。於是他改塗彩色油墨在雕版上，擦去平面無凹紋部分的油墨，以紙覆版重壓，竟得獲得精美印刷品這便是「雕刻金屬凹版印刷法」，而「Intaglio」一字，就是義大利文「雕刻」的意思。常見適用範圍：鈔票、股票、郵票等有價證券以及壁紙。

( ) 73.「氣球上的圖文」是採用何種印刷版式 ①凸版 ②平版 ③凹版 ④孔版。　④
　　　解 氣球上的圖文一般來講都是使用孔版（網版）印刷。

( ) 74.「儀表版上的圖文」是採用何種印刷版式 ①凸版 ②平版 ③凹版 ④孔版。　④
　　　解 儀表版上的圖文一般來講都是使用孔版（網版）印刷。

( ) 75.「旗幟上的圖文」是採用何種印刷版式 ①凸版 ②平版 ③凹版 ④孔版。　④
　　　解 旗幟上的圖文一般來講都是使用孔版（網版）印刷。

( ) 76.「耐印力最強」是何種印刷版式 ①凸版 ②平版 ③凹版 ④孔版。　③
　　　解 凹版印刷是採用直接印刷的方式，其印刷機的結構較平版印刷機更為簡單，印刷速度快，自動化程度相對更高，印版的耐印力可達100萬印以上，是其它印刷方法無法比擬的。

( ) 77.「除空氣和水以外皆可印刷」是何種印刷版式 ①凸版 ②平版 ③凹版 ④孔版。　④
　　　解 號稱除空氣和水以外都可印刷的是孔版（網版）印刷。

( ) 78.「文字稿翻拍」是使用何種製版照相 ①線條照相 ②過網照相 ③分色照相 ④掩色照相。　①
　　　解 早期印刷業要進行文字稿翻拍時，要使用黑白對比銳利的「線條照相」技術。

( ) 79.「去背景」是使用何種製版照相 ①線條照相 ②過網照相 ③分色照相 ④掩色照相。　④
　　　解 早期印刷業利用掩色片及製版照相技術將原稿中全部或局部進行：圖文合成、去背、修色、柔邊、漸層…等影像處理的技法我們稱之為「掩色照相」。

( ) 80.「圖文合成」是使用何種製版照相 ①線條照相 ②過網照相 ③分色照相 ④掩色照相。　④
　　　解 早期印刷業利用掩色片及製版照相技術將原稿中全部或局部進行：圖文合成、去背、修色、柔邊、漸層…等影像處理的技法我們稱之為「掩色照相」。

( ) 81.「圖片局部修色」是使用何種製版照相 ①線條照相 ②過網照相 ③分色照相 ④掩色照相。　④
　　　解 早期印刷業利用掩色片及製版照相技術將原稿中全部或局部進行：圖文合成、去背、修色、柔邊、漸層…等影像處理的技法我們稱之為「掩色照相」。

( ) 82.「砂目網紋圖片」是使用何種製版照相 ①線條照相 ②過網照相 ③分色照相 ④掩色照相。　②
　　　解 早期印刷業要表現出砂目網紋的效果必須使用「過網照相」的技術，又稱「半色調照相」。

( ) 83.網屏網線的單位是 ① dpi ② ppi ③ lpi ④ lpm。　③
　　　解 Ppi（Pixels per inch，每英吋像素數）指影像檔案、螢幕、相機所使用的解析度單位。
　　　　Dpi（Dots per inch，每英吋墨點數）印表機所使用的解析度單位。
　　　　Lpi（Line per inch，每英吋網線數）指印刷品在每一英吋內印刷線條的數量。

( ) 84.「柔細人像圖片」適合使用何種網點 ①方形網點 ②圓形網點 ③鏈形網點 ④砂目網點。　③
　　　解 鏈形網點（Chain Dots）又稱菱形網點，其網點表現畫面特別柔和且層次豐富，適合於肌膚的柔美表現。

1-55

( ) 85.「科技產品圖片」適合使用何種網點 ①方形網點 ②圓形網點 ③鏈形網點 ④砂目網點。

> 方形網點（Square Dots）成棋盤狀，顆粒比較尖銳，其網點對於層次的表現能力佳，方形網點給人莊重、嚴肅的印象，科技產品圖片適合使用方形網點。

答：①

( ) 86.藍色光加綠色光會混合為 ①黃色光 ②青色光 ③洋紅色光 ④紫色光。

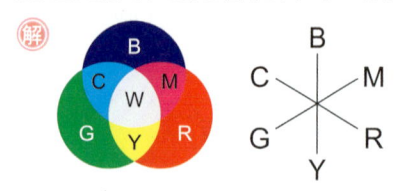

答：②

( ) 87.紅色光加藍色光會混合為 ①黃色光 ②青色光 ③洋紅色光 ④紫色光。

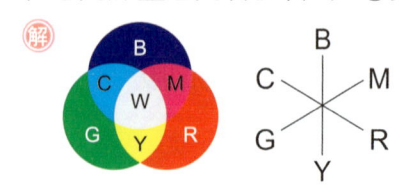

答：③

( ) 88.洋紅色加黃色會混合為 ①紅色 ②藍色 ③綠色 ④紫色。

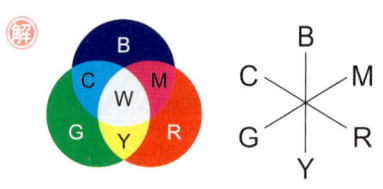

答：①

( ) 89.單色印刷時網屏角度宜設定多少度為佳 ① 15° ② 30° ③ 45° ④ 75°。

> 單色印刷網屏角度多用採用 45°，因為 45°所形成的網點排列最容易會產生並置混合的視覺效果，也比較不會感覺網點的存在。若網屏改為 90°時，其網點的並置混合效果最差，也最容易感覺網點的存在。

答：③

( ) 90.網屏角度相差多少度時才不會發生撞網現象 ① 15° ② 30° ③ 45° ④ 75°。

> 網點角度的選擇對於印刷製版有著相當重要的影響。各色調的網屏必須依照一定的角度旋轉堆疊，網點才能交錯產生混色效果以重現色彩。常見的網點角度有：90°、15°、45°、75°。45°的網點表現最佳，圖像穩定；15°和 75°的圖像穩定性稍差；90°的角度是可以顯示最穩定的圖像，但是視覺效果呆板。一般來說，兩種網點的角度差在 30°和 60°的時候，整體的干涉條紋較美觀；其次為 45°的網點角度差；當兩種網點的角度差為 15°和 75°的時候，干涉條紋就會損害圖像品質。

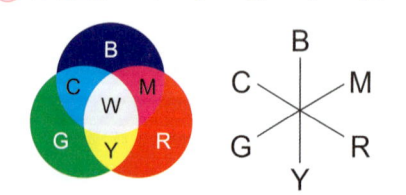

答：②

( ) 91.分色照相時紅色濾色鏡可分離出 ①黃色版 ②青色版 ③洋紅色版 ④黑色版。

> R 為 M＋Y，C＋M＋Y－M－Y＝C。

答：②

( ) 92.分色照相時綠色濾色鏡可分離出 ①黃色版 ②青色版 ③洋紅色版 ④黑色版。 ③

解 G為C＋Y，C＋M＋Y－C－Y＝M。

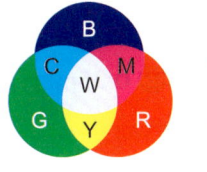

( ) 93.分色照相時藍色濾色鏡可分離出 ①黃色版 ②青色版 ③洋紅色版 ④黑色版。 ①

解 B為C＋M，C＋M＋Y－C－M＝Y。

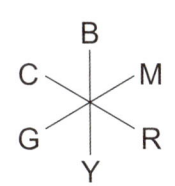

( ) 94.菊八開的書採用菊全機套版印刷每帖可印 ①4頁 ②8頁 ③16頁 ④32頁。 ③

解 菊全開每台可印正、反各8頁菊八開紙，合計16頁菊八開紙。

( ) 95.以下何種尺寸之印刷紙張，不可用於菊版對開印刷機執行印刷 ①15 cm×69 cm ②28 cm×59 cm ③42 cm×59 cm ④37.5cm×53 cm。 ①

解 菊版對開印刷機可執行印刷紙張尺寸為：43.6cm×62.1cm，「15cm×69cm」該選項長邊69cm已經超過菊版對開印刷機之最大尺寸。

( ) 96.2.5令等於 ①1000 ②1250 ③1500 ④2500張全開紙。 ②

解 令＝紙張數量計算單位，一般所稱一令為500張全開紙，2.5令 ＝ 500×2.5 ＝ 1250張全開紙。

( ) 97.凹版製版的方法不包含 ①手刻 ②照相感光腐蝕 ③電子彫刻 ④反射顯像。 ④

解 依照勞委會頒訂「凹版製版」技能檢定規範所載：凹版製版分為：雕刻凹版、照相凹版、電子雕刻凹版三種。

( ) 98.PS版是指何種印刷版式 ①彈性版 ②樹脂版 ③預塗式平版 ④蛋白版。 ③

解 PS版（Presensitized Offset Plate）就是預塗式平版，預塗式平版是1950年由3M公司首先推出，原理就是將感光液預先塗佈在版基表面所形成的一種膠印版材，全世界有90%以上的膠印是採用PS版來印刷。而現在PS版已經發展出新一代的進階產品，稱之為CTP數位版材（Computer to Plate，簡稱CTP版），其原理就是在電腦上編輯完成的印刷資料，直接以數位方式輸出至雷射光源輸出機，再經由輸出機直接將圖文在CTP版上成像，如此可以節省底片成本及製版流程，更可以降低污染。

( ) 99.卡片設計時其重要文字或有設計四邊框或留白時，要離裁切線上下左右各多少mm為安全線距離 ①1mm ②2mm ③3mm ④6mm。 ③

解 重要文字或有設計四邊框或留白時請，要裁切線上下左右各3mm為安全線距離，否則裁切後容易產生歪斜或四邊不均的現象。

( ) 100.打凸、局部上光等印製加工時，中文字不小於 ①6pt ②8pt ③10pt ④12pt。 ②

解 打凸、局部上光等印製加工時，中文字不小於8pt，否則無法正確清晰呈現效果。

(　) 101. 燙金、打凸、局部上光等印製加工時，線條不小於　① 0.1mm　② 0.2mm　③ 0.3mm　④ 0.5mm。　②

> 燙金、打凸、局部上光等印製加工時，線條不小於 0.2mm，否則無法完整呈現效果。

(　) 102. 印刷完稿的線條設定，至少幾 pt 以上可清晰呈現　① 0.1pt　② 0.25pt　③ 0.4pt　④ 0.5pt。　②

> 印刷完稿的線條粗細設定，至少必須為 0.25pt 以上才可以清晰呈現。

(　) 103. 西式書的單數頁碼版面出血為　①上、下、左、右各 3 mm　②上、下、右各 3 mm　③上、下、左各 3 mm　④上、下各 3 mm。　②

> 西式書籍多為橫式編排，適合由右往左翻閱，又稱左翻書或左開書。在拼版時單數頁上、下、右必須預留版面出血 3 mm，左邊為摺線邊與雙數頁拼在一起。

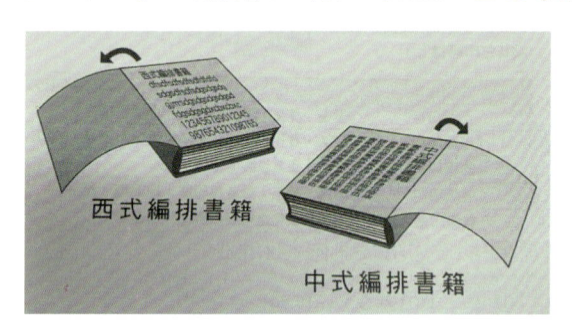

(　) 104. 中式書的單數頁碼版面出血為　①上、下、左、右各 3 mm　②上、下、右各 3 mm　③上、下、左各 3 mm　④上、下各 3 mm。　③

> 中式書籍多為直式編排，適合由左往右翻閱，又稱右翻書或右開書。在拼版時單數頁上、下、左必須預留版面出血 3 mm，右邊為摺線邊與雙數頁拼在一起。

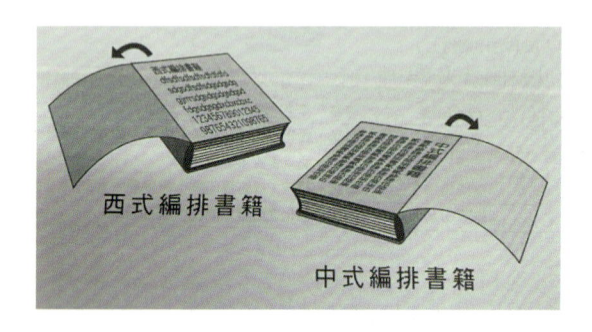

(　) 105. 揮發性有機物（VOC）為印刷過程中所釋放的主要污染物之一，請由少至多排列出釋放 VOC 的印刷方式　①平版＜凹版＜樹脂凸版＜網版　②凹版＜平版＜網版＜樹脂凸版　③網版＜平版＜樹脂凸版＜凹版　④樹脂凸版＜凹版＜平版＜網版。　①

> 各式印刷方式中，揮發性有機物（VOC）釋放量，有少到多為：平版＜凹版＜樹脂凸版＜網版。

視覺傳達設計
Visual Communication Design

PART 1・學科題庫解析

廣告媒體

一、四大廣告媒體

傳統定義的「四大廣告媒體」為：電視、電台、報紙、雜誌，廣告業則把電視和電台稱為「電波媒體」；報紙及雜誌稱為「平面媒體」。

- 目前所知歷史上第一份使用印刷術的報紙：1605年荷蘭安特衛普發行的「新聞紀事報」。
- 世界上公認第一個真正的無線廣播電臺：1920年11月2日美國的KDKA廣播電臺播出華倫・哈定（Warren Harding）當選總統的消息。
- 世界上第一個電視臺：1929年英國廣播公司BBC（British Broadcasting Corporation）試播，1936年正式開播。
- 多數學者認為世界上第一份真正的雜誌是1665年創刊出現在法國的「學者雜誌」。

二、廣告創意的本質

廣告創意並非天馬行空的任意發想，而是必須符合廣告客戶的委託目標，解決廣告客戶問題的策略性思考。

平面廣告的組成包括了【文案】與【圖案】兩大部份，其主要構成元素為：

1. **標題（Headline or Catch）**：是平面廣告中最重要的部份，絕大部分的廣告效果是來自於標題的力量。

2. **副標題（Pre-Catch or Sub-Catch or Subhead）**：扮演著主標題與內文之間的橋樑作用，功能是為標題做註解，而且能將讀者的視線引導到內文。

3. **內文（Body Copy）**：廣告物中的正文，也是廣告文案中最主要的精髓，功能在於說明廣告內容，所以內文必須具有強而有力的說服力。

4. **標語（Slogan）**：是簡短而且有吸引力的口號或標語，一句好標語通常順口容易記憶，可以對廣告或產品產生深刻的印象。

三、廣告業常見的英文縮寫

英文	中文意思
CF（Commercial Film）	商業廣告影片
CD（Creative Director）	創作總監
MD（Managing Director）	總經理

英文	中文意思
AD（Art Director）	美術指導
MD（Media Director）	媒介總監
AE（Account Executive）	業主與廣告商之間的業務人員
CW(Copywriter)	負責根據商品之特質與訴求重點做成文案
FA(Finish artist)	負責完稿作業交付製版
OS（Omt Sound）	廣告影片中的旁白
Copy Writer	廣告文案撰寫者
CS（Customer Satisfaction）	顧客滿意度
POP（Point of Perchase advertising）	購買時點的廣告，大部分消費者買東西時在商店因此也稱店頭廣告
SP（Sales Promotion）	折扣、優惠券、贈送試用品、抽獎…等促銷行為
DM（Direct Mail）	廣告主將印刷品經郵寄方式直達寄送到特定對象家中
DM（Dircct Marketing）	直接行銷，直接與消費者接觸的行銷方式，如廣告信函，人員直接銷售
Slogan	簡短而且有吸引力的口號或標語
Headline	標題
Body Copy	廣告物中的正文
Catch	廣告中的大標題
Layout	廣告編排
Chain Stores	連鎖商店

四 POP 廣告

POP 廣告（Point of Purchase Advertising）是許多廣告形式中的一種，又稱為售賣場所廣告，POP 廣告起源於美國的超級市場和自助商店裡的店頭廣告。1939 年美國 POP 廣告協會正式成立後，才奠定 POP 廣告的正式地位。POP 廣告屬於大眾媒體，且能製造誘導購買衝動，並具有直接促進購買行為的實銷效果。

POP 廣告大致可分為以下四種：

1. 懸掛式 POP 廣告。
2. 商品價目卡、展示卡式的 POP 廣告。
3. 與商品結合式的 POP 廣告。
4. 大型台架式的 POP 廣告。

五 書籍的結構

封面、封底

- **書舌（前、後摺頁）**：將封面及封底多出來的部分向書本方向內折，使其與書籍大小一樣，通常在書舌上多刊印作者的個人檔案或其他出版品的廣告。

- **蝴蝶頁**：又稱扉頁為書籍前後的白紙，裝訂在襯頁後面，有時候不印東西或只染一個底色。

- **書脊（書背）**：就是指書籍的厚度，會因為使用的紙張磅數及裝訂不同而有差異。

- **書腰**：封面外面用於加強宣傳的文案紙張，通常有：作家推薦、得獎、銷售量、排行榜的輝煌等紀錄，常見的是以版面 1/4 尺寸為原則的紙包住書籍，就像是書的腰帶而稱之。

- **書衣**：可以從書本拿下來的活動封面，通常使用在精裝書上。

- **書套**：又稱書函，是使用硬紙布面製作將書再包裝起來，是為了避免磨損書角。

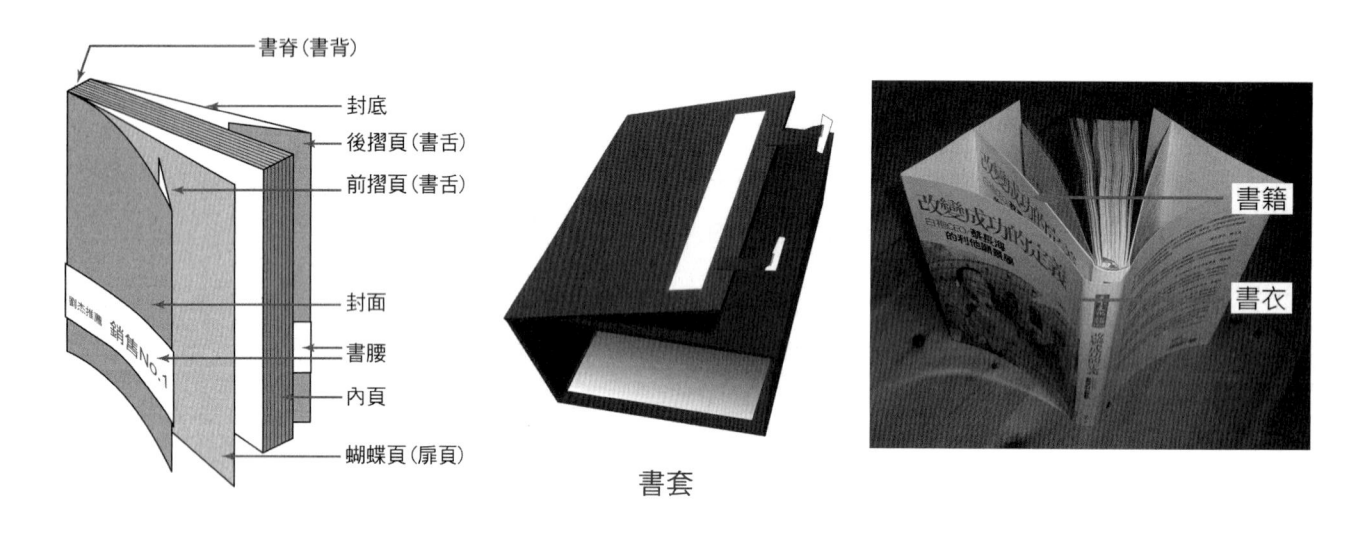

六 常見解析度

- **Ppi（Pixels per inch，每英吋像素數）**：指影像檔案、螢幕、相機所使用的解析度單位。

- **Dpi（Dots per inch，每英吋墨點數）**：印表機所使用的解析度單位。

- **Lpi（Line per inch，每英吋網線數）**：指印刷品在每一英吋內印刷線條的數量，而網線數決定圖像的精緻程度，網線數越多所印刷的畫面將愈精緻。

印刷品影像輸出品質決定於影像解析度與網線數之間的關係，通常設定影像解析度要為網線數的 1.5 倍～2 倍，也就是 175Lpi 的網線需要 175×2 ＝ 350Ppi 的解析度才能獲得平面清晰圖像。

$$影像解析度＝網線數 \times 1.5 倍～2 倍$$

常見的網線數

網線數	運用範圍
75～120 線	新聞紙等較低品質印刷品。
150～200 線	海報、雜誌等高級印刷品。
250～300 線	畫冊，要求精緻的印刷品。

七、我國市面上常見的飲料包裝

- 利樂包（Tetra Pak）：又名利樂磚，是由總部設在瑞典的利樂包裝股份有限公司於 1963 年所研發，典型的利樂包裝約 70% 為紙質，另含膠及金屬鋁箔層，除膠蓋外包裝共有 7 層。

- 利樂鑽（Tetra Prisma Aseptic）：是由總部設在瑞典的利樂包裝股份有限公司於 1997 年根據利樂無菌系統原理開發的一種八面形包裝包，主要材質為紙，另含膠及金屬鋁箔層。

- 新鮮屋：是 1915 年由美國人 John Van Wormer 發明，1933 年正式上市，是一種由不含鋁箔金屬層的 6 層紙板所構成的複合紙塑包裝，外型有點像小房子。

- 康美包：的首度出現是於 1920 年的德國，第一代的液體紙包裝系統大為成功並以此成立了 PKL 公司，現在則是隸屬於瑞士上市公司 SIG 集團的康美包有限公司所有。

利樂包 　　利樂鑽 　　新鮮屋 　　康美包

學科試題

(②) 1. 平面廣告不包括 ①海報 ②影片 ③傳單 ④月曆。
解 海報、傳單及月曆都屬於平面廣告。

(④) 2. 下列有關「平面廣告」的敘述何者正確 ①一定要經過印製過程 ②必須是集體創作的設計 ③圖片效果表現必然優於文字編排 ④訊息傳達一定要明確。
解 平面廣告不一定要經過印製過程，可以個人創作也可以是集體創作，圖片效果與文字編排要視設計者設計的動機，但無論如何訊息傳達一定要明確。

(③) 3. 廣告插圖設計的目的在下列敘述中何者不正確 ①達到吸引讀者注意廣告的功能 ②幫助讀者理解廣告的功能 ③主要為填補版面的功能 ④將讀者視線引導至文案的功能。
解 廣告插圖設計之目的有：達到吸引讀者注意廣告的功能、幫助讀者理解廣告的功能以及將讀者視線引導至文案的功能。但若為填補版面空間，這樣就失去廣告插圖設計的意義。

(④) 4. 廣告中的主標題應該 ①用鮮豔的顏色 ②用黑體字 ③絕對大於其他文字 ④要簡潔、有說服力。
解 廣告中的主標題首重：簡潔、有說服力。

(②) 5. 廣告中的標題 ①不是文案的一部份 ②亦具備圖形作用的視覺效果 ③不一定要吸引讀者注意 ④一定要是一句完整的句子。
解 廣告中的標題：是文案的一部份、具備圖形作用的視覺效果、要吸引讀者注意、不一定要是一句完整的句子。

(①) 6. 撰寫文案的要 ①以肯定訴求為佳 ②只需著重文字優美 ③艱深用字可藉以表現商品特質 ④自我文章表現。
解 撰寫文案要以肯定訴求為先。

(④) 7. 郵件廣告不包括 ①明信片 ②目錄 ③企業刊物 ④海報。
解 郵件廣告是以郵件寄送為主，比較起來明信片、目錄與企業刊物都可以方便的使用郵寄方式遞送，海報如果使用郵寄方式恐怕比較容易造成廣告品的損壞。

(②) 8. 郵件廣告一般稱為 DM（Direct Mail Advertising）其特徵為 ①毋需考慮寄發對象 ②較可發揮一對一實際效果 ③較報紙廣告容易製作 ④是最有效的平面媒體。
解 DM 就是廣告主將印刷品經郵寄方式直達寄送到特定對象家中的一種方式，比較可以發揮一對一的實際效果。

(①) 9. 廣告的表現形式是屬於視覺的，包括版面、插畫、文案 ①編排 ②氣氛 ③印象 ④感情 等表現。
解 廣告的表現形式是屬於視覺的，包括版面、插畫、文案以及編排（Layout）。

( ) 10. 比較以下字形種類，何種較適用於廣告內容文案 ①海報體 ②特圓體 ③綜藝體 ④中黑體。　　　　　　　　　　　　　　　　　　　　　　　　　　　　　　④

解 適用於廣告內容文案的字體應以易讀性佳的文字，相較上列四選項，「中黑體」有較佳的易讀性，故選用「中黑體」。

( ) 11. 廣告設計內容也屬於造形的構成要素，如插畫、攝影及 ①標語 ②說明文 ③標題 ④商標 等。　　　　　　　　　　　　　　　　　　　　　　　　　　　　　　　　　　④

解 標語、說明文及標題屬於文案的構成要素，插畫、攝影及商標則屬於造形的構成要素。

( ) 12. POP 廣告具有直接促進購買行為的實銷效果，下列敘述何者不正確 ①是屬於小眾媒體的一種廣告 ②二次大戰後興起於美國 ③販賣商品場所所作的廣告物 ④具有連結大眾廣告效果。　　　　　　　　　　　　　　　　　　　　　　　　　　　①

解 POP 廣告（Point of Purchase Advertising）是許多廣告形式中的一種，又稱為售賣場所廣告，POP 廣告起源於美國的超級市場和自助商店裡的店頭廣告。1939 年美國 POP 廣告協會正式成立後，才奠定 POP 廣告的正式地位。POP 廣告屬於大眾媒體，且能製造誘導購買衝動，並具有直接促進購買行為的實銷效果。

POP 廣告大致可分為以下四種：
一、懸掛式 POP 廣告。
二、商品價目卡、展示卡式的 POP 廣告。
三、與商品結合式的 POP 廣告。
四、大型台架式的 POP 廣告。

( ) 13. POP 廣告具有多樣性，在賣場的效果 ①專為製造熱鬧氣氛 ②不太容易引起消費者注意 ③會誘導衝動購買 ④無關消費者產生購買意願。　　　　　　　　　　③

解 POP 廣告（Point of Purchase Advertising）是許多廣告形式中的一種，又稱為售賣場所廣告，POP 廣告起源於美國的超級市場和自助商店裡的店頭廣告。1939 年美國 POP 廣告協會正式成立後，才奠定 POP 廣告的正式地位。POP 廣告屬於大眾媒體，且能製造誘導購買衝動，並具有直接促進購買行為的實銷效果。

POP 廣告大致可分為以下四種：
一、懸掛式 POP 廣告。
二、商品價目卡、展示卡式的 POP 廣告。
三、與商品結合式的 POP 廣告。
四、大型台架式的 POP 廣告。

( ) 14. 下列何者不屬於 POP 廣告 ①招牌廣告 ②玻璃櫥窗廣告 ③天花板廣告 ④企業刊物。　　　　　　　　　　　　　　　　　　　　　　　　　　　　　　　　　④

解 POP 廣告（Point of Purchase Advertising）是許多廣告形式中的一種，又稱為售賣場所廣告，POP 廣告起源於美國的超級市場和自助商店裡的店頭廣告。1939 年美國 POP 廣告協會正式成立後，才奠定 POP 廣告的正式地位。POP 廣告屬於大眾媒體，且能製造誘導購買衝動，並具有直接促進購買行為的實銷效果。招牌廣告、玻璃櫥窗廣告及天花板廣告都可以運用 POP 廣告，企業刊物屬於企業內部雜誌，應歸類為雜誌廣告。

( ) 15. 雜誌廣告具下列何者特性 ①印刷品質優於報紙廣告 ②版面種類多於報紙廣告 ③速效性優於各種廣告媒體 ④信賴度優於各類廣告。　　　　　　　　　　　①

解 雜誌廣告的印刷品質優於報紙廣告。

( ) 16. 雜誌廣告具下列何者特性　①較容易引起商品購買慾望　②閱讀者經濟水平較其他媒體閱讀者高　③較易獨佔版面防止其他廣告干擾　④廣告壽命較短。　③

解 雜誌廣告較易獨佔版面防止其他廣告干擾。

( ) 17. 對平面廣告設計的進步，影響最大的是　①工業革命　②第二次世界大戰　③美術工藝運動　④印刷術。　④

解 印刷術對平面廣告設計的進步影響頗大。

( ) 18. 商品刊登報紙廣告的主要目的是　①促進商品銷售　②美化報紙版面　③提振經濟　④增加閱報率。　①

解 商品刊登報紙廣告目的當然是要提升商品銷售量。

( ) 19. 下列敘述何者不正確　① Body Copy 是指說明內文　② Headline 是指標題　③ Readability 是指辨識度　④ Slogan 是指標語。　③

解 Readability 指的是「易讀性」。

( ) 20. POP 廣告比較雜誌廣告及報紙廣告等平面媒體，更應該注意　①印刷　②陳列空間　③目標客戶　④色彩的掌握。　②

解 POP 廣告是一種購買時點的廣告，所以更要注意陳列空間的選擇，以免造成消費者無法看到的無效廣告。

( ) 21. 宣導公共場所嚴禁吸菸的海報是屬於　①藝文海報　②商業海報　③企業海報　④公益海報。　④

解 宣導公共場所嚴禁吸菸的海報是屬於公益海報。

( ) 22. 招牌廣告及樹立廣告許可之有效期限為　①一年　②三年　③五年　④七年，期限屆滿後應重新申請審查許可或恢復原狀。　③

解 依招牌廣告及樹立廣告管理辦法第 12 條規定：招牌廣告及樹立廣告許可之有效期限為五年，期限屆滿後，原雜項使用執照及許可失其效力，應重新申請審查許可或恢復原狀。

( ) 23. 根據招牌廣告及樹立廣告管理辦法，側懸式招牌廣告突出於建築物牆面，不得超過　① 0.8 公尺　② 1 公尺　③ 1.5 公尺　④ 2 公尺。　③

解 招牌廣告及樹立廣告管理辦法第 4 條規定：側懸式招牌廣告突出建築物牆面不得超過一點五公尺，並應符合下列規定：

一、位於車道上方者，自下端計量至地面淨距離應在四點六公尺以上。

二、前款以外者，自下端計量至地面淨距離應在三公尺以上；位於退縮騎樓上方者，並應符合當地騎樓淨高之規定。

正面式招牌廣告突出建築物牆面不得超過五十公分。

前二項規定於都市計畫及其相關法令已有規定者，從其規定。

( ) 24.根據招牌廣告及樹立廣告管理辦法，側懸式招牌廣告縱長未超過 ①5公尺 ②6公尺 ③7公尺 ④8公尺 免申請雜項執照。　②

　　(解) 招牌廣告及樹立廣告管理辦法第3條規定：下列規模之招牌廣告及樹立廣告，免申請雜項執照：
　　　一、正面式招牌廣告縱長未超過二公尺者。
　　　二、側懸式招牌廣告縱長未超過六公尺者。
　　　三、設置於地面之樹立廣告高度未超過六公尺者。
　　　四、設置於屋頂之樹立廣告高度未超過三公尺者。

( ) 25.根據招牌廣告及樹立廣告管理辦法，正面式招牌廣告縱長未超過 ①1公尺 ②1.5公尺 ③2公尺 ④2.5公尺 免申請雜項執照。　③

　　(解) 招牌廣告及樹立廣告管理辦法第3條規定：下列規模之招牌廣告及樹立廣告，免申請雜項執照：
　　　一、正面式招牌廣告縱長未超過二公尺者。
　　　二、側懸式招牌廣告縱長未超過六公尺者。
　　　三、設置於地面之樹立廣告高度未超過六公尺者。
　　　四、設置於屋頂之樹立廣告高度未超過三公尺者。

( ) 26.根據招牌廣告及樹立廣告管理辦法，設置於屋頂之樹立廣告高度未超過 ①1公尺 ②1.5公尺 ③2公尺 ④3公尺 免申請雜項執照。　④

　　(解) 招牌廣告及樹立廣告管理辦法第3條規定：下列規模之招牌廣告及樹立廣告，免申請雜項執照：
　　　一、正面式招牌廣告縱長未超過二公尺者。
　　　二、側懸式招牌廣告縱長未超過六公尺者。
　　　三、設置於地面之樹立廣告高度未超過六公尺者。
　　　四、設置於屋頂之樹立廣告高度未超過三公尺者。

( ) 27.商標自註冊公告當日起，由權利人取得商標權，商標權期間為 ①五年 ②十年 ③十五年 ④二十年。　②

　　(解) 商標法 第四章 商標權 第27條規定：商標自註冊公告當日起，由權利人取得商標權，商標權期間為十年。商標權期間得申請延展，每次延展專用期間為十年。

( ) 28.商標權期滿得申請延展，每次延展專用期間為 ①五年 ②十年 ③十五年 ④二十年。　②

　　(解) 商標法 第四章 商標權 第27條規定：商標自註冊公告當日起，由權利人取得商標權，商標權期間為十年。商標權期間得申請延展，每次延展專用期間為十年。

( ) 29.媒體若刊登未經核准立案的賭博、彩券廣告，刑法可判予 ①一年 ②二年 ③三年 ④五年 以下有期徒刑。　③

　　(解) 刑法：
　　　第二一章　賭博罪：
　　　第268條　意圖營利，供給賭博場所或聚眾賭博者，處三年以下有期徒刑，得併科三千元以下罰金。
　　　第269條　意圖營利，辦理有獎儲蓄或未經政府允准而發行彩票者，處一年以下有期徒刑或拘役，得併科三千元以下罰金。

( ) 30. 媒體若散佈色情資訊，刑法可判予 ①一年 ②二年 ③三年 ④五年 以下有期徒刑。　②

解 刑法：

第一六章之一　妨害風化罪：

第 235 條　散布、播送或販賣猥褻之文字、圖畫、聲音、影像或其他物品，或公然陳列，或以他法供人觀覽、聽聞者，處二年以下有期徒刑、拘役或科或併科三萬元以下罰金。

意圖散布、播送、販賣而製造、持有前項文字、圖畫、聲音、影像及其附著物或其他物品者，亦同。

前二項之文字、圖畫、聲音或影像之附著物及物品，不問屬於犯人與否，沒收之。

( ) 31. 媒體若刊登菸品廣告，會被處以 ① 10,000~30,000 元 ② 30,000~50,000 元 ③ 50,000~150,000 元 ④ 150,000~200,000 元之罰款。　③

解 此題無解。根據「菸害防制法」規定業者刊登菸品廣告會被處以 5,000,000~25,000,000 元之罰鍰，刊登菸品廣告的廣告業或傳播媒體業者則必須處以 200,000~1,000,000 之罰鍰。

菸害防制法：

第二章　菸品健康福利捐及菸品之管理

第九條　促銷菸品或為菸品廣告，不得以下列方式為之：

一、以廣播、電視、電影片、錄影物、電子訊號、電腦網路、報紙、雜誌、看板、海報、單張、通知、通告、說明書、樣品、招貼、展示或其他文字、圖畫、物品或電磁紀錄物為宣傳。

第六章　罰則

第二十六條　製造或輸入業者，違反第九條各款規定者，處新臺幣五百萬元以上二千五百萬元以下罰鍰，並按次連續處罰。

廣告業或傳播媒體業者違反第九條各款規定，製作菸品廣告或接受傳播或刊載者，處新臺幣二十萬元以上一百萬元以下罰鍰，並按次處罰。

違反第九條各款規定，除前二項另有規定者外，處新臺幣十萬元以上五十萬元以下罰鍰，並按次連續處罰。

( ) 32. 全國最高通訊傳播機構「國家通訊傳播委員會」英文縮寫為 ① NCN ② CNN ③ CNC ④ NCC。　④

解 國家通訊傳播委員會（National Communications Commission）為我國電信、通訊、傳播、數位匯流…等事業的最高主管機構，為行政院下之獨立機關。

( ) 33. 較容易吸引各種年齡層消費者目光的廣告為 ①報紙廣告 ②電視廣告 ③ POP 廣告 ④雜誌廣告。　②

解 電視廣告具有視覺與聽覺的雙重效果，最能吸引各種年齡層消費者的目光。

( ) 34. 電視廣告具有視覺與 ①聽覺 ②幻覺 ③感覺 ④觸覺 雙重效果的媒體。　①

解 電視廣告是具有視覺與聽覺雙重效果的媒體。

( ) 35. 除另有規定外,著作財產權存續於著作人之生存期間,及其死亡後 ①30年 ②50年 ③80年 ④100年 為止。 ❷

解 著作權法 第三章 著作人及著作權 第四節 著作財產權 第二款 著作財產權之存續期間 第30條規定:著作財產權,除本法另有規定外,存續於著作人之生存期間及其死亡後五十年。著作於著作人死亡後四十年至五十年間首次公開發表者,著作財產權之期間,自公開發表時起存續十年。

( ) 36. 中央標準局在民國八十八年二月已改制為 ①著作財產局 ②法智標準局 ③智慧財產局 ④商標專利審查局。 ❸

解 經濟部智慧財產局其沿革為:民國16年設立「全國註冊局」→民國19年「全國度量衡局」→民國36年「經濟部中央標準局」→民國88年「經濟部智慧財產局」業務職掌其中一項為專利權、商標專用權、著作權、積體電路電路布局、營業秘密及其他智慧財產權政策、法規、制度之研究、擬訂及執行事項。

( ) 37. 以下何者為小眾媒體 ①電視 ②廣播 ③夾報 ④網路。 ❸

解 電視、廣播及網路都是屬於大眾媒體,夾報則是屬於特定傳播對象的小眾傳播。

( ) 38. 百貨公司化粧品發表會屬於 ①贊助活動 ②促銷活動 ③表演活動 ④作秀活動。 ❷

解 百貨公司的化粧品發表會是一種促銷活動。

( ) 39. 廣告中的大標題,英文為 ①Catch ②Client ③Concept ④Body Copy。 ❶

解 Catch指的是廣告中的大標題。

( ) 40. Chain Stores 中文意為 ①聯合行銷 ②消費商店 ③店頭促銷 ④連鎖商店。 ❹

解 Chain Stores 中文意思為連鎖商店。

( ) 41. 禁煙海報屬於 ①商業海報 ②形象海報 ③公益海報 ④保育海報。 ❸

解 禁煙海報屬於公益海報。

( ) 42. 所謂 Cable TV 是屬於 ①有線電視 ②無線電視 ③教學電視 ④購物電台。 ❶

解 Cable 就是電纜,Cable TV 指的就是相對於無線電視的有線電視,有線電視系統業者透過各式碟型天線接收衛星以及數位電視訊號,將訊號混頻再透過電纜傳送訊號到收視戶家中,有線電視收視用戶不必安裝天線即可收視100多個不同頻道。

( ) 43. 精裝書在裱背過的硬紙板外,再以紙張包住保護或作為醒目之書皮,此名稱為 ①蝴蝶頁 ②書衣 ③書舌 ④書套。 ❷

解 書衣:可以從書本拿下來的活動封面,通常使用在精裝書上。

蝴蝶頁:又稱扉頁為書籍前後的白紙,裝訂在襯頁後面,有時候不印東西或只染一個底色。

書舌(前、後摺頁): 將封面及封底多出來的部分向書本方向內折,使其與書籍大小一樣,通常在書舌上多刊印作者個人檔案或其他出版品的廣告。

書套:又稱書函,是使用硬紙布面製作將書再包裝起來,是為了避免磨損書角。

書脊(書背)
封底
後摺頁(書舌)
前摺頁(書舌)
封面
書腰
內頁
蝴蝶頁(扉頁)

書套

書籍
書衣

( ) 44. 市售牛奶或果汁包裝，其中以處女紙漿製成，上蓋造型有如屋頂者其包裝形式稱之為 ①新鮮屋 ②利樂屋 ③康美屋 ④巧鮮屋。　❶

解 新鮮屋是 1915 年由美國人 John Van Wormer 發明，1933 年正式上市，是一種由不含鋁箔金屬層的 6 層紙板所構成的複合紙塑包裝，外型有點像小房子。

( ) 45. 在路邊發放的試用品是屬於 ①DM ②SP ③CF ④PR 的一種。　❷

解 在路邊發放的試用品是一種促銷行為，也是種 SP（Sales Promotion）行為，SP 的形式眾多，例如：折扣、優惠券、贈送試用品、抽獎促銷…等。

( ) 46. 公車車體之大型廣告，其印刷方式是採 ①凸版印刷 ②凹版印刷 ③活版印刷 ④網版印刷。　❹

解 本題有爭議。現今戶外大型看板廣告，其印刷方式都已採無版的電腦大圖彩噴方式製作。

( ) 47. 一般報紙廣告的印刷線數採 ①175線 ②200線 ③100線 ④75線 為宜。　❸

解 Ppi（Pixels per inch，每英吋像素數）指影像檔案、螢幕、相機所使用的解析度單位。

Dpi（Dots per inch，每英吋墨點數）印表機所使用的解析度單位。

Lpi（Line per inch，每英吋網線數）指印刷品在每一英吋內印刷線條的數量，而網線數決定圖像的精緻程度，網線數越多所印刷的畫面將愈精緻。

報紙紙質較粗糙，印刷線數只能控制在 100 Lpi 以內，如果設定線數太高反而會讓墨點糊成一團。

( ) 48. 以電腦製作報紙廣告時，其彩色影像圖檔，應設定何種解析度為宜 ①200~275dpi ②300~350dpi ③600~1200dpi ④72~100dpi。　❶

解 Ppi（Pixels per inch，每英吋像素數）指影像檔案、螢幕、相機所使用的解析度單位。

Dpi（Dots per inch，每英吋墨點數）印表機所使用的解析度單位。

Lpi（Line per inch，每英吋網線數）指印刷品在每一英吋內印刷線條的數量，而網線數決定圖像的精緻程度，網線數越多所印刷的畫面將愈精緻。

報紙紙質較粗糙，印刷線數只能控制在 100 線以內，如果設定線數太高反而會讓墨點糊成一團。所以報紙用的彩色影像圖檔，解析度宜設定為 200~275Dpi。

( ) 49. 所謂 Post Script 字型是屬於 ①點陣字型 ②螢幕字型 ③向量字型 ④描述字型。 ③

> PostScript 字型為美國 Adobe 公司開發的「後描述語言」字型，PostScript 字型是以 3 次貝茲曲線向量描述，因此一組字型可以通過簡單的數學變形放大或縮小，弧度優美，是印刷界的標準。

( ) 50. 製作電腦網頁，應設定何種解析度為宜 ①150dpi ②72dpi ③400dpi ④250dpi。 ②

> 一般來說螢幕最適合的解析度是 72 dpi，所以要使用在網頁上的影像圖檔其解析度只要 72 dpi。解析度越大檔案就越大，如此只會拉長網頁瀏覽的速度，並不會對畫面精細度有幫助。

( ) 51. 製作印刷簡介時，應設定何種解析度為宜 ①600~1200dpi ②72~100dpi ③150~250dpi ④300~350dpi。 ④

> Ppi（Pixels per inch，每英吋像素數）指影像檔案、螢幕、相機所使用的解析度單位。
> Dpi（Dots per inch，每英吋墨點數）印表機所使用的解析度單位。
> Lpi（Line per inch，每英吋網線數）指印刷品在每一英吋內印刷線條的數量，而網線數決定圖像的精緻程度，網線數越多所印刷的畫面將愈精緻。
> 製作簡介印刷品時，解析度宜設定 300~350Dpi，這樣即可獲得良好的印刷品質。

( ) 52. Homepage 會出現在下列那一個媒體 ①平面媒體 ②電子媒體 ③網路媒體 ④開放媒體。 ③

> 本題有爭議。Homepage 原指網站的首頁，現今泛指網頁，所以它是一種「電子媒體」，更屬於「網路媒體」，只要符合 Web 2.0 概念也是一種「開放媒體」。Web 2.0 概念：使用網路平台且由使用者主導來創造、協同合作、分享各種資訊與內容的一種分散式網路現象，例如：維基百科、臉書（Facebook）、新浪微博…。

( ) 53. 所謂廣告，就是 ①廣告主與廣告公司 ②廣告主與電視公司 ③廣告主與消費者 ④廣告公司與消費者 之間的媒介物。 ③

> 廣告就是廣告主與消費者之間的媒介物。

( ) 54. 廣告因商品所處之生命週期階段不同而有：a.成長期、b.導入期、c.衰退期、d.成熟期，其順序應為 ①abcd ②dcba ③badc ④bcad。 ③

> 廣告商品的生命週期：導入期→成長期→成熟期→衰退期

( ) 55. 下列何種媒體是針對消費者的分眾媒體，並較適於說明的廣告媒體為 ①報紙 ②雜誌 ③電台 ④電視。 ②

> 每種雜誌都有各自的發行屬性，例如：財經雜誌、健康雜誌、財經雜誌、運動雜誌…等，所以就會有不同的閱讀群眾，加上一般雜誌都圖文並茂，印刷精美，而且有一定生命週期，例如：周刊、半月刊、月刊以及季刊…等，相對地也適於說明性的廣告製作，相較報紙、廣播與傳單生命週期長，消費者重複閱讀的機率也比較高。

( ) 56. 下列那種不屬於平面設計的構成要素 ①標題 ②聲音 ③文案 ④圖片。 ②

> 標題、文案與圖片都屬於平面設計構成的要素，聲音則屬於視覺類與聽覺類設計的創作素材。

( ) 57. 廣告表現首要任務即為 ①傳達內容主題 ②創意之構思 ③企劃 ④製作。 ①

> 廣告表現的首要任務就是要正確傳達廣告的內容與主題，接著透過創意構思、企劃與製作完成廣告案件。

( ) 58. 大眾傳播媒體中，發展歷史最悠久的是 ①電台 ②報紙 ③電視 ④雜誌。　②

解 目前所知歷史上第一份使用印刷術的報紙：1605 年荷蘭安特衛普發行的「新聞紀事報」。世界上公認第一個真正的無線廣播電臺：1920 年 11 月 2 日美國的 KDKA 廣播電臺播出華倫·哈定（Warren Harding）當選總統的消息。世界上第一個電視臺：1929 年英國廣播公司 BBC（British Broadcasting Corporation）試播，1936 年正式開播。多數學者認為世界上第一份真正的雜誌是 1665 年創刊出現在法國的「學者雜誌」。

( ) 59. 某強力膠廣告為強調其黏著力，將一張木椅懸空被強力膠黏起，其表現型式為 ①商品說明型 ②證明型 ③記錄型 ④虛構故事型。　②

解 利用實證的方式表達產品的功能性與優越性，這種方式我們稱之為「證明型」。

( ) 60. 促進銷售活動的廣告稱為 ① SP ② CF ③ DM ④ NP。　①

解 折扣、優惠券、贈送試用品、抽獎…等促進銷售活動，通稱為 SP（Sales Promotion）。

( ) 61. 經郵寄直達特定對象的廣告是 ① DM 廣告 ② CM 廣告 ③ P.O.P 廣告 ④ CF 廣告。　①

解 廣告主將印刷品經郵寄方式直達寄送到特定對象家中，這種方式我們稱之為 DM（Direct Mail）。

( ) 62. 下列廣告媒體何者最為廣泛性 ①雜誌 ②報紙 ③海報 ④傳單。　②

解 報紙每日發行量大而且單價低，所以是最廣泛性的廣告媒體。

( ) 63. 2008 年北京奧運的吉祥物是 ①企鵝 ②福娃 ③鴿子 ④海豹。　②

解 2008 年北京奧運的吉祥物是福娃。

( ) 64. 公共海報是以社會的公共性為題材，以下那種不屬於此類 ①選舉 ②納稅 ③社會福利 ④促銷。　④

解 促銷海報並不是屬於社會公共性題材。

( ) 65. 哪種媒體是因為遠看及動看，所以必須要有強而有力的明快說服效果？ ①報紙 ②海報 ③雜誌 ④月曆。　②

解 瀏覽海報因為只有短短幾秒，所以必須要有強而有力的明快說服效果才能贏得消費者的視覺的關注。

( ) 66. 下列何者不屬於平面廣告媒體 ①電台 ②海報 ③報紙 ④雜誌。　①

解 傳統定義的「四大廣告媒體」為：電視、電台、報紙、雜誌，廣告業則把電視和電台稱為電波媒體；報紙及雜誌稱為平面媒體。海報、報紙及雜誌都是屬於平面廣告範疇，電台則為電波媒體。

( ) 67. 必須注意好聽、好寫、好記、好唸、好聯想等要求的是 ①品牌名稱 ②插畫 ③照片 ④商標。　①

解 「品牌名稱」必須要：好聽、好寫、好記、好唸、好聯想。

( ) 68. 報紙媒體具備三大特性，經濟性、重複性及 ①藝術性 ②持久性 ③速效性 ④趣味性。 ③
　　解 報紙媒體具備三大特性，經濟性、重複性及速效性。

( ) 69. 下列何者是廠商或商品的標誌 ①商標 ②插圖 ③造型 ④標準色。 ①
　　解 商標就是廠商或商品的標誌，商標是用來識別某種商品、服務或相關個人或企業的標誌。商標的可能源起原始部落或個人信仰的象徵符號，古代的工匠將其簽字或「標記」製作在其製作的物品上，這些標記可能就演變成為今天的註冊商標。
　　圖形®常用來表示某個商標經過註冊，並受法律保護。
　　圖形™表示某個標誌是作為商標進行使用。

( ) 70. 廣告文案的本文是指 ①說明文 ②標題 ③造形 ④攝影。 ①
　　解 廣告文案的內文（Body Copy）就是正文，也是廣告文案中最主要的精髓，功能在於說明廣告內容，所以內文必須具有強而有力的說服力。

( ) 71.「心動不如馬上行動」是 ①說明文 ②標語 ③造型 ④插圖。 ②
　　解 Slogan 為一句簡短而且有吸引力的口號或標語，「心動不如馬上行動」即是標準的 Slogan（標語）。

( ) 72. 可口可樂公司的標準色為 ①綠色 ②紫色 ③紅色 ④黃色。 ③
　　解 可口可樂公司的標準色為紅色。

( ) 73. 通常廣告影片，簡稱 ① AD ② SB ③ PS ④ CF。 ④
　　解 CF（Commercial Film）指的是商業廣告影片。

( ) 74. 以不特定之多數行人為對象，長期揭露於固定場所之媒體為 ①報紙廣告 ②雜誌廣告 ③廣播廣告 ④戶外廣告。 ④
　　解 「戶外廣告」長期揭露於戶外且廣告對象為不特定之多數行人。

( ) 75. 下列何種媒體的重閱率較高 ①報紙 ②雜誌 ③廣播 ④傳單。 ②
　　解 每種雜誌都有各自的發行屬性，例如：財經雜誌、健康雜誌、財經雜誌、運動雜誌…等，所以就會有不同的閱讀群眾，加上一般雜誌都圖文並茂、印刷精美，而且有一定生命週期，例如：周刊、半月刊、月刊以及季刊…等，相對地也適於說明性的廣告製作，相較報紙、廣播與傳單生命週期長，消費者重複閱讀的機率也比較高。

( ) 76. 有特定對象的廣告媒體是 ①海報 ②郵寄廣告 ③報紙 ④戶外廣告。 ②
　　解 海報、報紙及戶外廣告都是無特定對象的廣告方式，郵寄廣告則是需要有一定對象的資料庫，由資料庫中挑選對象然後進行廣告函郵寄。

( ) 77. 下列何者不屬於商業海報 ①航空海報 ②電影海報 ③展覽海報 ④納稅海報。 ④
　　解 一般來說：航空海報、電影海報及展覽海報大部分屬於商業海報，納稅海報則多為政令宣導則屬於公益海報。

( ) 78. 以下何種廣告媒體互動性較高 ①電視廣告 ②報紙廣告 ③網路廣告 ④郵購目錄。 ③
　　解 目前有線及無線網路涵蓋率日趨增高，網路廣告透過鮮活的即時互動方式吸引使用者點閱，後台管理及電腦程式控制日新月異，所以較上述其他廣告媒體互動性要來得高。

( ) 79. 攝影、視聽、錄音、電腦程式及表演之著作財產權，存續至著作公開發表後 ①100年 ②20年 ③30年 ④50年。 ④

解 著作權法 第三章 著作人及著作權 第四節 著作財產權 第二款 著作財產權之存續期間 第34條規定：攝影、視聽、錄音及表演之著作財產權存續至著作公開發表後五十年。前條但書規定，於前項準用之。

( ) 80. 廣告用語 Slogan 意指 ①廣告大標題 ②廣告目標 ③廣告戰 ④廣告標語。 ④

解 Slogan 指的是簡短而且有吸引力的口號或標語。

( ) 81. 1.企劃 2.動腦會議 3.瞭解客戶需求 4.創意製作，以上在廣告設計的流程中次序應為 ①2,3,1,4 ②3,1,2,4 ③3,2,1,4 ④1,3,2,4。 ②

解 就題目指出的廣告設計流程，其合理的排列順序為：瞭解客戶需求→企劃→動腦會議→創意製作。

( ) 82. 在小組的工作團隊中，個人與整體參與人員創意不同時，應以 ①客戶需求 ②創意群 ③個人認定 ④業務人員 為優先考慮。 ①

解 在小組工作團隊中，如果個人與其他參與人員的創意不同時，應該以客戶需求為依據，製作出符合客戶導向的作品。

( ) 83. 廣告表現中要應用攝影圖片時，以下何種方式是違法的 ①請攝影師自行設計拍攝 ②從合法光碟圖庫中取用 ③向正片出租中心承租 ④從網路直接下載使用。 ④

解 如果要使用從網路下載圖、文，必須得到圖、文的原始著作權人的同意，否則依照著作權法 第七章 罰則 第91條規定：擅自以重製之方法侵害他人之著作財產權者，處三年以下有期徒刑、拘役，或科或併科新臺幣七十五萬元以下罰金。

( ) 84. 下列飲料包裝中，那一種紙包材為最新型式 ①新鮮屋 ②利樂包 ③利樂鑽 ④康美包。 ③

解 利樂包（Tetra Pak）：又名利樂磚，是由總部設在瑞典的利樂包裝股份有限公司於1963年所研發，典型的利樂包裝約70%為紙質，另含膠及金屬鋁箔層，除膠蓋外包裝共有7層。

利樂鑽（Tetra Prisma Aseptic）：是由總部設在瑞典的利樂包裝股份有限公司於1997年根據利樂無菌系統原理開發的一種八面形包裝包，主要材質為紙，另含膠及金屬鋁箔層。

新鮮屋：是1915年由美國人 John Van Wormer 發明，1933年正式上市，是一種由不含鋁箔金屬層的6層紙板所構成的複合紙塑包裝，外型有點像小房子。

康美包：首度出現是於1920年的德國，第一代的液體紙包裝系統大為成功並以此成立了 PKL 公司，現在則是隸屬於瑞士上市公司 SIG 集團的康美包有限公司所有。

| 利樂包 |  利樂鑽 | 新鮮屋 | 康美包 |

( ) 85. 以下哪一項媒體不能與消費者馬上互動 ①電腦 HomePage ②廣播節目 ③電視節目 ④電影院廣告。 ④

解 電腦網頁有其即時性與互動性，廣播節目與電視節目則可進行 CALL IN 互動，電影院廣告相較上述幾項媒體則較無互動性。

( ) 86. 包裝設計流程中，1. 設計 2. 包裝定位 3. 插畫 4. 完稿，正確製程為 ① 1,3,2,4 ② 2,3,1,4 ③ 3,2,1,4 ④ 2,1,3,4。 ④

解 就題目指出的包裝設計流程，其合理的排列順序為：包裝定位→設計→插畫→完稿。

( ) 87. 廣告公司負責廣告主與廣告公司之間的溝通橋樑的是 ① AE ② AD ③ CW ④ FA。 ①

解 AE 為 Account Executive 的縮寫，為廣告公司負責廣告主與廣告公司之間的溝通橋樑。
AD 為 Art Director 的縮寫，為廣告公司負責指導、監督美術工作與廣告整體視覺效果。
CW 為 Copywriter 的縮寫，廣告公司負責根據商品之特質與訴求重點做成文案。
FA 為 Finish artist 的縮寫，廣告公司負責完稿作業交付製版。

( ) 88. 廣告公司負責根據商品之特質與訴求重點做成文案的是 ① AE ② AD ③ CW ④ FA。 ③

解 AE 為 Account Executive 的縮寫，為廣告公司負責廣告主與廣告公司之間的溝通橋樑。
AD 為 Art Director 的縮寫，為廣告公司負責指導、監督美術工作與廣告整體視覺效果。
CW 為 Copywriter 的縮寫，廣告公司負責根據商品之特質與訴求重點做成文案。
FA 為 Finish artist 的縮寫，廣告公司負責完稿作業交付製版。

( ) 89. 廣告公司負責指導、監督美術工作與廣告整體視覺效果的是 ① AE ② AD ③ CW ④ FA。 ②

解 AE 為 Account Executive 的縮寫，為廣告公司負責廣告主與廣告公司之間的溝通橋樑。
AD 為 Art Director 的縮寫，為廣告公司負責指導、監督美術工作與廣告整體視覺效果。
CW 為 Copywriter 的縮寫，廣告公司負責根據商品之特質與訴求重點做成文案。
FA 為 Finish artist 的縮寫，廣告公司負責完稿作業交付製版。

( ) 90. 廣告公司負責完稿作業交付製版的是 ① AE ② AD ③ CW ④ FA。 ④

解 AE 為 Account Executive 的縮寫，為廣告公司負責廣告主與廣告公司之間的溝通橋樑。
AD 為 Art Director 的縮寫，為廣告公司負責指導、監督美術工作與廣告整體視覺效果。
CW 為 Copywriter 的縮寫，廣告公司負責根據商品之特質與訴求重點做成文案。
FA 為 Finish artist 的縮寫，廣告公司負責完稿作業交付製版。

( ) 91. 常用於企業或產品態勢的分析法則，主要是藉由內部與外部的分析探討，以研擬一套對應的行銷策略的是 ① SWOT ② USP ③ AIDMA ④ IGMD。 ①

解 SWOT 分析是優勢（Strength）、劣勢（Weakness）、機會（Opportunity）與威脅（Threat）四個英文字母字首的縮寫，常用於企業或產品態勢的分析法則，主要是藉由內部與外部的分析探討，以研擬一套對應的行銷策略。

( ) 92.消費者從看到廣告到購買商品行動，應經過的五個心理階段（1.Attention 2.Action 3.Desire 4.Interest 5.Memory）其順序之排列為何　① 1-4-3-5-2　② 1-4-2-3-5　③ 1-4-2-5-3　④ 1-4-3-2-5。　①

解 AIDMA 法則是注意（Attention）、關心（Interest）、慾望（Desire）、記憶（Memory）和行動（Action）五個英文字母字首的縮寫，1920 年代美國營銷廣告專家山姆・羅蘭・霍爾（Samuel Roland Hall）曾在著作中闡述廣告宣傳對消費者心理過程，日本廣告業界稱為 AIDMA 定律。

首先要讓消費者注意到（Attention）廣告，接著感到興趣（Interest），接著產生想買的慾望（Desire），然後記住（Memory）廣告的內容，最後產生購買行為（Action）。

( ) 93.在創意發想為擴大思考空間，增強後續思考能量，首先要進行下列何種思考　①水平思考　②收斂思考　③垂直思考　④轉變思考。　①

解 水平思考法又稱橫向思考、非線性思考，在創意發想為擴大思考空間，增強後續思考的能量。

垂直思考法是我們最常使用的思考模式，就是從已知的理論、知識和經驗中出發，依照一定的思考邏輯，垂直深入分析研究的一種方法。這種思考方法適合將既有的問題作更加深入、細緻的探討。

收斂思考法是將眾多個點子整合為一個創意，慢慢縮小思考範圍統整構想。

轉變思考法是當創意遇到瓶頸時，使用不同的思維邏輯，可以藉由改變思考工具，幫助自己跳脫僵住的局面，也許就可能產生出的結果都不盡相同。

視覺傳達設計
Visual Communication Design

PART 1・學科題庫解析

圖學

一、線條的種類、粗細及用途

依據 CNS 3，B 1001 規定：線條之種類、粗細及用途，如下表列：

單位：mm

粗	1	0.8	0.7	0.6	0.5	0.35
中	0.7	0.6	0.5	0.4	0.35	0.25
細	0.35	0.3	0.25	0.2	0.18	0.13

種類		樣式	線寬	畫法	用途
實線	A	———	粗	連續線	可見輪廓線、圖框線
	B	———	細	連續線	尺度線、尺度界線、指線、剖面線、圓角消失之稜線、旋轉剖面輪廓線、作圖線、折線、投影線、水平面等
	C	～～～		不規則連續線（徒手畫）	折斷線
	D	—⋀—⋀—		兩相對銳角高約為字高（3mm），間隔約為字高6倍（18mm）	長折斷線
虛線	E	- - - - -	中	線段長約為字高（3mm），間隔約為字高1/3（1mm）	隱藏線
鏈線	一點鏈線 F	—·—·—	細	空白之間隔約為1mm，兩間隔中之小線段長約為字高1/3（0.5mm）	中心線、節線、基準線等
	G	—·—·—	粗		表面處理範圍
	H		粗細	與式樣F相同，但兩端及轉角之線段為粗，其餘為細，兩端粗線最長為字高2.5倍（7.5mm），轉角粗線最高為字高1.5倍（4.5mm）	割面線
	兩點鏈線 J	—··—··—	細	空白之間隔約為1mm，兩間隔中之小線段長約為空白間隔之半（0.5mm）	假想線

二、線條優先次序

在進行視圖繪製的時候，不同性質的線條有可能會有重疊的狀況發生，所以就必須有先後順序的規則，如此才能統一且正確地表達出圖面的相關訊息，有關線條先後次序依據 CNS 3，B 1001 規定如下：視圖中常會有線條重疊之現象發生，通常若遇到輪廓線與其他線條重疊時，則一律畫輪廓線；若隱藏線與中心線重疊，則畫隱藏線，所以線條重疊時均以粗線為優先，遇粗細相同時，則以重要者為優先。

輪廓線→隱藏線→中心線→折斷線→尺度線或延伸線→剖面線

三、正投影圖與展開圖

CNS 3，B1001 規定

正投影：正投影法分為第一角法與第三角法兩種，本標準規定第一角法或第三角法同等適用。

● 第一角法：第一角法又稱為第一象限法，是以觀察者、物體、投影面三者順序排列之一種正投影法。

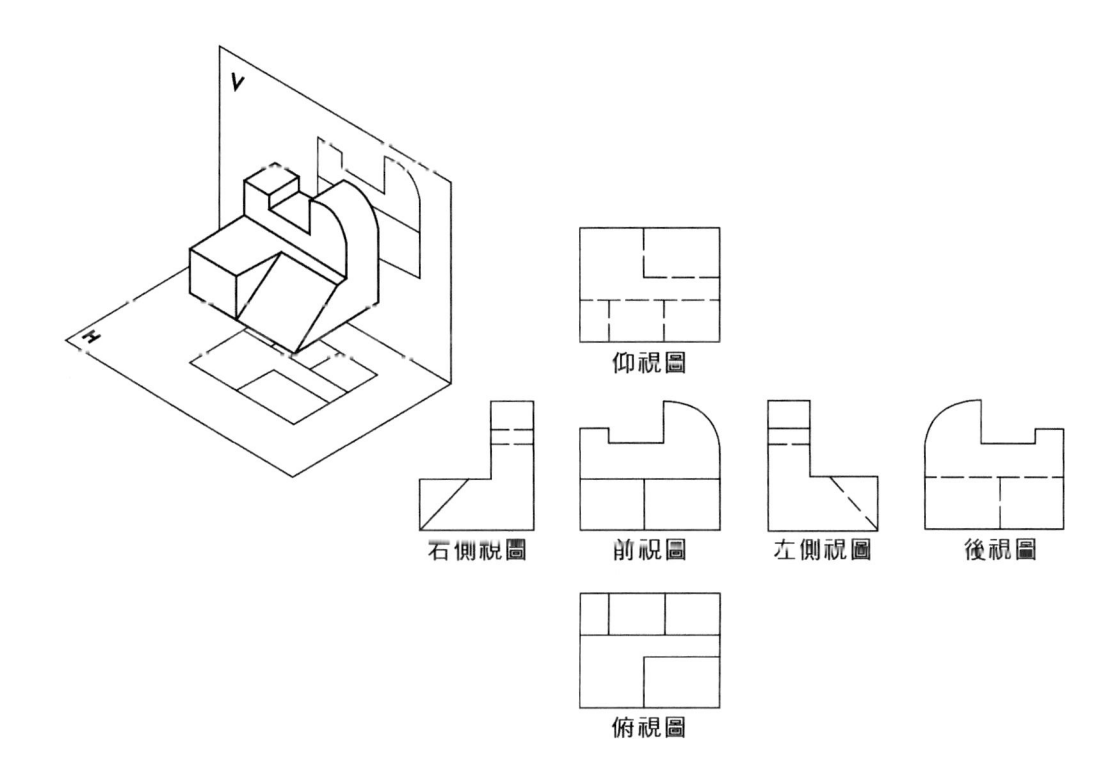

- 第三角法：第三角法又稱為第三象限法，是以觀察者、投影面、物體三者順序排列之一種正投影法。

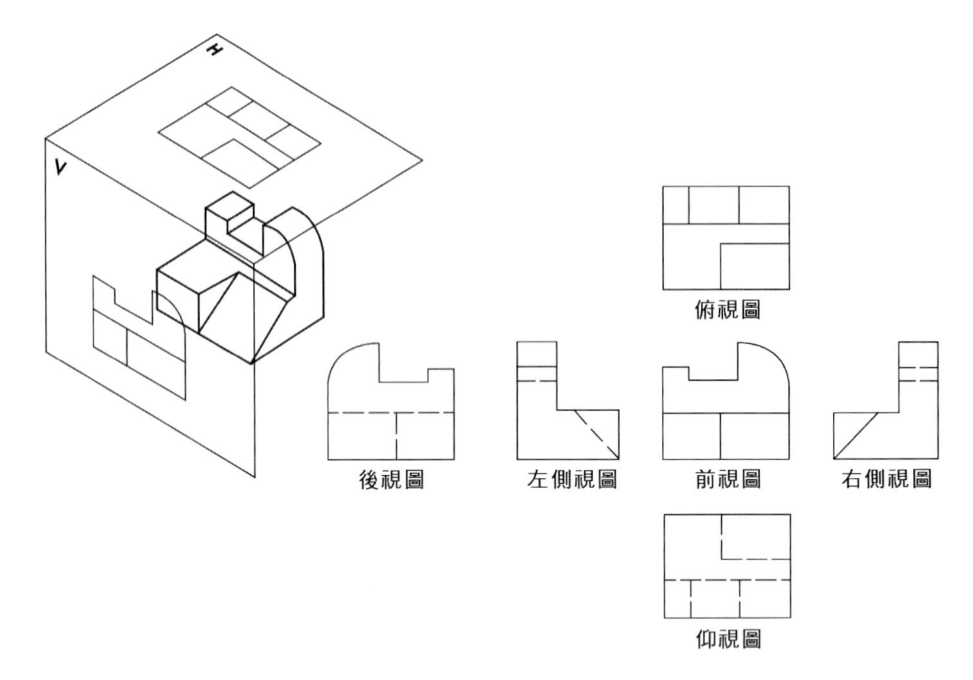

- 英國、德國與法國等歐陸國家採用第一角法，所以第一角法又稱為歐式投影法；美國、日本等國家採用第三角法，所以第三角法也稱為美式投影法。

四 各種記號

名 稱	符 號	範 例
直 徑	φ	φ30
半 徑	R	R16
方 形	□	□16
球面直徑	Sφ	Sφ20
球面半徑	SR	SR8
錐 度	▷	▷1:5
斜 度	◁	◁1:50

- **直徑標註**：由直徑符號與直徑數字組合而成，直徑符號「φ」不得省略。大於半圓（180°）之圓弧應標註其直徑，半圓得標註直徑或半徑。

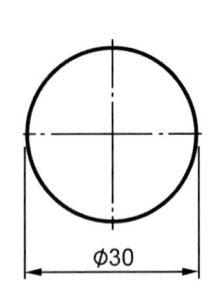

- 半徑標註：由半徑符號與半徑數字組合而成，半徑符號「R」不得省略。

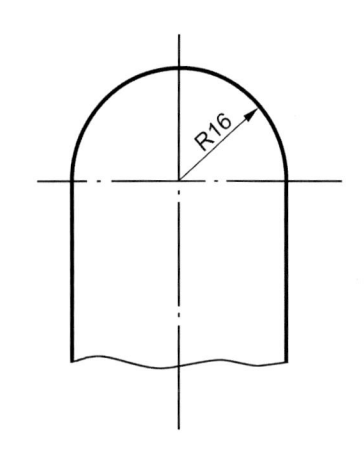

- 方形標註：由方形符號與方形尺寸數字組合而成，方形符號「□」不得省略。方形符號「□」高度為數字的 2/3。

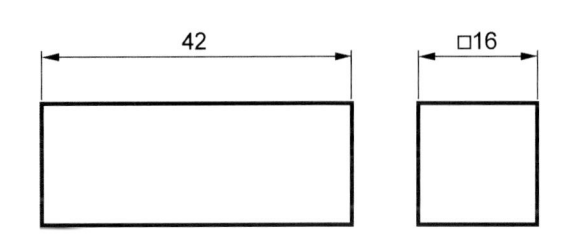

- 球面標註：球面符號以「S」表示之，其高度、粗細與數字相同，置於 R 或 φ 符號前面，此處的 R 或 φ 符號不得省略。

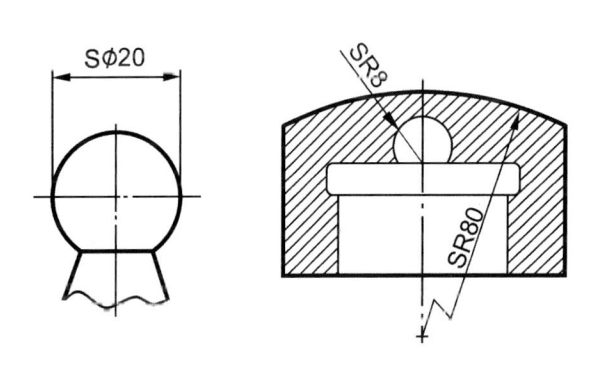

- 錐度標註：錐度為錐體兩端直徑差與其長度的比值，一般錐度以 1：n 的書寫方式前方並加上錐度符號「▷」符號尖端恆指向右方，不得省略。

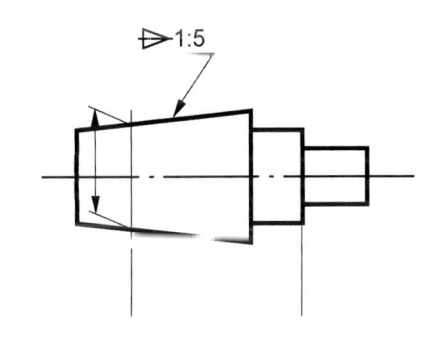

- 斜度標註：斜度為兩端高低差與其長度的比值，一般斜度以 1：n 的書寫方式前方並加上斜度符號「▷」符號尖端恆指向右方，不得省略。

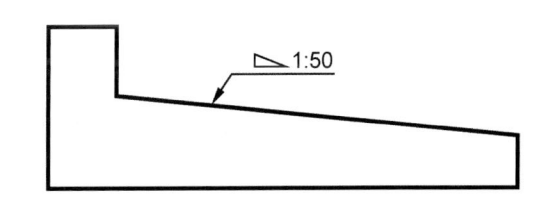

五 鉛筆硬度

鉛筆是一種可在紙上書寫、繪畫的筆，製造筆芯的材料為石墨，並使用木桿於外包覆所製成。現代鉛筆完全以「石墨」來製造，中世紀歐洲化學知識尚待啟蒙，人們誤以為石墨是鉛的一種，因此「鉛筆」一詞就流傳下來、廣泛使用而未修正。

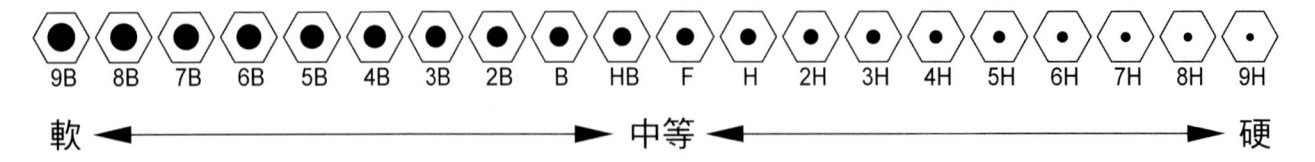

9B 8B 7B 6B 5B 4B 3B 2B B HB F H 2H 3H 4H 5H 6H 7H 8H 9H

軟 ←——————————→ 中等 ←——————————→ 硬

B 的意思是 Black（黑）；F 的意思是 Fine Point（細字）；H 的意思是 Hard（硬）

六 國際重要標準名稱

標準名稱		說明
國際標準	ISO	國際標準組織（International Organization for Standardization）
北美標準	ANSI	美國國家標準協會（American National Standards Institute）
	FCC	美國聯邦通訊委員會（Federal Communication Commission）
	FDA	美國食品藥物管理局（Food and Drug Administration）
	UL	美國保險協會實驗室（Underwriters Laboratories）
	CSA	加拿大標準協會（Canadian Standards Association）
歐洲標準	CEN	歐洲標準委員會（European Committee for Standardization）
	BSI	英國標準協會（British Standard Institution）
	DIN	德國標準學會（Deutsches Institut fur Normung e.v.）
	NF	法國標準協會（Association francaise de normalization）
亞洲標準	CNS	中國國家標準（臺灣）（Chinese National Standard）
	GB	國標（中國）（是依漢語拼音 Guóbiāo 發音取縮寫為 GB，有時亦稱中國國家標準）
	JSA	日本標準協會（Japanese Standards Association）
	JIS	日本工業標準（Japan Industrial Standards）
	KS	韓國標準協會（Korean Standards Association）
大洋洲標準	SAA	澳洲標準協會（Standards Association Australia）
	SANZ	紐西蘭標準協會（Standards Association New Zealand）

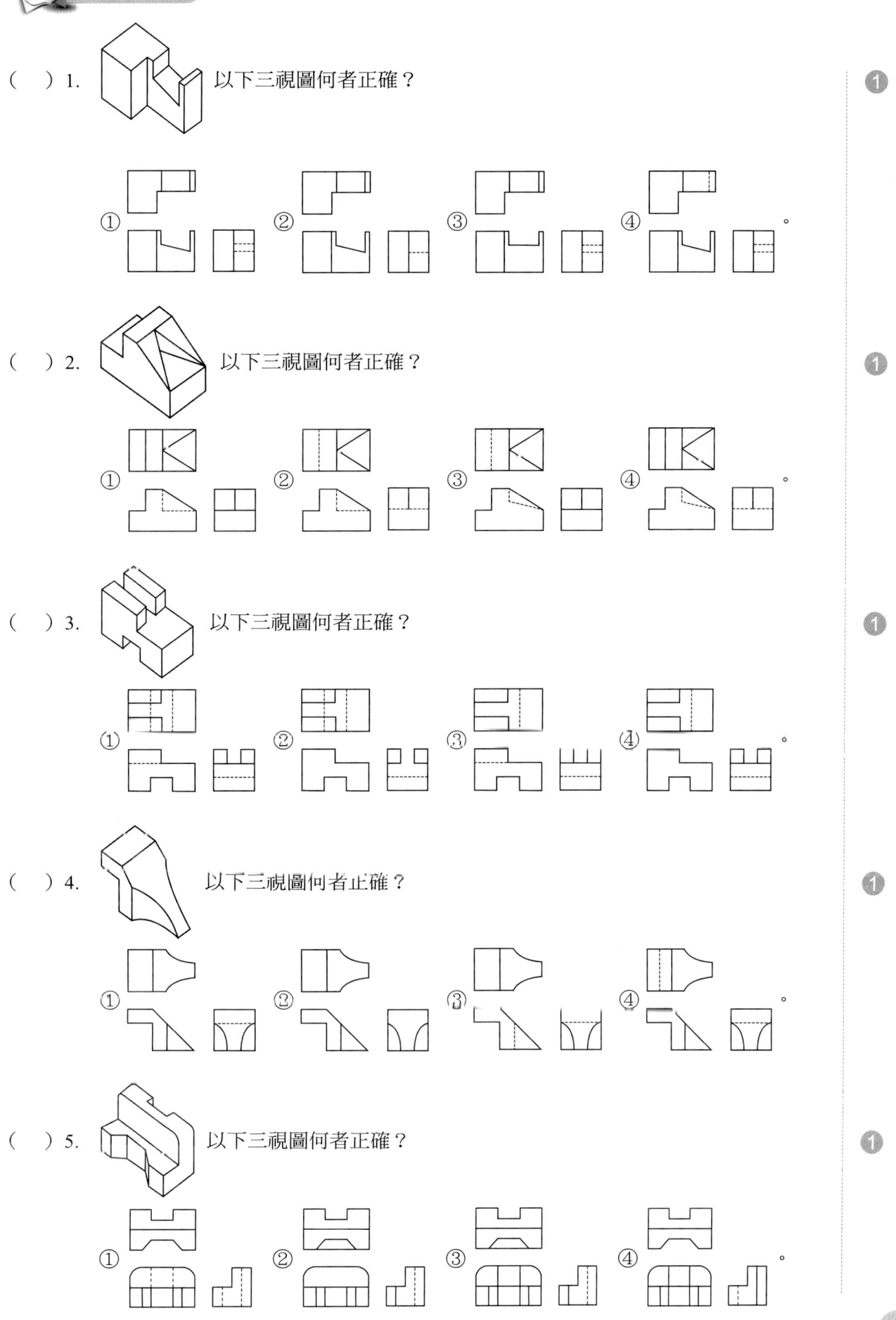

學科試題

( ) 1. 以下三視圖何者正確？
① ② ③ ④

( ) 2. 以下三視圖何者正確？
① ② ③ ④

( ) 3. 以下三視圖何者正確？
① ② ③ ④

( ) 4. 以下三視圖何者正確？
① ② ③ ④

( ) 5. 以下三視圖何者正確？
① ② ③ ④

( ) 6. 以下三視圖何者正確？
① ② ③ ④ 。

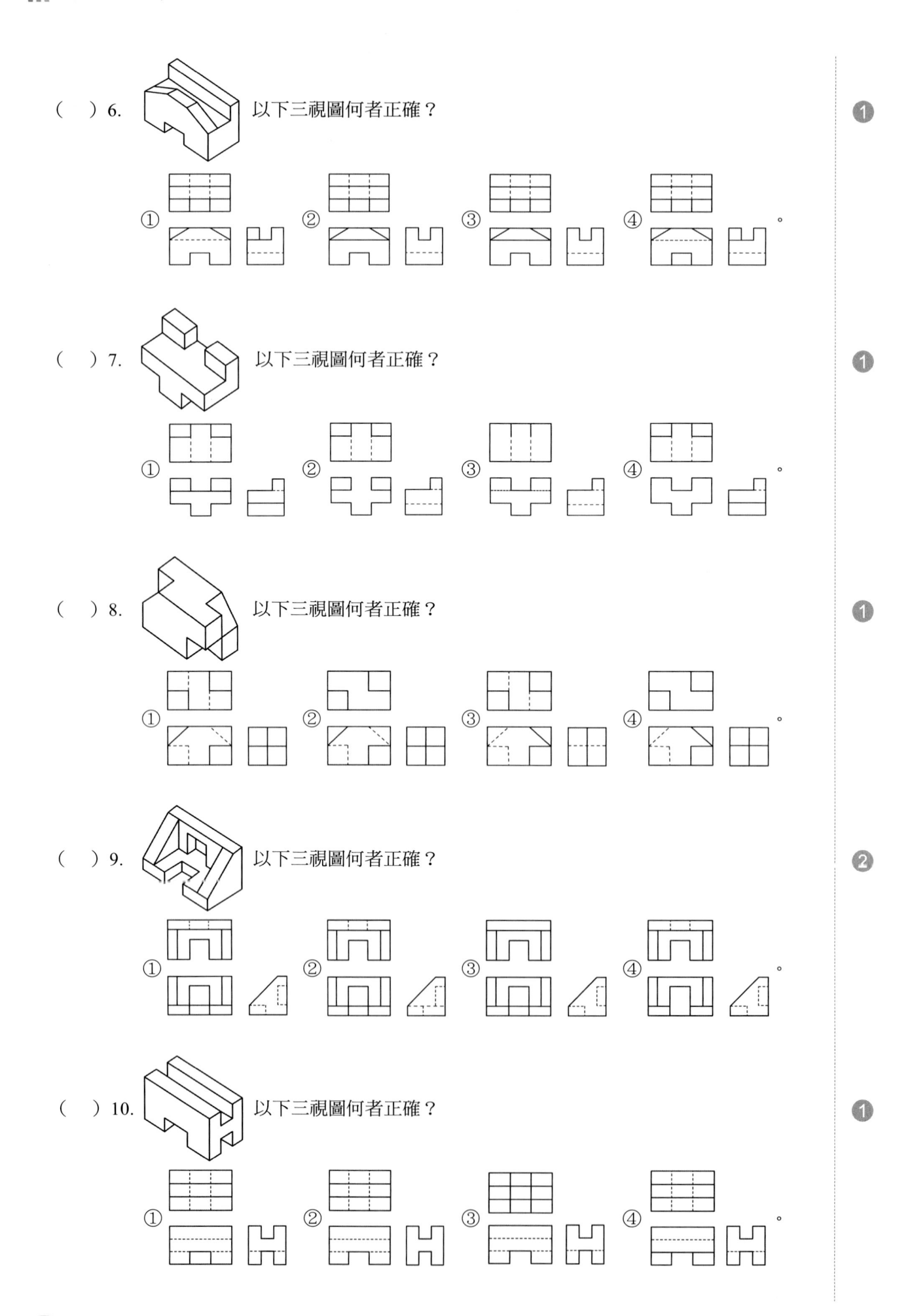

( ) 7. 以下三視圖何者正確？
① ② ③ ④ 。

( ) 8. 以下三視圖何者正確？
① ② ③ ④ 。

( ) 9. 以下三視圖何者正確？
① ② ③ ④ 。

( ) 10. 以下三視圖何者正確？
① ② ③ ④ 。

( ) 11. 以下三視圖何者正確？

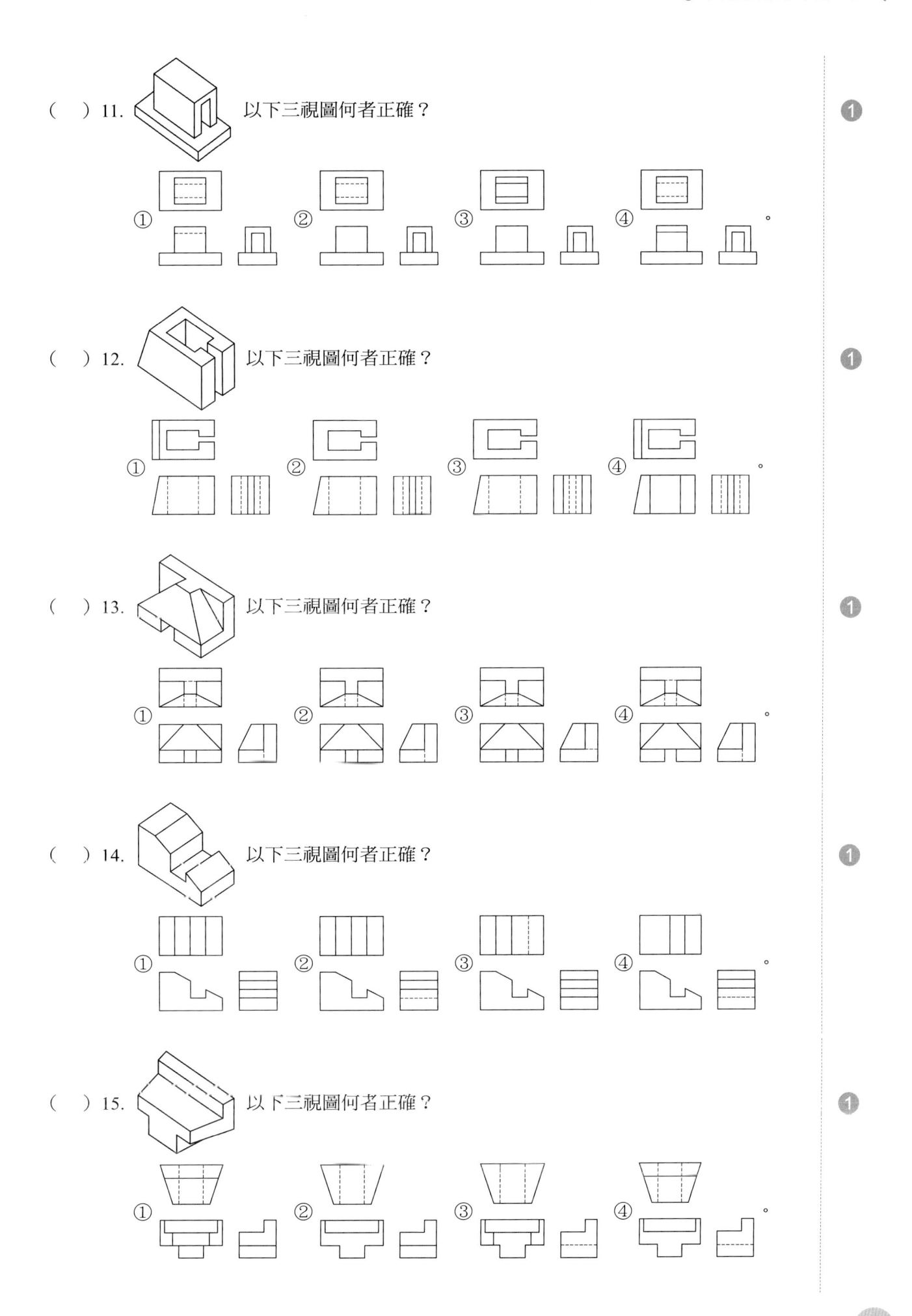

① ② ③ ④

( ) 12. 以下三視圖何者正確？

① ② ③ ④

( ) 13. 以下三視圖何者正確？

① ② ③ ④

( ) 14. 以下三視圖何者正確？

① ② ③ ④

( ) 15. 以下三視圖何者正確？

① ② ③ ④

( ) 16. 以下三視圖何者正確？

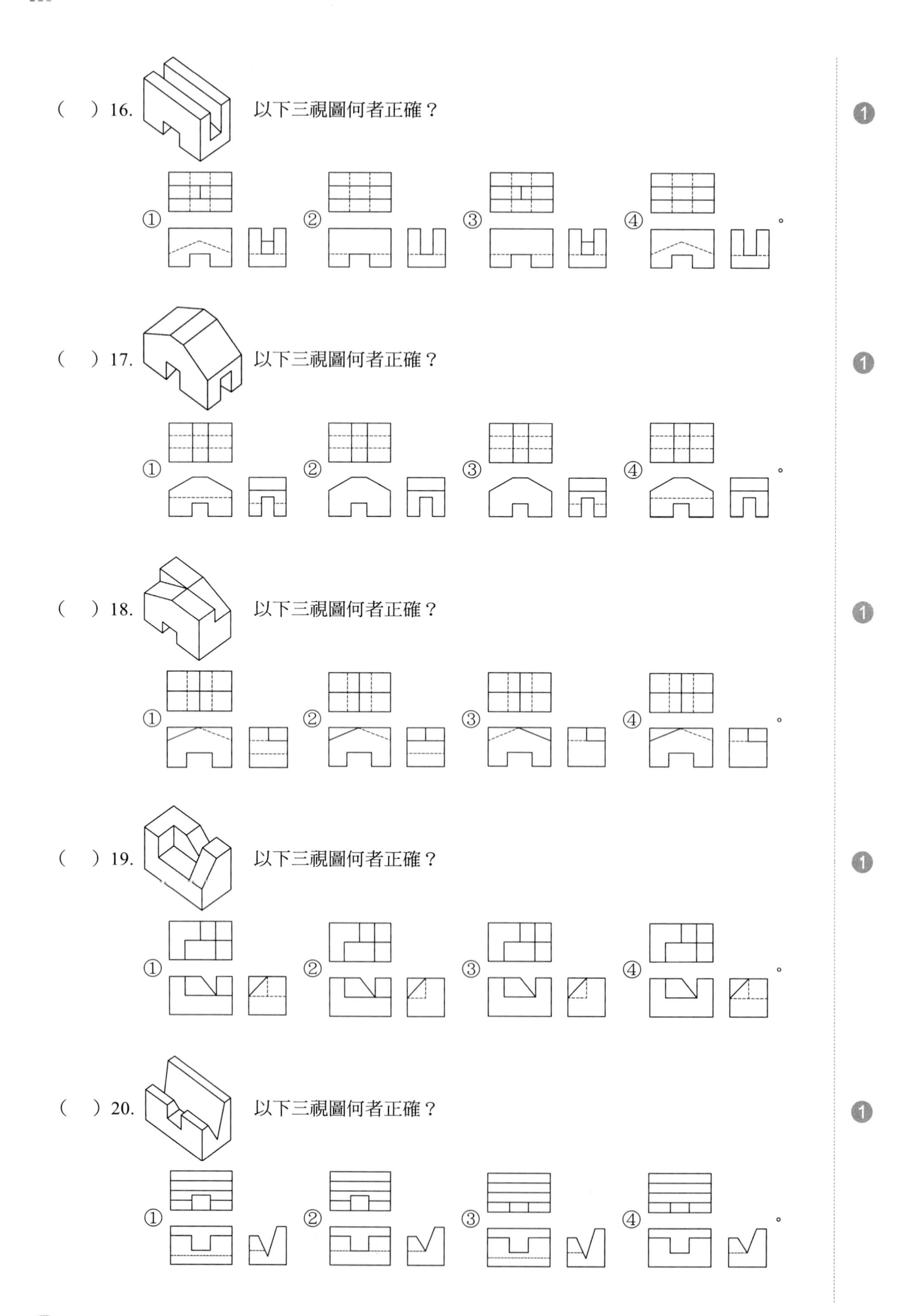

① ② ③ ④ 。

( ) 17. 以下三視圖何者正確？

① ② ③ ④ 。

( ) 18. 以下三視圖何者正確？

① ② ③ ④ 。

( ) 19. 以下三視圖何者正確？

① ② ③ ④ 。

( ) 20. 以下三視圖何者正確？

① ② ③ ④ 。

( ) 21. 製圖紙 A1 的尺寸為 ① 841×1189mm ② 650×880mm ③ 594×841mm ④ 450×650mm。　③

解　A1 紙張的尺寸為 594×841mm。

( ) 22. 投影箱展開後可得幾個視圖　① 3 個　② 4 個　③ 5 個　④ 6 個。　④

解　投影箱展開後可得六個視圖。

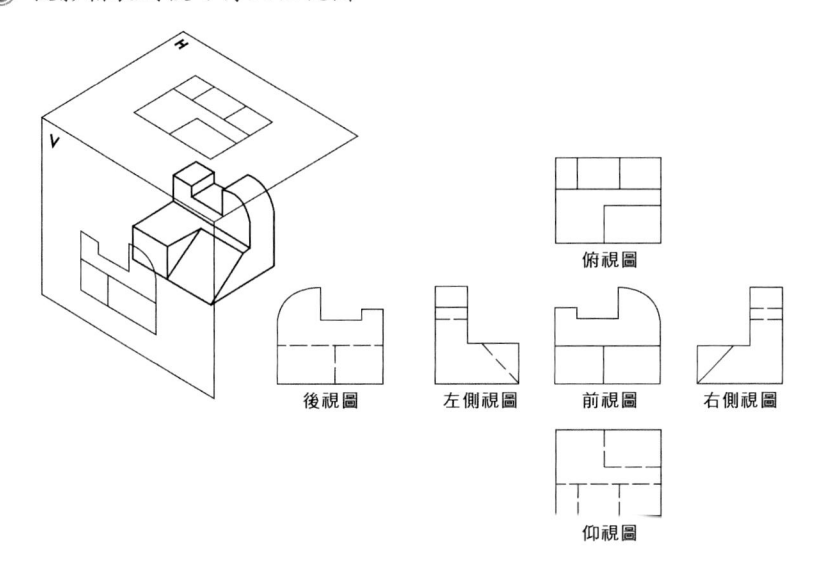

( ) 23. 三角形柱的視圖採用　①半視圖　②單視圖　③兩視圖　④三視圖。　③

解　三角形柱的視圖可只採用兩個視圖表現。

( ) 24. 將對稱物體切割四分之一的剖面表示法是　①全剖面　②半剖面　③旋轉剖面　④移轉剖面。　②

解　將對稱物體切割四分之一的剖面表示法是半剖面，將對稱物體切割二分之一的剖面表示法是全剖面。

( ) 25. 輔助視圖中的 RP 是代表　①水平面　②垂直面　③參考面　④傾斜面。　③

解　輔助視圖中的 RP 就是 Reference Plane 的縮寫，中文意思為參考平面。

( ) 26. μm 是　① 1/1000m　② 1/1000mm　③ 1/100mm　④ 1/10000m。　②

國際單位名稱	我國單位名稱	長度單位縮寫	與一米(公尺)的關係		與一毫米(公釐)的關係	
米	公尺	m(meter)	1m		1m	
分米	公寸	dm(decimeter)	0.1m	1/10m	10^{-1}m	
釐米	公分	cm(centimeter)	0.01 m	1/100m	10^{-2}m	
毫米	公釐	mm(millimeter)	0.001 m	1/1,000m	10^{-3}m	1mm	1mm
絲米		dmm	0.0001 m	1/10,000m	10^{-4}m	0.1mm	1/10mm	10^{-1}mm
忽米	公絲	cmm	0.00001 m	1/100,000m	10^{-5}m	0.01mm	1/100mm	10^{-2}mm
微米	公忽	μm(micrometer)	0.000001 m	1/1,000,000m	10^{-6}m	0.001mm	1/1,000mm	10^{-3}mm
			0.0000001 m	1/10,000,000m	10^{-7}m	0.0001mm	1/10,000mm	10^{-4}mm
			0.00000001 m	1/100,000,000m	10^{-8}m	0.00001mm	1/100,000mm	10^{-5}mm
毫微米(奈米)		nm(nanometer) mμ	0.000000001 m	1/1,000,000,000m	10^{-9}m	0.000001mm	1/1,000,000mm	10^{-6}mm
			9 個 0 加 1 m	1/1 加 9 個 0 m		6 個 0 加 1mm	1/1 加 6 個 0mm	

( ) 27. 為避免尺寸界限相交，長尺寸應置於短尺寸之 ①內 ②外 ③中 ④右。 ②

解 在標註尺度時，為避免尺寸界限相交，長尺寸應置於短尺寸之外。

( ) 28. 一般公制圓錐銷的錐度為 ①1：10 ②1：20 ③1：50 ④1：100。 ③

解 錐度的國際標準為1：50，統一錐度用於精確定位，由於錐度較小，可利用摩擦力原理傳遞一定的扭距。

( ) 29. 等角畫立體圖與等角投影立體圖是 ①形狀相同大小亦相同 ②大小不同形狀亦不同 ③大小不相同而形狀相同 ④形狀不同大小相同。 ③

解 「等角立體圖」較小，約為「等角投影立體圖」的0.816倍，兩者形狀則均相同。

( ) 30. 正投影三視圖中主要的三個視圖為 ①前視圖、仰視圖、側視圖 ②前視圖、俯視圖、右側視圖 ③前視圖、底視圖、左側視圖 ④前視圖、仰視圖、背視圖。 ②

解 第三角法正投影三視圖主要的三個視圖為：前視圖、俯視圖、右側視圖。

( ) 31. 30°±15′就合格的範圍為 ①29°85′~30°15′ ②29°45′~30°15′ ③29°45′~30°30′ ④29°55′~30°15′。 ②

解 角度符號：°（度），′（分），″（秒）是源於古希臘托勒密（Claudius Ptolemaeus）的「天文學大成」採用的角度符號，並以古巴比倫的60進位作為角度之進位制。所以30°±15′的合格範圍：29°±45′~30°±15′。

( ) 32. 甚薄材料剖切時，其剖切面 ①照畫剖面線 ②全部塗黑 ③全部空白 ④不剖切。 ②

解 甚薄材料剖切時，其剖切面不畫剖面線改以全部塗黑。

( ) 33. 兩平面相交可得一 ①圓 ②錐線 ③直線 ④橢圓。 ③

解 兩個平面相交可得一直線。

( ) 34. 視圖中斜面之真實形狀表現在 ①上視圖中 ②剖面圖中 ③輔視圖中 ④展開圖中。 ③

解 視圖中斜面的真實形狀表現在輔助視圖。

( ) 35. 斜投影圖中，垂直於投影面之圓或圓弧為 ①擺線 ②旋線 ③橢圓曲線 ④圓錐曲線。 ③

解 斜投影圖中平行於投影面的圓或圓弧為圓或圓弧，垂直於投影面的圓或圓弧則為橢圓曲線。

( ) 36. 設一n邊形則至少可將此n邊形分成 ①n-2 ②n ③n-1 ④n+2 個三角形。 ①

解 由n邊形內角與其他內角連線（不交錯），則可得到n-2個三角形。

( ) 48. 圖學的要素是 ①正投影與斜投影 ②英文字及仿宋字 ③線條及文字 ④美術圖及工程圖。　③

　　解 圖學的要素是線條與文字。

( ) 49. 學習圖學的目的在於 ①看圖 ②圖與製圖 ③畫圖 ④學習畫圖方式。　②

　　解 學習圖學的目的在於製圖與識圖。

( ) 50. 繪圖紙必須 ①只要白，不計其他 ②粗糙且較厚紙張 ③色白而不刺目，紙質堅韌，不易起糙 ④光滑而帶色澤。　③

　　解 良好的繪圖紙需要色白而不刺目，紙質堅韌，不易起糙。

( ) 51. 所謂對開圖紙其大小是全開的 ① 1/4 ② 1/2 ③ 2 ④ 4 倍。　②

　　解 對開紙張 × 2 ＝全開紙張。

( ) 52. 依中國（CNS）國家標準規定，所採用之投影法為 ①第一角法 ②第三角法 ③第二角法 ④第四角法。　②

　　解 答案第一角法與第三角法皆可，因 CNS 3, B1001 規定「6. 正投影：正投影法分為第一角法與第三角法兩種，本標準規定第一角法或第三角法同等適用」。

( ) 53. 鴨嘴筆主要是用來 ①畫線 ②寫字 ③寫字與畫線 ④寫字與圖畫。　①

　　解 鴨嘴筆的主要功能是用來畫線。

( ) 54. 平行尺可用以代替 ①丁字尺 ②比例尺 ③三角板 ④鋼尺。　①

　　解 平行尺可用以代替丁字尺。

( ) 55. 製圖用三角板角度為 ① 20°,30°,60°,90° ② 30°,45°,60°,90° ③ 30°,50°,70°,90° ④ 45°,50°,75°,90°。　②

　　解 製圖用三角板角度 30°、60°、90° 以及 45°、45°、90°。

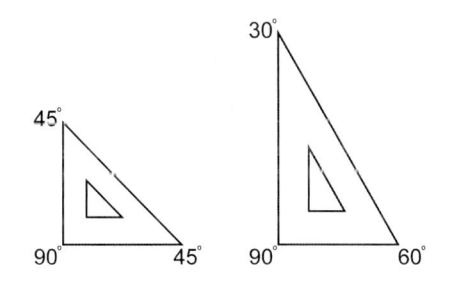

( ) 56. 分規 ①只能上墨用 ②只能畫鉛筆線 ③只畫鉛筆線與上墨 ④用來度量截取尺寸。　④

　　解 分規的構造類似圓規，但是兩邊腳尖都是針腳，其功能是用來等分線段、量取長度及距離轉量…等功能。

( ) 57. 點的投影為 ①點 ②消失 ③線 ④平面。　①

　　解 「點」一種具有空間位置的視覺單位，佔有畫面中最細小的面積，理論上點是沒有長度、寬度與方向性，其投影依舊還是點。

( ) 58. 投影幾何是訓練 ①一 ②二 ③三 ④四 度空間的概念。　③

　　解 投影幾何是訓練三度空間的概念。

( ) 37. 正 12 面體之展開，表面為 12 個 ①正三角形 ②正方形 ③正五邊形 ④正六邊形。 ③

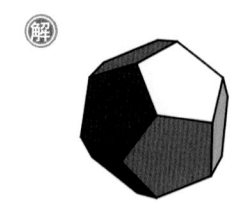

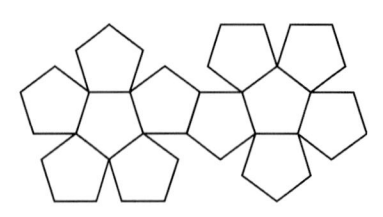

( ) 38. 正 24 面體之展開表，表面為 24 個 ①正三角形 ②正方形 ③正六邊形 ④正八邊形。 ①

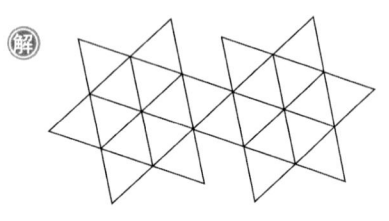

( ) 39. 剖切一圓錐體所得之四平面曲線為 ①雙曲線、拋物線、圓、漸開線 ②圓、橢圓、拋物線、雙曲線 ③擺線、雙曲線、漸開線、圓 ④圓、拋物線、旋線、雙曲線。 ②

解 剖切圓錐體可得：圓、橢圓、拋物線、雙曲線。

( ) 40. 下列那一個名稱為非標準組織的簡稱 ① CNS ② JIS ③ FDS ④ ISO。 ③

解 CNS → Chinese National Standard 中國國家標準（臺灣）、JIS → Japan Industrial Standards 日本工業標準、ISO → International Organization for Standardization 國際標準組織。

( ) 41. 角柱與圓柱使用平行線展開法可得 ①矩形 ②圓形 ③橢圓形 ④菱形。 ①

解 角柱與圓柱使用平行線展開法可得到矩形。

( ) 42. 註解圓孔用之箭頭，其指線應當通過圓之 ①切線 ②邊線 ③中心 ④不拘。 ③

解 註解圓孔用的箭頭，其指線應當通過圓的中心。

( ) 43. 視圖垂直於某一平面時，則該平面顯現真實形狀、大小，可使用 ①剖面圖 ②展開圖 ③立體圖 ④輔助視圖。 ④

( ) 44. 兩線所夾之角低於 90° 是謂 ①鈍角 ②銳角 ③直角 ④非角。 ②

解 兩線所夾之角小於 90° 稱之為銳角，兩線所夾之角大於 90° 稱之為鈍角，兩線所夾之角等於 90° 稱之為直角。

( ) 45. 何者在投影面上無法獲得真實的形狀 ①點 ②線 ③平面 ④歪面。 ④

解 歪面、斜面在投影面上是無法獲得真實的形狀。

( ) 46. 直線與投影面垂直，其正投影為一點，稱為該直線 ①斜視圖 ②端視圖 ③透視圖 ④邊視圖。 ②

解 直線與投影面垂直我們稱該直線為正垂線，正垂線在垂直投影面上的投影面成為一點，稱為「端視圖」。

( ) 47. 輔視圖上所顯示的，為其從所投影之鄰接視圖上之尺寸，所不能顯示出的主要是 ①長度 ②深度 ③高度 ④實形大小。 ④

解 為了能夠將斜面的真實形狀大小表現出來，所以必須假設一個投影面與斜面平行，投影出該斜面的真實形狀大小，根據該輔助投影所繪製的視圖我們稱之為「輔助視圖」。在輔助視圖上可以顯示出該斜面的真實形狀大小，但是無法顯示立體三維的尺寸。

1-89

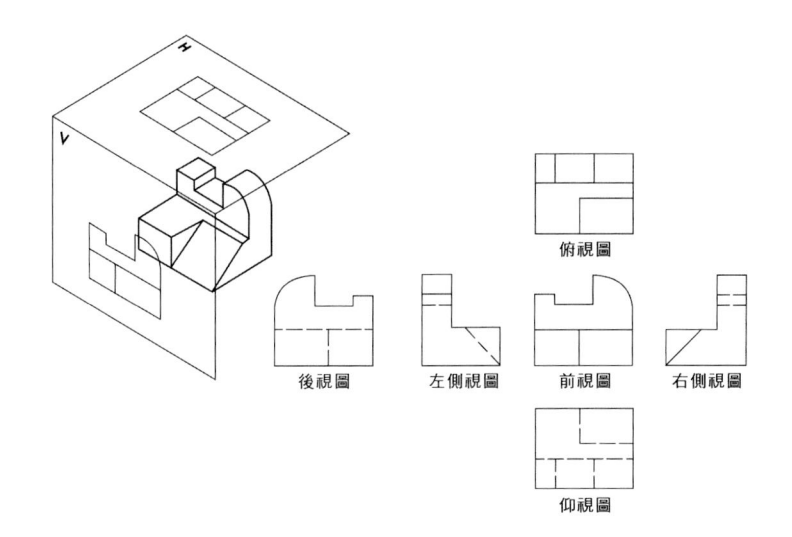

( ) 59. 畫較長的直線，為了使線條粗細能夠一致，畫線時鉛筆應 ①改變方向 ②用力調整 ③稍微轉動 ④不變。　③

解 畫較長的直線時，可以稍微轉動鉛筆好讓線條粗細能夠一致。

( ) 60. 二圓互相內切，則連心線長等於 ①兩直徑和 ②兩直徑差 ③兩半徑和 ④兩半徑差。　④

解 二圓互相內切，連心線長等於兩半徑差。

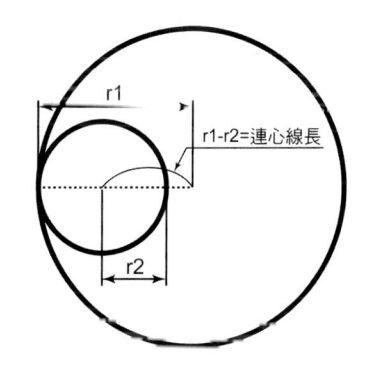

( ) 61. 若視線垂直於投影面，其投影即為 ①斜投影 ②輔助投影 ③正投影 ④副投影 法。　③

解 視線垂直於投影面則該投影為「正投影」。

( ) 62. 一個四方形投影箱展開後，可得 ①四 ②五 ③六 ④七 視圖。　③

解 一個四方形投影箱展開後，可得六個視圖。

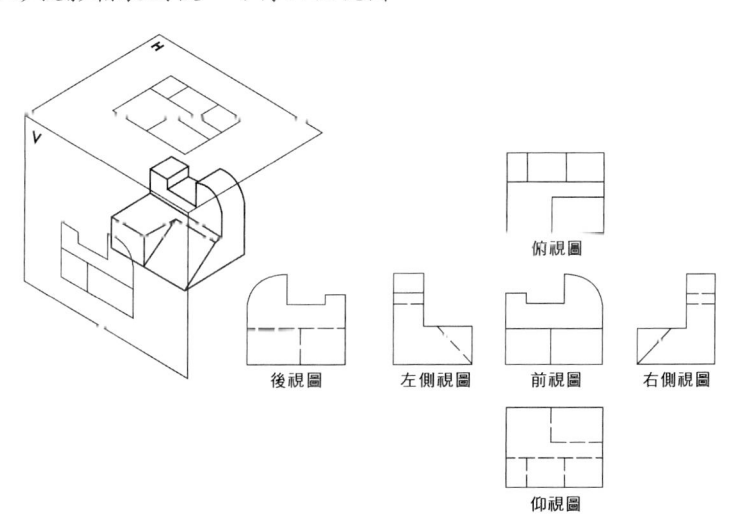

1-91

(　) 63. 橢圓的長徑與短徑之關係為　①平行　②相交　③垂直　④傾斜。　③

　　　解 橢圓的長徑與短徑相互垂直。

(　) 64. 一點保持一方向運動，其軌跡為　①一點　②曲線　③拋物線　④直線。　④

　　　解 一個點保持同一方向運動所移動的軌跡可以形成「線」。

(　) 65. 空間可分成幾個象限　①一　②二　③三　④四。　④

　　　解 空間可以分成四個象限。

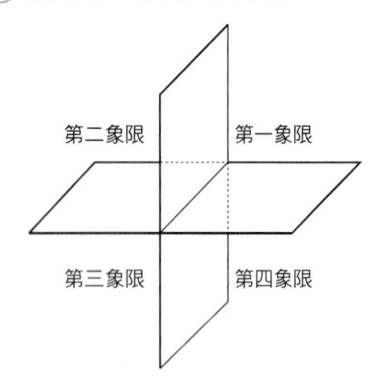

(　) 66. 正投影中畫面與物體的垂直連線稱為　①視線　②投影線　③視平線　④地平線。　②

　　　解 正投影中畫面與物體的垂直連線稱為投影線。

(　) 67. 繪圖時鉛筆級別中之 H 表示　①硬而淡　②軟而黑　③硬而黑　④軟而淡。　①

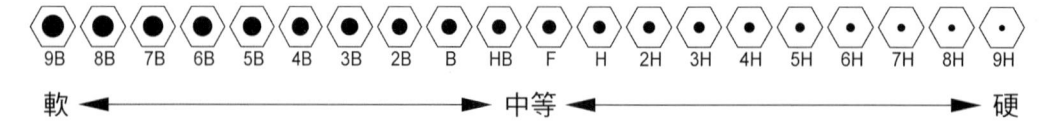

　　　解 鉛筆是一種可在紙上書寫、繪畫的筆，製造筆芯的材料為石墨，並使用木桿於外包覆所製成。現代鉛筆完全以「石墨」來製造，中世紀歐洲化學知識尚待啟蒙，人們誤以為石墨是鉛的一種，因此「鉛筆」一詞就流傳下來、廣泛使用而未修正。

　　　B 的意思是 Black（黑）；F 的意思是 Fine Point（細字）；H的意思是 Hard（硬）

(　) 68. 畫不規則曲線可使用　①鋼尺　②丁字尺　③曲線尺　④消字板。　③

　　　解 畫不規則曲線可使用曲線尺或雲形板。

(　) 69. 直線與三主要投影平面中之兩個平面呈平行者為　①正線　②斜線　③歪線　④交線。　①

　　　解 直線與三主要投影平面中之兩個平面呈平行者為正線。

(　) 70. 一物體與另一物體相交接時，稱為　①展開體　②交線體　③相關體　④等斜體。　②

　　　解 一物體與另一物體相交接稱為交線體。

( ) 71. 視圖的選擇以 ①實線 ②外形 ③虛線 ④折線 最少為佳。③

解 視圖的選擇應以虛線最少的為最佳。

( ) 72. 視圖中常會有線條重疊的現象發生，其最優先次序選擇為 ①虛線 ②輪廓線 ③中心線 ④剖面線。②

解 依 CNS 3, B 1001 規定：隱藏線為中虛線、輪廓線為粗實線、中心線為細鏈線、剖面線為細實線，遇到上述線條重疊在同一線上時，粗實線的輪廓線為最優先。

( ) 73. 輔助視圖中之「RP」代表 ①參考面 ②傾斜面 ③水平面 ④複斜面。①

解 輔助視圖中的 RP 就是 Reference Plane 的縮寫，中文意思為參考平面。

( ) 74. 投影線彼此平行，但與投影面成傾斜的投影是 ①正投影 ②透視投影 ③等角投影 ④斜投影。④

解 投影線彼此平行，但與投影面成傾斜的投影為斜投影。

( ) 75. 註入尺寸時，數字方向應與尺度線成 ①垂直 ②平行 ③相反 ④傾斜。①

解 標註尺寸的時候，數字方向應與尺度線成垂直。

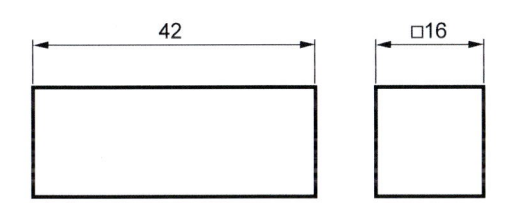

( ) 76. 代表圓柱之半徑的符號為 ①φ ②R ③C ④D。②

解 半徑標註是由半徑符號與半徑數字組合而成，半徑符號「R」不得省略。

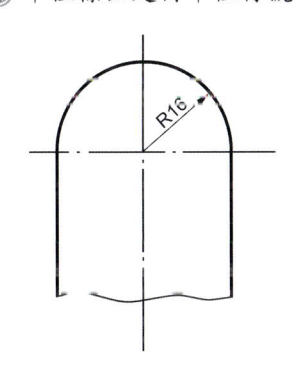

( ) 77. 等角圖中，凡與等角軸平行而直接可在上面量度線長的線叫 ①等角線 ②投影線 ③輪廓線 ④漸開線。①

解 等角圖中只要與等角軸平行而直接可在上面量度線長的線叫等角線。

( ) 78. 凡不能用視圖或尺度表達之資料，用文字表之稱為 ①符號 ②註解 ③字法 ④線條。②

解 凡是無法使用視圖或尺度表達的資料，則可使用文字註解的表示方式。

( ) 79. 旋轉剖視是旋轉 ①30° ②45° ③90° ④180°。③

解 旋轉剖面是指物件有規則剖面形狀，將其橫斷面假想為一割面垂直剖切，再以剖切處割面線所在位置為旋轉軸，原地旋轉 90° 後以細實線繪出其剖面外形。

( ) 80.中心線是用以表示物體的 ①大小 ②對稱軸 ③直徑 ④高度。　②

解 中心線用來表示圓、圓孔、圓柱或對稱物體的軸（中）心。

( ) 81.許多物體或其某些部份，常因其主要之面平行於主投影面而不能顯示其實形，必須用　①
①輔助視圖 ②斜投影 ③剖視圖 ④正視圖。

解 為了能夠將斜面的真實形狀大小表現出來，所以必須假設一個投影面與斜面平行，以投影出該斜面的真實形狀大小，根據該輔助投影所繪製的視圖我們稱之為「輔助視圖」。在輔助視圖上可以顯示出該斜面的真實形狀大小，但是無法顯示立體三維的尺寸。

( ) 82.欲求得斜面之實形，首先需要得到其 ①側視圖 ②輔助視圖 ③端視圖 ④底視圖。　②

解 為了能夠將斜面的真實形狀大小表現出來，所以必須假設一個投影面與斜面平行，以投影出該斜面的真實形狀大小，根據該輔助投影所繪製的視圖我們稱之為「輔助視圖」。在輔助視圖上可以顯示出該斜面的真實形狀大小，但是無法顯示立體三維的尺寸。

( ) 83.下列何線可延長作尺度界線用？ ①中心線 ②虛線 ③指線 ④尺度線。　①

解 中國國家標準稱為尺度界線（又稱延伸線、延長線或伸延線），其繪製方法有三種：第一種方法是尺度界線沿所要標註尺度之兩端與外形線約留 1～2mm 空隙之細實線。第二種方法是不留間隙。第三種方法是延長中心線當作尺度界線用，其延伸部份使用細實線繪製出尺度線約 2～3mm。

( ) 84.從斜面之垂直方向觀察所得之視圖為 ①正投影圖 ②斜投影圖 ③輔助投影圖　③
④單投影圖。

解 為了能夠將斜面的真實形狀大小表現出來，所以必須假設一個投影面與斜面平行，以投影出該斜面的真實形狀大小，根據該輔助投影所繪製的視圖我們稱之為「輔助視圖」。在輔助視圖上可以顯示出該斜面的真實形狀大小，但是無法顯示立體三維的尺寸。

( ) 85.剖面線是屬於 ①粗實線 ②細實線 ③點線 ④鏈線。　②

解 依 CNS 3 , B 1001 規定：剖面線為細實線。

( ) 86.製圖線條粗細中，屬於中線者為 ①中心線 ②尺寸線 ③隱藏線 ④延伸線。　③

解 依 CNS 3 , B 1001 規定：中心線為細鏈線、尺度線為細實線、隱藏線為中虛線、尺度界線（又稱延伸線）為細實線。

( ) 87.圓在等角平面上的投影為 ①一線 ②一點 ③一橢圓 ④一斜面。　③

解 圓在等角平面上的投影為橢圓。

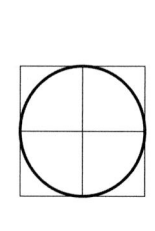

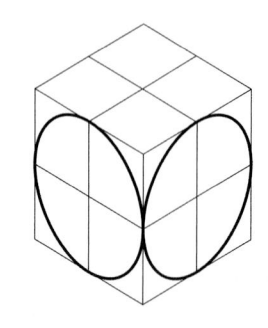

( ) 88.等角圖中三角等軸相隔 ①45° ②90° ③120° ④180°。　　③

解 等角圖中三角等軸相隔120°。

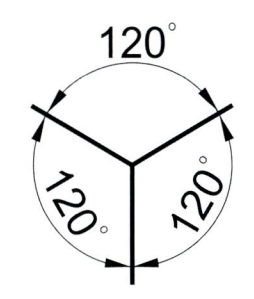

( ) 89.一直線最多的通過幾個象限 ①二個 ②三個 ③四個 ④不限。　　②

解 一直線最多可通過三個象限。

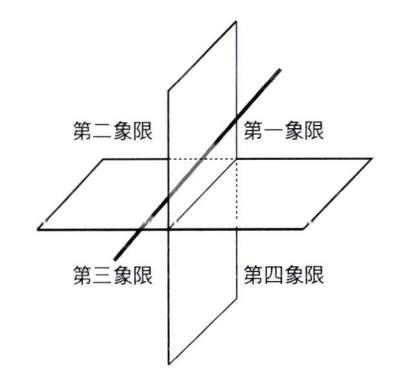

( ) 90.橢圓之長、短徑兩者之差愈大，則其度數愈 ①大 ②小 ③不變 ④接近正圓。　　②

解 橢圓的長、短徑長度相差愈大則長、短徑的角度愈小。

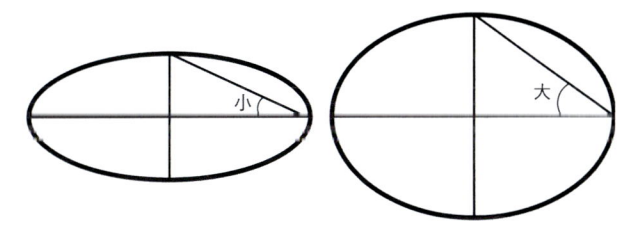

( ) 91.CNS 三視圖的表示方法係採用 ①第二象限 ②第四象限 ③第二象限 ④第 象限投影法作圖。　　③

解 答案第一角法與第三角法皆可，因 CNS 3，B1001 規定「6.正投影：正投影法分為第一角法與第三角法兩種，本標準規定第一角法或第三角法同等適用」。

( ) 92.透視圖的投影原 是 ①平行投影 ②垂直投影 ③中心點投影 ④水平投影。　　③

解 透視圖投影原 相當於以人的一隻眼睛為投影中心進行投影所得的投影面，也就是中心點投影。

( ) 93.一動點與二定點之和恆等於一常數的情況下運動所形成的軌跡是為 ①雙曲線 ②擺線 ③拋物線 ④橢圓。　　④

解 一動點與二定點之和恆等於 常數的情況下運動所形成的軌跡為橢圓。

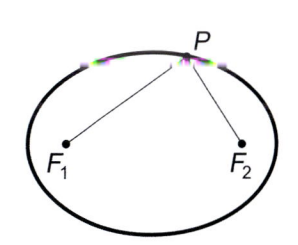

( ) 94.比例尺中的 1:100 係指以 1 cm 代表　①1 公尺　②1 公　③10 公尺　④1 公丈。　①

解 比例尺 1：100 時 1cm（公分）：100cm（公分），100cm（公分）＝ 1m（公尺）。

( ) 95.依第三角投影法，排列在前視圖上方的是　①左側視圖　②右側視圖　③俯視圖　④仰視圖。　③

解 第三角法正投影三視圖主要的三個視圖為：前視圖、俯視圖、右側視圖，相關排列位置如上圖所示。

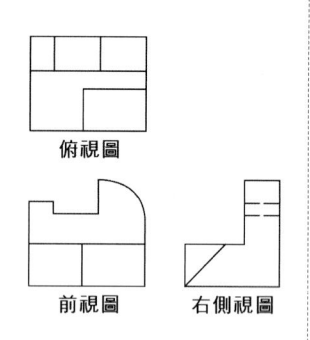

( ) 96.依 CNS 規定折斷線是　①粗線　②細線　③中線　④粗細線皆可。　②

解 依 CNS 3，B 1001 規定：折斷線為不規則徒手畫之連續線採細實線。

( ) 97.依 CNS 規定哪一種線條是屬於中線　①中心線　②尺度線　③虛線　④割面線。　③

解 依 CNS 3，B 1001 規定：中心線為細鏈線、尺度線為細實線、隱藏線為中虛線、割面線為粗、細鏈線。

( ) 98.以觀察者、物體、投影面之順序排列的一種正投影法為　①第一角法　②第二角法　③第三角法　④第四角法。　①

解 第一角法：第一角法又稱為第一象限法，是以觀察者、物體、投影面三者順序排列之一種正投影法。

第三角法：第三角法又稱為第三象限法，是以觀察者、投影面、物體三者順序排列之一種正投影法。

( ) 99.對稱機件的半剖面與未剖切的部分，兩者之間的分界線為　①實線　②中心線　③虛線　④折斷線。　②

解 對稱機件的半剖面與未剖切的部分，兩者之間的分界線為中心線。

( ) 100.一動點在一平面上運動，此動點與定點（焦點）間之距離，恒等於動點至一直線（準線）之相隔距離，此動點所成之軌跡為　①拋物線　②雙曲線　③漸開線　④擺線。　①

解 一動點在一平面上運動，此動點與定點（焦點）間之距離，恒等於動點至一直線（準線）之相隔距離，此動點所成之軌跡為拋物線。

( ) 101.國家標準（CNS）工程製圖中，若同時有中心線、虛線、粗實線、細實線重疊時，應該優先畫何者　①中心線　②虛線　③粗實線　④細實線。　③

解 依 CNS 3，B 1001 規定：中心線為細鏈線、隱藏線為中虛線、尺線為細實線、輪廓線為粗實線，遇到上述線條重疊在同一線上時，粗實線的輪廓線為最優先。

視覺傳達設計
Visual Communication Design

PART 1・學科題庫解析

設計基礎

一、點線面體

「點」一種具有空間位置的視覺單位，佔有畫面中最細小的面積，理論上點是沒有長度、寬度與方向性，但是只要有凝聚視覺的形態我們都可以稱之為點。所以無論點是以任何大小或形狀出現，只要在整體空間中被認為具有集中性，就可以認定視是點的造形。

「線」是點移動的軌跡，具有長度、粗細、方向、角度與位置。線的外型可以為：長短、粗細、輕重、強弱…等變化，可以表現出：速度、連續、流暢、移動…等感覺。

「面」是線移動所產生的軌跡，也就是當線條往同一個方向不斷重複緊貼在一起就會產生面的現象。直線或曲線的移動軌跡都可以形成面，形成面之後有了長度和寬度，便建構出二度空間。

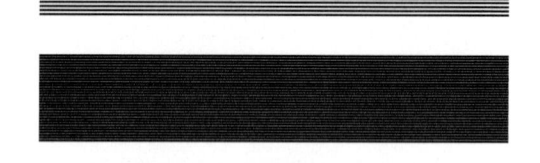

「體」是面移動所產生的軌跡，也就是當面往同一個方向不斷重複緊貼在一起就會產生體的現象，建構出具備長、寬、高三度空間的量塊物件。

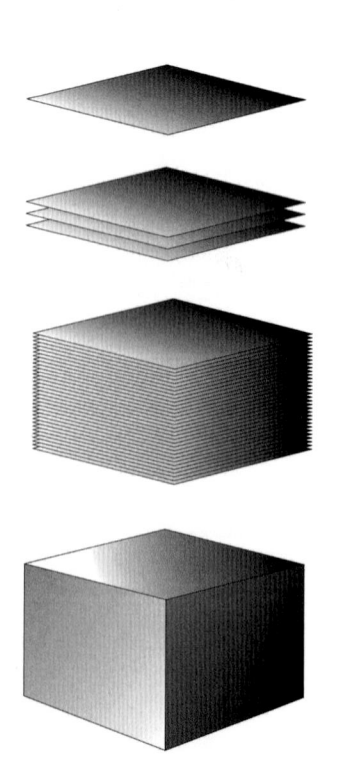

二、美的形式原理

- 反覆（Repetition）又稱「連續」：

  相同的形式或色彩反覆出現的現象，這些形狀或色彩性質完全沒有改變，只有量的增加，彼此之間更沒有無主從關係。反覆形式如果為上下或左右連續稱為：「二方連續」，如果為上下左右四個方向連續則稱為：「四方連續」。例如：窗戶的排列。

- 漸層（Gradation）又稱「漸變」：

  是將構成元素的形狀或色彩做次第改變的變化。例如：中國的寶塔建築。

- 對稱（Symmetry）又稱「均整」：

  假設一條中心軸，在這中心軸的左右或上下排列形象完全相同的形式或色彩。例如：大部分的生物（動物、植物、昆蟲或鳥類…等）及古代建築中的宮殿、城樓、寺廟…等。

- 平衡（Balance）又稱「均衡」：

  假設一條中心軸，在這中心軸的左右或上下排列形象雖不完全相同的形狀或色彩，可是看起來卻很穩定，不偏重於任何一方的均衡狀態。例如：補色殘像，為色彩的平衡作用。

- 調和（Harmony）：

  兩個以上的造型要素之間的統一關係；也就是把性質相同或類似的東西並置一處的安排方式，雖然並非完全相同，但卻能帶給人融合的感覺。

- 對比（Contrast）又稱「對照」：

  把兩種性質完全相反的構成要素放在一起，有意地強調其差別性，造成強烈或深刻的印象。例如：「萬綠叢中一點紅」、「鶴立雞群」、中國建築物中常見的紅磚綠瓦、戲劇情節中的忠良奸惡…等。

- 比例（Proportion）：

  部分與部分的關係或部分與整體的數量關係。例如：黃金比例、等差數列、等比數列…等。

  黃金比例→ 1：1.618

  等比數列→ 2、4、8、16、32…從第 2 項起，每一項與前一項的比都是一個常數。

  等差數列→ 1、3、5、7、9…數列中，從第二項起每一項與前一項的差相等。

  調和數列→ 1/2、1/3、1/4、1/5…倒數為等差的數列。

  費波那齊數列（Fibonacci Sequence）→ 0、1、1、2、3、5、13、21… 0 和 1 開始，之後每項就前兩項數相加。

- 律動（Rhythm）又稱「節奏」或「韻律」：

  指同一形式、色彩或現象以規則或不規則週期性進行反覆或漸變的形式變化。

- 單純（Simplicity）：
  將形式簡化，表現表現出溫和、純樸無華、簡潔有力之美。
- 統調（Unity）又稱「統一」：
  不同形狀、色彩或材質的元素，在相異中尋找共同元素，使畫面產生統一感。

三、包浩斯

1919年由威瑪市立美術學校與威瑪市立工藝學校合併為德國包浩斯學校（Staatliches Bauhaus）通稱為包浩斯（Bauhaus），「Bauhaus」是由德文「Bau」和「Haus」組成，第一任校長為建築師沃爾特‧葛羅佩斯（Walter Gropius）。包浩斯的學制分成三個階段，分別為：基礎教育（6個月）、專業養成教育（3年）、建築師養成教育（不設年限）。1933年，在納粹政權的要求下，包浩斯宣佈關閉。

學校發展三個時期

- 1919~1925年威瑪（Weimar）時期。
- 1925~1932年狄索（Dessau）時期。
- 1932~1933年柏林（Berrliu）時期。

學校經歷三位校長

- 1919年至1927年的沃爾特‧葛羅佩斯（Walter Gropius）。
- 1927年至1930年的漢那斯‧梅耶（Hannes Meyer）。
- 1930年至1933年的密斯‧文德洛（Ludwig Mies van der Rohe）。

包浩斯關閉之後教員的發展概況

- 1933年約瑟夫‧亞伯斯（Josef Albers），任教於北卡羅來納州「黑山學院」及「耶魯大學」。
- 1937年沃爾特‧葛羅佩斯（Walter Gropius）出任哈佛大學建築系主任。
- 1937年密斯‧文德洛（Ludwig Mies van der Rohe）赴美任教於「伊利諾州工業技術學院」。
- 1937年摩荷里‧那基（Moholy-Nagy, L）在芝加哥成立「新包浩斯」，這所「新包浩斯」幾經改組成為芝加哥設計學院（1939年）、設計研究所（1944年），1949年併入伊利諾理工學院（Illinois Institute of Technology）。
- 1953年英格‧紹爾（Inge Scholl）、奧圖‧艾舍（Otl Aicher）與馬克斯‧比爾（Max Bill）於西德創立烏爾姆造型學院（HFG Ulm），馬克斯‧比爾（Max Bill）則擔任首任校長。

學科試題

( ) 1. 下列何者不屬於平面設計的範圍 ①商業設計 ②包裝設計 ③印刷設計 ④服裝設計。 ④

解 一般指的平面設計的範疇有：標誌設計、海報設計、卡片設計、型錄設計、廣告設計、包裝設計、插畫設計、商業設計、報紙書刊雜誌印刷編排設計以及各類印刷品設計…等。

( ) 2. 狹義的編排設計所指的是 ①色彩 ②大小 ③造型 ④圖文關係。 ④

解 狹義的編排設計是指圖文關係。

( ) 3. 視覺設計形成的三要素中不包括 ①色彩 ②形態 ③質感 ④比例。 ④

解 形態、色彩與質感為視覺設計形成三要素。

( ) 4. 直線並沒有給人下列何種感覺 ①延伸 ②剛直 ③明確 ④感性。 ④

解 直線帶給人延伸、剛直與明確感。曲線才會帶給人感性的心理感受。

( ) 5. 何者不是綠色設計考量的範圍 ①產品耐用化 ②產品回收化 ③產品材料可分解 ④產品材料多樣化。 ④

解 綠色設計應該考量產品的耐用度、產品的可回收性、產品材質單純化及產品材料是否可分解。

( ) 6. 下列何者不屬於美的形式表現 ①比例 ②調和 ③對比 ④造型。 ④

解 美的形式有：反覆（Repetition）又稱「連續」、漸層（Gradation）又稱「漸變」、對稱（Symmetry）又稱「均整」、平衡（Balance）又稱「均衡」、調和（Harmony）、對比（Contrast）又稱「對照」、比例（Proportion）、律動（Rhythm）又稱「節奏」或「韻律」、單純（Simplicity）、統調（Unity）又稱「統一」。

( ) 7. 下列何者不屬於對比 ①深淺 ②大小 ③強弱 ④漸層。 ④

解 深淺、大小及強弱都是屬於對比的形式，漸層是將構成元素的形狀或色彩做次第改變的變化。

( ) 8. 將所列置之對稱物形成放射狀稱之為 ①放射對稱 ②並置對稱 ③直線對稱 ④旋轉對稱。 ①

解 將所列置之對稱物形成放射狀稱之為放射對稱。

( ) 9. 穩定而左右或上下的質量相當，不偏不倚的均衡狀態稱之為 ①平衡 ②對稱 ③對比 ④反射。 ①

解 假設一條中心軸，在這中心軸的左右或上下排列形象雖不完全相同的形狀或色彩，可是看起來卻很穩定，不偏重於任何一方的均衡狀態，我們稱之為：平衡。

( ) 10. 下列何者不屬於「律動」 ①舞蹈 ②體育 ③戲劇 ④文學。 ④

解 同一形式、色彩或現象以規則或不規則週期性進行反覆或漸變的形式變化，上述選項中「文學」比較難有律動的形式表現。

( ) 11. 能在二度空間中產生一種移行躍動的四度空間效果，可視為美感原則的一種，稱之為 ①動力 ②重力 ③吸力 ④磁力。 ①

解 一般說法：「點」有位置，無長度、大小、寬度，「線」的世界→一度空間，「面」的世界→二度空間，「體」的世界→三度空間，而四度空間並非我們生活在三度空間生物所能理解的，目前世界上大部分都是引用愛因斯坦（Albert Einstein）在他的「廣義相對論」和「狹義相對論」中所提及的「四維時空」概念。根據他的概念，我們的宇宙是由時間和空間構成，X、Y、Z 三軸空間再加上時間的軸線。

( ) 12. 在賓主的關係中，類似又不盡相同，其主題物與襯底間地位有互換的效果，我們通常稱之為 ①圖地反轉 ②圖地相稱 ③圖地平衡 ④圖地相合。 ①

解 在畫面上一般可分為主體及背景，屬於主體的部份一般稱為「圖」（Figure），而襯托圖的部份就是背景，也稱為「地」（Ground），而人類的知覺感官具有組織性，會自行將視覺對象也就是圖的部分由地中獨立出來。但是當圖與地的力量均衡時，就很容易會把圖看成地，而產生反轉的效果。

這是由魯賓（E.Rubin）提出來名為「魯賓之盃」（Rubin Vase）的作品，只要提到圖地反轉，一定以此作為代表。

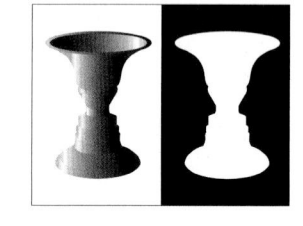

( ) 13. 在各個不同的要素中，有意強調其差別性，造成強烈或深刻的印象，稱之為 ①對比 ②平衡 ③和諧 ④漸變。 ①

解 把兩種性質完全相反的構成要素放在一起，有意地強調其差別性，造成強烈或深刻的印象我們稱為「對比」。

( ) 14. 下列名詞中和「質感」一詞相對的是 ①造型 ②量感 ③平衡感 ④空間感。 ②

解 與「質感」相對的是「量感」。

( ) 15. 利用一種現實世界不可能的圖法錯誤，產生突兀、驚異的感覺，稱之為 ①錯視 ②亂視 ③平視 ④直視。 ①

解 錯視（Illusion）是指透過幾何排列或圖地特別的設計讓視覺產生大小、長度、面積、方向、角度或圖地反轉等不合理現象，一般說可分為：生理錯視及認知錯視。

( ) 16. 下列何者不屬於字體造型的範圍 ①外形 ②大小 ③寬窄 ④顏色。 ④

解 外形、大小、寬窄都是屬於字體造型的設計範圍。

( ) 17. 下列何者不屬於「對稱」的範圍 ①人體的兩邊 ②水邊的倒影 ③車輪的輻線 ④花朵的色彩。 ④

解 假設一條中心軸，在這中心軸的左右或上下排列形象完全相同的形式或色彩我們稱為「對稱」，人體的兩邊屬於左右對稱、水邊的倒影屬於上下對稱、車輪的輻線則屬於放射對稱，花朵的色彩會因物種不同而有所差異，並不屬於「對稱」的範圍。

( ) 18. 當物體脫離垂直或水平的安定位置配置，稱之為 ①傾斜 ②平衡 ③動力 ④漸變。 ①

解 當物體脫離垂直或水平的安定位置配置時我們稱之為傾斜。

( ) 19. 談論部分與部分或者部分與整體間的良好關係，稱之為 ①比例 ②平均 ③對比 ④反轉。 ①

解 部分與部分的關係或部分與整體的數量關係我們都稱之為「比例」。

PART 1 學科題庫解析｜設計基礎

( ) 20. 例如磁磚，用一種單位把一個平面埋的密密麻麻的方式，稱之為 ①比例 ②連續 ③對比 ④分割。 ❹

　　解 使用相同或不同的單位把一個平面密密麻麻的分割表現，例如：磁磚的排列方式，我們稱之為「分割」。

( ) 21. 下列何者不屬於「韻律」的考量範圍 ①距離 ②大小 ③寬窄 ④顏色。 ❹

( ) 22. 下列何者不屬於安海姆的「群化法則」範圍 ①錯視 ②反轉 ③無理圖形 ④對比。 ❹

　　解 最著名的藝術心理學是格式塔心理學（Gestalt Psychology），又稱「完形心理學」，創始者為韋特海默（Wertheimer），集大成者為安海姆（Rudolf Arnheim）。完形法則又稱為群化法則簡單的說有：相近（Proximity）、相似（Similarity）、封閉（Closure）、簡單（Simplicity）等要素。

( ) 23. 認識造形的先決條件為 ①觸覺 ②視覺 ③聽覺 ④感覺。 ❷

　　解 觀察造型通常是先視覺後觸覺。

( ) 24. 以下何者不屬於二度空間 ①繪畫 ②舞蹈 ③書法 ④印刷。 ❷

　　解 嚴格來說繪畫、舞蹈、書法、印刷…等，只要是存在於這個世界的所有物質都屬於三度空間，這裡指的應該是三度空間立體的表現方式，繪畫、書法以及印刷都是表現在平面的形式，舞蹈則是擁有三度空間立體的表現形式。

( ) 25. 視覺傳達設計在提供各種設計問題的解決方法，應避免 ①對比 ②調和 ③全憑個人喜好 ④透視效果的設計表現。 ❸

　　解 視覺傳達設計在提供各種設計問題的解決方法，應避免以個人喜好作為設計考量，應該以客戶的需求、美的形式原理與各種設計表現形式為考量。

( ) 26. 首先提出黃金比1：1.618的是 ①美國人 ②德國人 ③以色列人 ④希臘人。 ❹

　　解 就黃金比1:1.618的歷史可以回溯到古希臘時代，當時的人們把一條線段分成長、短兩段，而且「全段長度：長段長度＝長段長度：短段長度」，這樣的分割方式稱之為：「黃金分割」，而分割出來的線段長度比值，則稱為：「黃金比例」。應用時一般會使用0.618或1.618。

( ) 27. 多數的花卉、植物、昆蟲、貝類等都是屬於 ①對比 ②對稱 ③調和 ④統一 的構成。 ❷

　　解 假設一條中心軸，在這中心軸的左右或上下排列形象完全相同的形式或色彩。例如：大部分的生物（動物、植物、昆蟲或鳥類…等）及古代建築中的宮殿、城樓、寺廟…等，這種形式我們稱之為「對稱」（Symmetry）又稱「均整」。

( ) 28. 平面設計元素中「材質」具有 ①錯視 ②觸覺 ③調和 ④對稱 的感受。 ❷

　　解 「材質」具有觸覺的感受。

( ) 29. 所謂二度空間亦即是平面空間，下列敘述何者正確 ①平面是由寬度與深度構成 ②二度是指長度與寬度 ③平面具有厚度與深度 ④二度是指長度與深度。 ❷

　　解 二度空間只有長度與寬度。

( ) 30. 欲使二度空間形象更富真實性，可以將形象 ①放大 ②加外框線 ③增加陰影 ④變形。 ❸

　　解 要使平面表現形式具有真實感與空間感，可在適當區域增加陰影以造成突出的效果。

1-103

( ) 31. 面的形狀種類甚多，下列敘述何者不正確　①「幾何的面」由數學方程式構成　②「有機的面」以自由弧線構成　③「徒手的面」不藉任何器具輔助構成　④「不規則的面」由直線及弧線循數學方式構成。　④

> 解 幾何形的面指的是可以使用直線及幾何曲線建構而成的面。
> 有機形的面指的是可以使用自由曲線、直線建構而成的面。
> 偶然形的面指的是偶然形成的面，並非是由人類刻意建構的面。
> 不規則形的面指的是由人類本身的意志刻意建構出來的面。
> 徒手的面不需藉由任何器具輔助並由人類刻意建構的面。

( ) 32. 任何物體的表面構成特徵稱之為　①效果　②肌理　③微粒　④造型。　②

> 解 任何物體表面的各種縱橫交錯、高低不平、粗糙平滑的紋理變化我們都稱之為「肌理」，通常也會稱為「質感」。

( ) 33. 在流動的物體其造形是屬於　①幾何的　②漸層的　③調和的　④有機的。　④

> 解 流動的物體其造形是屬於有機造形，例如：流水。

( ) 34. 點移動時所經過的軌跡是為　①點　②線　③面　④體。　②

> 解 「線」是點移動的軌跡，具有長度、方向與位置。

( ) 35. 我們能從環境中辨認出各種形狀主要是因為　①色彩　②肌理　③造形　④空間。　①

> 解 我們能從環境中辨認出各種形狀主要是因為光線的投影，光線的波長不同而產生不同的色彩。

( ) 36. 形象反轉，如從鏡子裡面看到的影像現象，我們稱之為　①重複　②交錯　③近似　④鏡射。　④

> 解 可以從鏡子裡面看到影像的現象，我們稱之為鏡射。一般來說，鏡射有分為水準鏡射以及垂直鏡射。

( ) 37. 下列有關「平面設計」的敘述何者不正確　①是一種有目的性的設計行為　②相較於純藝術，平面設計更加明確而實用　③是一種只需注重美感構成的設計行為　④是一種探求二度空間的視覺傳達行為。　③

> 解 「平面設計」除了是種注重美感構成的設計行為之外，有時還有背後的商業行為需要執行。

( ) 38. 下列何種線條容易產生動感的效果　①直線　②曲線　③折線　④虛線。　②

> 解 自由曲線通常具有自由、活潑、隨性、奔放的感覺。

( ) 39. 公益海報應具有教育與何種功能　①娛樂　②販售　③宣導　④形塑代言人。　③

> 解 公益海報應具有教育與宣導的功能。

( ) 40. 表現二度空間最簡單的方式為　①水彩　②素描　③拼貼　④拓印。　②

> 解 上述各項平面的表現方式中，素描的表現方式最為簡單。

( ) 41. 設計師以電腦開始探索設計約於　① 1950 年代　② 1960 年代　③ 1970 年代　④ 1980 年代。　③

> 解 1972 年 4 月 Intel 公司推出世界上第一個八位元微處理器 C8008，1976 年史蒂夫‧沃茲尼亞克（Stephen Wozinak）和史蒂夫‧賈伯斯（Stephen Jobs）創辦蘋果電腦公

司，並推出 200 台 Apple I 電腦，接著 1977 年 5 月 Apple II 電腦問世，Intel 公司更在 1979 年 6 月發佈了 8088 微處理器，後來的 IBM PC 便是採用該款微處理器。所以 1970 年代開始了微處理器個人電腦的年代，也是電腦輔助設計的啟蒙。

( ) 42. 一般稱為 Sans Serif 字型指的是類似中文的　①黑體字　②明體字　③楷體字　④圓體字。　①

解 Serif 是「襯線」的意思，這是一種字體的裝飾，「Sans」是法文「沒有」的意思，所以 Sans Serif 的字型就是一種無襯線體，英文無襯線字型類似中文中的「黑體字型」。

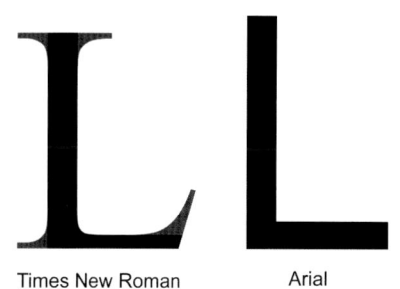

紅色部分為襯線　　Times New Roman serif font　　Arial sans-serif font

( ) 43. 下列不是鉛筆標記 H 與 B 的表示意義　①軟硬度　②黑白度　③石墨含量　④木材的厚薄。　④

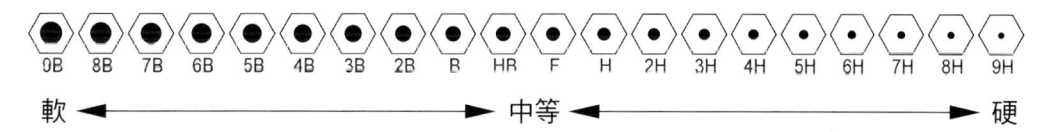

解 鉛筆是一種可在紙上書寫、繪畫的筆，製造筆芯的材料為石墨，並使用木桿於外包覆所製成。現代鉛筆完全以「石墨」來製造，中世紀歐洲化學知識尚待啟蒙，人們誤以為石墨是鉛的一種，因此「鉛筆」一詞就流傳下來、廣泛使用而未修正。

軟 ←　9B 8B 7B 6B 5B 4B 3B 2B B HB F H 2H 3H 4H 5H 6H 7H 8H 9H　→ 硬
中等

B 的意思是 Black（黑）；F 的意思是 Fine Point（細字）；H 的意思是 Hard（硬）

( ) 44. 下列的敘述何者不正確　①漸層是美的唯一原理　②美的形式原理之一是平衡　③平衡與對稱是會一起出現的　④很多的秩序性結晶體會產生規則性的感覺。　①

解 美的形式有：反覆（Repetition）又稱「連續」、漸層（Gradation）又稱「漸變」、對稱（Symmetry）又稱「均整」、平衡（Balance）又稱「均衡」、調和（Harmony）、對比（Contrast）又稱「對照」、比例（Proportion）、律動（Rhythm）又稱「節奏」或「韻律」、單純（Simplicity）、統調（Unity）又稱「統一」。

( ) 45. 關於人的喜好，下列何者敘述不正確　①喜好有時會有年齡的差距　②喜好有時會受到週邊族群的感染　③喜好完全無國界的　④喜好有時會有男女的差異。　③

解 個人的喜好會因為時代、國家、民族、地域、年齡、性別、生活經驗…等不同而有所差異。

( ) 46. 正四面體是　①四個正方形的組合　②四個長方形的組合　③四個三角形的組合　④四個菱形的組合。　③

解 正四面體就是由四個正三角形所組合的立方體。

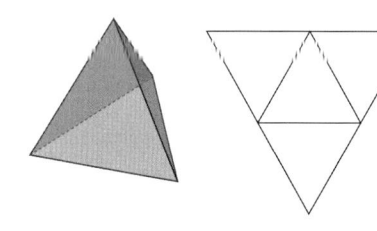

(　) 47. 關於下列敘述何者不正確　①面是線的平行累積　②面是線的移動軌跡　③面與面的交界可以是線　④點是面的邊緣。　④

解 線是面的邊緣。

(　) 48. 傳統書法的漢字演變歷史中不曾出現下列何種字體　①大篆　②中篆　③小篆　④瘦金體。　②

解 傳統書法的漢字演變歷史中並沒有出現過「中篆」。

(　) 49. 中國的北方是以何種靈獸來作為象徵的　①朱雀　②玄武　③白虎　④青龍。　②

解 相傳在中國古代法力無邊且讓妖魔膽顫心驚的四大神獸就是青龍、白虎、朱雀、玄武四神獸。青龍為東方之神；白虎為西方之神；朱雀為南方之神；玄武為北方之神，龜蛇合體。

(　) 50. 下列何者不是尖銳形狀在視知覺上所具有的特性　①攻擊的意義　②速度的感覺　③富有的樣子　④前進的象徵。　③

解 尖銳形狀具有攻擊的意義、速度的感覺以及前進的象徵。

(　) 51. 下列不是圓形在視知覺上所具有的特性　①圓融　②移動性　③速度感　④完整感。　③

解 圓形具有圓融、移動性以及完整感。

(　) 52. 中國的門神對中下列何者為正確　①神荼與鬱壘　②尉遲宮與關勇　③嶽飛與趙子龍　④秦瓊與趙公明。　①

解 常見門神配對：神荼（ㄕㄣ ㄕㄨ）與鬱壘（ㄩˋ ㄌㄩˋ）、尉（ㄩˋ）遲恭（敬德）與秦叔寶（秦瓊）、嶽飛與溫瓊、趙雲（子龍）與馬超、燃燈道人與趙公明、鐘馗與魏徵。

(　) 53. 下列何者不是平面造形中的基本形　①正三角形　②正方形　③圓形　④長方形。　④

解 現代藝術之父塞尚（Paul Cézanne）提出：自然界的一切物體都可以還原為圓球體、圓錐體與圓柱體。這三原形經過正投影之後就成為：圓形、三角形與方形。

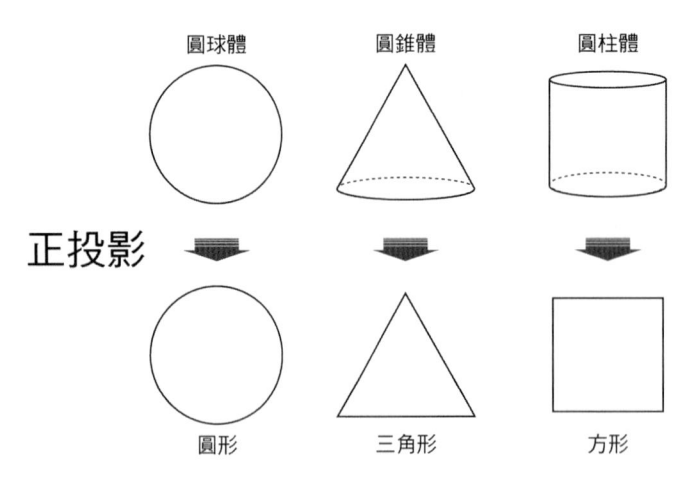

圓球體　圓錐體　圓柱體

正投影

圓形　三角形　方形

(　) 54. 下列關於圓形的定義敘述何者較為不正確？　①圓形可以由線條旋轉來構成　②無限大的圓形邊緣，在人類的感覺上是呈現直線的感覺　③圓可以是虛的，也可以是點的感覺　④圓形與線是具有密 關係與點則無關。　④

解 點的移動軌跡可以形成線，線旋轉可以構成實體的圓也可以形成虛的圓，在人類感知中無限大的圓形邊緣會產生直線的感覺，例如：事實上地球是圓的，但是古時候的人類卻一直認為世界是平的，直到科學證實地球是圓的。

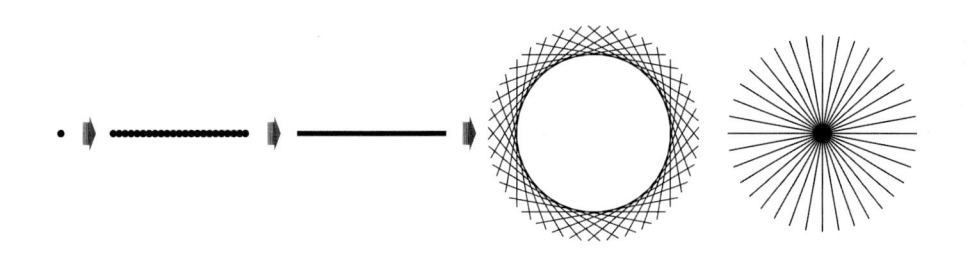

( ) 55. 下列敘述何者較為正確 ①廣告設計和視覺生理無關 ②廣告設計運用了許多社會流行的心理 ③商業設計和廣告設計無關 ④商業設計和視覺心理無關。　②

解：廣告設計和商業設計與視覺生理均有相當的關連，同時也運用了許多的社會流行心理學。

( ) 56. 中國人對天地的概念中，是存在著天配圓，地配 ①廣 ②方 ③長 ④渾。　②

解：周禮春官大宗伯記載：以玉作六器，以禮天地四方：以蒼璧禮天、以黃琮禮地、以青圭禮東方、以赤璋禮南方、以白琥禮西方、以玄璜禮北方，其方位與色彩對應為：

方位	天	地	東	南	西	北
六器	蒼璧	黃琮	青圭	赤璋	白琥	玄璜
色彩	青	黃	青	赤	白	黑

蒼璧（圓形）禮天、黃琮（方形）禮地即呼應「天圓地方」說，又「周髀算經」提到「方屬地，圓屬天，天圓地方」的論述，為天圓地方宇宙學說的代表。

( ) 57. 道教廟宇的進出習慣是左進右出和下列何者有關 ①青龍與白虎 ②右熱左冷 ③日曬 ④水流方向。　①

解：相傳在中國古代法力無邊且讓妖魔膽顫心驚的四大神獸就是青龍、白虎、朱雀、玄武四神獸。青龍為東方之神；白虎為西方之神；朱雀為南方之神；玄武為北方之神，龜蛇合體。正確說法應該是以建築物的方向為方向，左為青龍邊、右為白虎邊，左進右出，青龍邊會給你好氣，以使與神祇交流；白虎邊出則可解厄，更能將不好的留在廟中，倘若由虎邊（右）進，那不正就是入虎口了。以上敘述還是得視個人信仰而有所取捨。

( ) 58. 電線桿下方的黑黃相間斜線是利用了下列何種原理 ①視覺上的錯覺 ②視覺上的注目性 ③生理上的安定感 ④心理上的喜好感。　②

解：電線桿下方的黑黃相間斜線是利用色彩注目性（Attention）的原理，色彩注目性就是指色彩引起人注意的程度，也就是色彩醒目的效果。當背景色為黑色時，圖形或文字為黃色之注目性最高。

( ) 59. 廟裡的藻井具有何種視覺效果 ①對比 ②放射 ③交叉 ④特異。　②

解：廟裡的藻井具有放射的視覺效果。

( ) 60. 先民所遺留的碑文歷史真蹟是利用 ①漂流沾著法 ②拓印法 ③噴色法 ④剪貼法 製成字帖千古流芳。　　②

解 拓印法就是先使用鬃刷將石碑表面清理乾淨，再將碑面噴濕以利吸附宣紙，接著在碑面上噴白芨水讓石碑與宣紙密合，舖上雙面宣紙後重新打濕，將碑面與紙張間的空氣擠壓出來，準備拓包在碑面上撲墨，最後將完墨的宣紙取下放置乾燥地方陰乾。

( ) 61. 交通標誌的警告標誌是用何種形 ①三角形 ②圓形 ③方形 ④渦形。　　①

解 我國的警告標誌是三角形。

( ) 62. 交通標誌的指示標誌是用何種形 ①三角形 ②圓形 ③方形 ④渦形。　　③

解 我國的指示標誌主要是方形　　，但也有例外，如　　。

( ) 63. 在六書中，日、月是屬於 ①象形 ②會意 ③指事 ④形聲。　　①

解 六書中「日」、「月」是屬於象形字。

( ) 64. 兩線相遇或交叉之處為 ①點 ②線 ③面 ④體。　　①

解 兩條線段相遇或交叉的地方我們稱之為點。

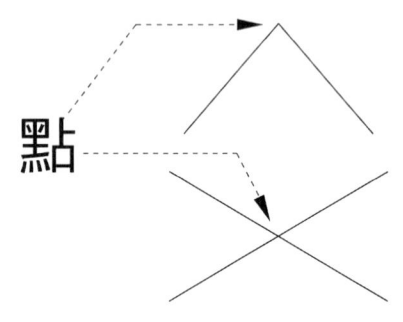

( ) 65. 自然物中的「蛋」蘊含著造形上許多精妙之處，下列何者不正確 ①蛋殼構造最合乎力學要求 ②蛋殼以最少的材料造成最大空間 ③蛋的形態與線條柔和優美 ④蛋形均為橢圓形。　　④

解 蛋的形態與線條柔和優美，蛋殼構造最合乎力學要求，且以最少的材料建構最大空間，不同種類生物的蛋有不同的樣子，有圓形也有橢圓形，但常見的是一頭大一頭小的卵形。

( ) 66. 西元1919年葛羅比斯（Walter Gropius）創立了 ①牛津大學 ②包浩斯學院 ③馬德里皇家藝術學院 ④加州藝術中心 對現代美術及造形設計貢獻卓著。　　②

解 1919年由威瑪市立美術學校與威瑪市立工藝學校合併為德國包浩斯學校（Staatliches Bauhaus）通稱為包浩斯（Bauhaus），「Bauhaus」是由德文「Bau」和「Haus」組成，第一任校長為建築師沃爾特‧葛羅佩斯（Walter Gropius）。包浩斯的學制分成三個階段，分別為：基礎教育（6個月），專業養成教育（3年），建築師養成教育（不設年限）。1933年在納粹政權的要求下，包浩斯宣佈關閉。

( ) 67. 一棟建築物有關耐震、耐熱之種種問題是屬於建築造形的 ①生理 ②心理 ③結構 ④化學 機能因素。　③
　　解 建築物關於耐震、耐熱之種種問題是屬於建築造形的結構問題。

( ) 68. 在美的形式原理中，對稱不具有下列何項特性 ①上下 ②旋轉 ③放射 ④不規則形。　④
　　解 假設一條中心軸，在這中心軸的左右或上下排列形象完全相同的形式或色彩。例如：大部分的生物（動物、植物、昆蟲或鳥類…等）及古代建築中的宮殿、城樓、寺廟…等。

( ) 69. 在平面設計上，我們所做的造形稱為圖，圖的周圍即是 ①天 ②地 ③線 ④畫。　②
　　解 在畫面上一般可分為主體及背景，屬於主體的部份一般稱為「圖」（Figure），而視托圖的部份就是背景，也稱為「地」（Ground），而人類的知覺感官具有組織性，會自行將視覺對象也就是圖的部分由地中獨立出來。

( ) 70. 在幾何學上，點的絕對定義為 ①有位置 ②有長度 ③有大小 ④有寬度。　①
　　解 點的絕對定義：有位置，無長度、大小、寬度。

( ) 71. 設計構成要素中個別存在時，何者不具有伸長的性格 ①點 ②線 ③面 ④體。　①
　　解 「點」一種具有空間位置的視覺單位，佔有畫面中最細小的面積，理論上點是沒有長度、寬度與方向性。

( ) 72. 設計構成要素中最小的單位是 ①點 ②線 ③面 ④體。　①
　　解 設計構成要素中最小的單位是點。

( ) 73. 圓、橢圓和拋物線等是屬於 ①幾何直線 ②自由曲線 ③徒手曲線 ④幾何曲線。　④
　　解 圓、橢圓和拋物線等是屬於幾何曲線。

( ) 74. 在設計原理中，以中央設一縱軸，而左右或上下完全同形，稱之為 ①律動 ②漸層 ③對稱 ④對比。　③
　　解 假設一條中心軸，在這中心軸的左右或上下排列形象完全相同的形式或色彩我門稱之為：「對稱」。例如：大部分的生物（動物、植物、昆蟲或鳥類…等）及古代建築中的宮殿、城樓、寺廟…等。

( ) 75. 一般而言點的位置放於何方是最穩定，且具有放射的力量 ①上方 ②下方 ③左方 ④中央。　④
　　解 點的位置放置在中央，視覺效果最穩定且具有放射的力量。

( ) 76. 「萬綠叢中一點紅」及「鶴立雞群」為 ①比例 ②調合 ③平衡 ④對比 的表現。　④
　　解 「萬綠叢中一點紅」及「鶴立雞群」符合把兩種性質完全相反的構成要素放在一起，有意地強調其差別性，造成強烈或深刻的印象，這就是一種對比（Contrast）的形式。

( ) 77. 在自然界，下列何者不具對稱的特性 ①蝴蝶 ②蜻蜓 ③樹葉 ④變形蟲。　④
　　解 蝴蝶、蜻蜓與樹葉都具備對稱的特性，唯變形蟲因為其造型為不規則形，很難形成對稱的狀態。

( ) 78.在繪畫中，何人最常使用水平、直線的特性 ①塞尚 ②蒙特利安 ③米羅 ④畢卡索。 ②

解 蒙德里安（Piet Mondrian,1872-1944）荷蘭畫家，風格派運動幕後藝術家和非具象繪畫的創始者之一，以「紅黃藍」構成的畫作，均以垂直線與水平線構成，如右圖。

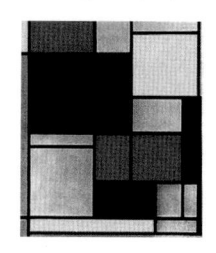

( ) 79.粗細不等，但長度相等的線條感覺上 ①粗較長 ②細較長 ③一樣長 ④不一定。 ②

解 左邊粗的線條看起來比右邊細的線條短，事實上兩條線段都一樣長。

( ) 80.兩個相等的圓被大小不同的圓包圍時，大圓內的圓顯得 ①較小 ②較大 ③一樣 ④變形。 ①

解 如右圖，兩個相等的圓被大小不同的圓包圍時，其中一個外圍繞較小的圓，另一個外圍繞較大的圓；看起來圍繞大圓的圓比圍繞小圓的顯得要小，發現者是德國心理學家艾賓浩斯（Ebbinghaus）所以就命名為艾賓浩斯錯覺（Ebbinghaus illusion）。

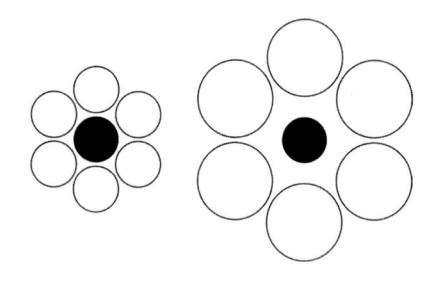

( ) 81.下列何者不屬於基礎造形的基本要素 ①形態 ②機能 ③利益 ④美感。 ③

解 一般以為基礎造形的基本要素有：形態（點、線、面、體）、材質（肌理）、色彩（色相、明度、彩度），利益並非基礎造形的基本要素。

( ) 82.下列何者不是線的特質 ①體積 ②粗細 ③方向 ④角度。 ①

解 「線」是點移動的軌跡，具有長度、粗細、方向、角度與位置。

( ) 83.自由曲線通常具有 ①硬直 ②活潑 ③單調 ④刻板 的感覺。 ②

解 自由曲線通常具有自由、活潑、隨性、奔放的感覺。

( ) 84.就線的基本方向，如為斜角方向，則較會引起何種心理效果 ①權威 ②靜寂 ③動態 ④呆板。 ③

解 斜線則具有動態感，而且會因為角度不同而給人不同的感受。

( ) 85.包浩斯造形學校當初創設於 ①法國 ②德國 ③英國 ④美國。 ②

解 1919年由威瑪市立美術學校與威瑪市立工藝學校合併為德國包浩斯學校（Staatliches Bauhaus）通稱為包浩斯（Bauhaus），「Bauhaus」是由德文「Bau」和「Haus」組成，第一任校長為建築師沃爾特•葛羅佩斯（Walter Gropius）。包浩斯的學制分成三個階段，分別為：基礎教育（6個月），專業養成教育（3年），建築師養成教育（不設年限）。1933年在納粹政權的要求下，包浩斯宣佈關閉。

( ) 86.英文中的 Design 是指 ①美術 ②創造 ③設計 ④商標。 ③

解 英文 Design 就是設計的意思。美術為 Fine Art、創造為 Create、商標為 Trademark。

( ) 87.Walter Gropius 創立之 Bauhaus 造形學校結束於西元 ①1909年 ②1933年 ③1929年 ④1939年。 ②

⑭ 1919年由威瑪市立美術學校與威瑪市立工藝學校合併為德國包浩斯學校（Staatliches Bauhaus）通稱為包浩斯（Bauhaus），「Bauhaus」是由德文「Bau」和「Haus」組成，第一任校長為建築師沃爾特·葛羅佩斯（Walter Gropius）。包浩斯的學制分成三個階段，分別為：基礎教育（6個月），專業養成教育（3年），建築師養成教育（不設年限）。1933年在納粹政權的要求下，包浩斯宣佈關閉。

( ) 88. ULM烏路姆造型學校係1956年由 ① Laszlo Moholy Nagy ② Max-Bill ③ John Ruskin ④ Itten 在德國成立。　②

⑭ 1953年英格·紹爾（Inge Scholl）、奧圖·艾舍（Otl Aicher）與馬克斯·比爾（Max Bill）於西德創立烏爾姆造型學院（HFG Ulm），首任校長則由馬克斯·比爾（Max Bill）擔任。

( ) 89. 下列書法字體中何者為較早出現的字體 ①行書 ②草書 ③篆書 ④隸書。　③

⑭ 中國書法的發展階段：篆書→隸書→草書→楷書→行書。

( ) 90. 下列紙張中，何者不是中國傳統中的紙張 ①宣紙 ②棉紙 ③毛邊紙 ④模造紙。　④

⑭ 中國傳統紙張：宣紙、棉紙及毛邊紙。

( ) 91. 中國方位色彩對應中，中央的色彩為 ①黃色 ②朱色 ③綠色 ④玄色。　①

⑭ 周禮春官大宗伯記載：以玉作六器，以禮天地四方：以蒼璧禮天、以黃琮禮地、以青圭禮東方、以赤璋禮南方、以白琥禮西方、以玄璜禮北方，其方位與色彩對應為：

方位	天	地	東	南	西	北
六器	蒼璧	黃琮	青圭	赤璋	白琥	玄璜
色彩	青	黃	青	赤	白	黑

( ) 92. 中國之農民曆通常以何種色彩稱之 ①白色 ②黃色 ③藍色 ④黑色。　②

⑭ 傳說黃曆是由黃帝所創作的，所以便稱為黃曆。古代的黃曆是由欽天監頒訂所以又稱皇曆，而黃曆的一項重要功能就是刊載教導農民耕種時機的資料，所以又有「農民曆」之稱。現行市面上的農民曆則是由五術、擇日師排出「通書」自行印刷出版，封面色彩以黃色居多，但也有其他色彩，如：紅色。

( ) 93. 中國門神之秦瓊與下列何者成對 ①尉遲敬德 ②諸葛孔明 ③關勇 ④公孫無忌。　①

⑭ 常見門神配對：神荼（ㄕㄣ ㄕㄨ）與鬱壘（ㄩˋ ㄌㄩˋ）、尉（ㄩˋ）遲恭（敬德）與秦叔寶（秦瓊）、嶽飛與溫瓊、趙雲（子龍）與馬超、燃燈道人與趙公明、鐘馗與魏徵。

( ) 94. 「律動」是指反覆或漸變的形式，英文為 ① symmetry ② unity ③ rhythm ④ contrast。　③

⑭ 律動（Rhythm）又稱「節奏」或「韻律」：指同一形式、色彩或現象以規則或不規則週期性進行反覆或漸變的形式變化。對稱（Symmetry）又稱「均整」、對比（Contrast）又稱「對照」、統調（Unity）又稱「統一」。

( ) 95. 兩個相等的圓被大小不同的圓包圍時，小圓內的圓顯得 ①較小 ②較大 ③一樣 ④變形。　②

⑭ 如右圖，兩個相等的圓被大小不同的圓包圍時，其中一個外圍繞較小的圓，另一個外圍繞較大的圓；看起來圍繞小圓的圓比圍繞大圓的顯得要大，發現者是德國心理學家艾賓浩斯（Ebbinghaus）所以就命名為艾賓浩斯錯覺（Ebbinghaus illusion）。

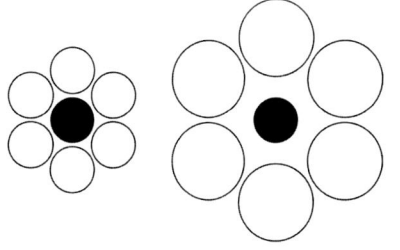

（　）96. 以下何者不符合綠色包裝設計考量　①包裝材質輕量化　②包裝體積最小化　③單一商品包裝材質多樣化　④使用回收再生包裝材料。　❸

　　　解 為求符合綠色包裝設計考量，單一商品包裝材質宜採單一包裝材料設計。

（　）97. 以下何者不符合綠色包裝設計回收目的　①包裝材質單一化　②為求包裝結構牢固，應設計不易拆解為佳　③使用可生物分解（堆肥化）包材　④包裝材質易拆卸分離。　❷

　　　解 為求綠色包裝設計回收目，包裝設計除了結構牢固之外，宜設計容易拆解為佳。

（　）98. 下何者不符合低污染之綠色包裝設計考量　①使用不含有害物質的包裝材料　②使用環保印刷油墨　③使用不含有害物質的黏劑　④印刷面積滿版超過四色。　❹

　　　解 印刷品設計時，宜搭配產品內容，進行合理版面設計，印刷面積盡量不要滿版超過四色。

（　）99. 荷蘭版畫家艾雪（M. C. Escher）的作品「鳥」，當觀看時，時而以白鳥為主體，時而以黑鳥為主體，此種現象稱為　①虛實相生　②補色殘像　③圖地反轉　④群化法則。　❸

　　　解 艾雪（M. C. Escher）的版畫作品 - 白天與黑夜 (Day and Night, 1938)，當觀看時，時而以白鳥為主體，時而以黑鳥為主體，此種現象稱為圖地反轉。

（　）100. 適當運用「線」的組合，可以產生三次元空間感。下列方法何者較不可能產生空間感　①水平方向的多條直線，粗細漸變　②斜方向的多條曲折線，疏密漸變　③水平方向的多條直線，等距組合　④斜方向的多條曲折線，等距組合。　❸

　　　解 水平方向的多條直線，等距組合比較無法產生空間感。

（　）101. 設計中經由組合方式可以達成「群化效果」，試問下列組合方式，何者不利於群化效果　①相同色相不同造形　②不同色相相同造形　③不同造形不同色相　④相同造形不同位置。　❸

　　　解 不同造形不同色相不利於群化效果。

視覺傳達設計
Visual Communication Design

PART 1・學科題庫解析

90006	職業安全衛生共同科目
90007	工作倫理與職業道德共同科目
90008	環境保護共同科目
90009	節能減碳共同科目

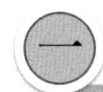

一、90006 職業安全衛生共同科目（工作項目01：職業安全衛生）

(2) 1. 對於核計勞工所得有無低於基本工資，下列敘述何者有誤？ ①僅計入在正常工時內之報酬 ②應計入加班費 ③不計入休假日出勤加給之工資 ④不計入競賽獎金。

(3) 2. 下列何者之工資日數得列入計算平均工資？ ①請事假期間 ②職災醫療期間 ③發生計算事由之當日前6個月 ④放無薪假期間。

(4) 3. 有關「例假」之敘述，下列何者有誤？ ①每7日應有例假1日 ②工資照給 ③天災出勤時，工資加倍及補休 ④須給假，不必給工資。

(4) 4. 勞動基準法第84條之1規定之工作者，因工作性質特殊，就其工作時間，下列何者正確？ ①完全不受限制 ②無例假與休假 ③不另給予延時工資 ④得由勞雇雙方另行約定。

(3) 5. 依勞動基準法規定，雇主應置備勞工工資清冊並應保存幾年？ ①1年 ②2年 ③5年 ④10年。

(1) 6. 事業單位僱用勞工多少人以上者，應依勞動基準法規定訂立工作規則？ ①30人 ②50人 ③100人 ④200人。

(3) 7. 依勞動基準法規定，雇主延長勞工之工作時間連同正常工作時間，每日不得超過多少小時？ ①10小時 ②11小時 ③12小時 ④15小時。

(4) 8. 依勞動基準法規定，下列何者屬不定期契約？ ①臨時性或短期性的工作 ②季節性的工作 ③特定性的工作 ④有繼續性的工作。

(1) 9. 依職業安全衛生法規定，事業單位勞動場所發生死亡職業災害時，雇主應於多少小時內通報勞動檢查機構？ ①8小時 ②12小時 ③24小時 ④48小時。

(1) 10. 事業單位之勞工代表如何產生？ ①由企業工會推派之 ②由產業工會推派之 ③由勞資雙方協議推派之 ④由勞工輪流擔任之。

(4) 11. 職業安全衛生法所稱有母性健康危害之虞之工作，不包括下列何種工作型態？ ①長時間站立姿勢作業 ②人力提舉、搬運及推拉重物 ③輪班及工作負荷 ④駕駛運輸車輛。

(3) 12. 依職業安全衛生法施行細則規定，下列何者非屬特別危害健康之作業？ ①噪音作業 ②游離輻射作業 ③會計作業 ④粉塵作業。

(3) 13. 從事於易踏穿材料構築之屋頂修繕作業時，應有何種作業主管在場執行主管業務？ ①施工架組配 ②擋土支撐組配 ③屋頂 ④模板支撐。

(4) 14. 有關「工讀生」之敘述，下列何者正確？ ①工資不得低於基本工資之80% ②屬短期工作者，加班只能補休 ③每日正常工作時間得超過8小時 ④國定假日出勤，工資加倍發給。

( ) 15. 勞工工作時手部嚴重受傷，住院醫療期間公司應按下列何者給予職業災害補償？ ①前 6 個月平均工資 ②前 1 年平均工資 ③原領工資 ④基本工資。 ③

( ) 16. 勞工在何種情況下，雇主得不經預告終止勞動契約？ ①確定被法院判刑 6 個月以內並諭知緩刑超過 1 年以上者 ②不服指揮對雇主暴力相向者 ③經常遲到早退者 ④非連續曠工但 1 個月內累計 3 日者。 ②

( ) 17. 對於吹哨者保護規定，下列敘述何者有誤？ ①事業單位不得對勞工申訴人終止勞動契約 ②勞動檢查機構受理勞工申訴必須保密 ③為實施勞動檢查，必要時得告知事業單位有關勞工申訴人身分 ④事業單位不得有不利勞工申訴人之處分。 ③

( ) 18. 職業安全衛生法所稱有母性健康危害之虞之工作，係指對於具生育能力之女性勞工從事工作，可能會導致的一些影響。下列何者除外？ ①胚胎發育 ②妊娠期間之母體健康 ③哺乳期間之幼兒健康 ④經期紊亂。 ④

( ) 19. 下列何者非屬職業安全衛生法規定之勞工法定義務？ ①定期接受健康檢查 ②參加安全衛生教育訓練 ③實施自動檢查 ④遵守安全衛生工作守則。 ③

( ) 20. 下列何者非屬應對在職勞工施行之健康檢查？ ①一般健康檢查 ②體格檢查 ③特殊健康檢查 ④特定對象及特定項目之檢查。 ②

( ) 21. 下列何者非為防範有害物食入之方法？ ①有害物與食物隔離 ②不在工作場所進食或飲水 ③常洗手、漱口 ④穿工作服。 ④

( ) 22. 原事業單位如有違反職業安全衛生法或有關安全衛生規定，致承攬人所僱勞工發生職業災害時，有關承攬管理責任，下列敘述何者正確？ ①原事業單位應與承攬人負連帶賠償責任 ②原事業單位不需負連帶補償責任 ③承攬廠商應自負職業災害之賠償責任 ④勞工投保單位即為職業災害之賠償單位。 ①

( ) 23. 依勞動基準法規定，主管機關或檢查機構於接獲勞工申訴事業單位違反本法及其他勞工法令規定後，應為必要之調查，並於幾日內將處理情形，以書面通知勞工？ ① 14 日 ② 20 日 ③ 30 日 ④ 60 日。 ④

( ) 24. 我國中央勞動業務主管機關為下列何者？ ①內政部 ②勞工保險局 ③勞動部 ④經濟部。 ③

( ) 25. 對於勞動部公告列入應實施型式驗證之機械、設備或器具，下列何種情形不得免驗證？ ①依其他法律規定實施驗證者 ②供國防軍事用途使用者 ③輸入僅供科技研發之專用機型 ④輸入僅供收藏使用之限量品。 ④

( ) 26. 對於墜落危險之預防設施，下列敘述何者較為妥適？ ①在外牆施工架等高處作業應盡量使用繫腰式安全帶 ②安全帶應確實配掛在低於足下之堅固點 ③高度 2m 以上之邊緣開口部分處應圍起警示帶 ④高度 2m 以上之開口處應設護欄或安全網。 ④

( ) 27. 對於感電電流流過人體可能呈現的症狀，下列敘述何者有誤？ ①痛覺 ②強烈痙攣 ③血壓降低、呼吸急促、精神亢奮 ④造成組織灼傷。 ③

( ) 28. 下列何者非屬於容易發生墜落災害的作業場所？ ①施工架 ②廚房 ③屋頂 ④梯子、合梯。 ②

( ) 29. 下列何者非屬危險物儲存場所應採取之火災爆炸預防措施？ ①使用工業用電風扇 ②裝設可燃性氣體偵測裝置 ③使用防爆電氣設備 ④標示「嚴禁煙火」。 ①

( ) 30. 雇主於臨時用電設備加裝漏電斷路器，可減少下列何種災害發生？ ①墜落 ②物體倒塌、崩塌 ③感電 ④被撞。 ③

( ) 31. 雇主要求確實管制人員不得進入吊舉物下方，可避免下列何種災害發生？ ①感電 ②墜落 ③物體飛落 ④缺氧。 ③

( ) 32. 職業上危害因子所引起的勞工疾病，稱為何種疾病？ ①職業疾病 ②法定傳染病 ③流行性疾病 ④遺傳性疾病。 ①

( ) 33. 事業招人承攬時，其承攬人就承攬部分負雇主之責任，原事業單位就職業災害補償部分之責任為何？ ①視職業災害原因判定是否補償 ②依工程性質決定責任 ③依承攬契約決定責任 ④仍應與承攬人負連帶責任。 ④

( ) 34. 預防職業病最根本的措施為何？ ①實施特殊健康檢查 ②實施作業環境改善 ③實施定期健康檢查 ④實施僱用前體格檢查。 ②

( ) 35. 在地下室作業，當通風換氣充分時，則不易發生一氧化碳中毒、缺氧危害或火災爆炸危險。請問「通風換氣充分」係指下列何種描述？ ①風險控制方法 ②發生機率 ③危害源 ④風險。 ①

( ) 36. 勞工為節省時間，在未斷電情況下清理機臺，易發生危害為何？ ①捲夾感電 ②缺氧 ③墜落 ④崩塌。 ①

( ) 37. 工作場所化學性有害物進入人體最常見路徑為下列何者？ ①口腔 ②呼吸道 ③皮膚 ④眼睛。 ②

( ) 38. 活線作業勞工應佩戴何種防護手套？ ①棉紗手套 ②耐熱手套 ③絕緣手套 ④防振手套。 ③

( ) 39. 下列何者非屬電氣災害類型？ ①電弧灼傷 ②電氣火災 ③靜電危害 ④雷電閃爍。 ④

( ) 40. 下列何者非屬於工作場所作業會發生墜落災害的潛在危害因子？ ①開口未設置護欄 ②未設置安全之上下設備 ③未確實配戴耳罩 ④屋頂開口下方未張掛安全網。 ③

( ) 41. 在噪音防治之對策中，從下列何者著手最為有效？ ①偵測儀器 ②噪音源 ③傳播途徑 ④個人防護具。 ②

( ) 42. 勞工於室外高氣溫作業環境工作，可能對身體產生之熱危害，下列何者非屬熱危害之症狀？ ①熱衰竭 ②中暑 ③熱痙攣 ④痛風。 ④

( ) 43. 下列何者是消除職業病發生率之源頭管理對策？ ①使用個人防護具 ②健康檢查 ③改善作業環境 ④多運動。 ③

( ) 44. 下列何者非為職業病預防之危害因子？ ①遺傳性疾病 ②物理性危害 ③人因工程危害 ④化學性危害。 ①

(3) 45. 依職業安全衛生設施規則規定,下列何者非屬使用合梯,應符合之規定? ①合梯應具有堅固之構造 ②合梯材質不得有顯著之損傷、腐蝕等 ③梯腳與地面之角度應在 80 度以上 ④有安全之防滑梯面。

(4) 46. 下列何者非屬勞工從事電氣工作安全之規定? ①使其使用電工安全帽 ②穿戴絕緣防護具 ③停電作業應斷開、檢電、接地及掛牌 ④穿戴棉質手套絕緣。

(3) 47. 為防止勞工感電,下列何者為非? ①使用防水插頭 ②避免不當延長接線 ③設備有金屬外殼保護即可免接地 ④電線架高或加以防護。

(2) 48. 不當抬舉導致肌肉骨骼傷害或肌肉疲勞之現象,可歸類為下列何者? ①感電事件 ②不當動作 ③不安全環境 ④被撞事件。

(3) 49. 使用鑽孔機時,不應使用下列何護具? ①耳塞 ②防塵口罩 ③棉紗手套 ④護目鏡。

(1) 50. 腕道症候群常發生於下列何種作業? ①電腦鍵盤作業 ②潛水作業 ③堆高機作業 ④第一種壓力容器作業。

(1) 51. 對於化學燒傷傷患的一般處理原則,下列何者正確? ①立即用大量清水沖洗 ②傷患必須臥下,而且頭、胸部須高於身體其他部位 ③於燒傷處塗抹油膏、油脂或發酵粉 ④使用酸鹼中和。

(4) 52. 下列何者非屬防止搬運事故之一般原則? ①以機械代替人力 ②以機動車輛搬運 ③採取適當之搬運方法 ④儘量增加搬運距離。

(3) 53. 對於脊柱或頸部受傷患者,下列何者不是適當的處理原則? ①不輕易移動傷患 ②速請醫師 ③如無合用的器材,需 2 人作徒手搬運 ④向急救中心聯絡。

(3) 54. 防止噪音危害之治本對策為下列何者? ①使用耳塞、耳罩 ②實施職業安全衛生教育訓練 ③消除發生源 ④實施特殊健康檢查。

(1) 55. 安全帽承受巨大外力衝擊後,雖外觀良好,應採下列何種處理方式? ①廢棄 ②繼續使用 ③送修 ④油漆保護。

(2) 56. 因舉重而扭腰係由於身體動作不自然姿勢,動作之反彈,引起扭筋、扭腰及形成類似狀態造成職業災害,其災害類型為下列何者? ①不當狀態 ②不當動作 ③不當方針 ④不當設備。

(3) 57. 下列有關工作場所安全衛生之敘述何者有誤? ①對於勞工從事其身體或衣著有被污染之虞之特殊作業時,應備置該勞工洗眼、洗澡、漱口、更衣、洗濯等設備 ②事業單位應備置足夠急救藥品及器材 ③事業單位應備置足夠的零食自動販賣機 ④勞工應定期接受健康檢查。

(2) 58. 毒性物質進入人體的途徑,經由那個途徑影響人體健康最快且中毒效應最高? ①吸入 ②食入 ③皮膚接觸 ④手指觸摸。

(3) 59. 安全門或緊急出口平時應維持何狀態? ①門可上鎖但不可封死 ②保持開門狀態以保持逃生路徑暢通 ③門應關上但不可上鎖 ④與一般進出門相同,視各樓層規定可開可關。

( ) 60. 下列何種防護具較能消減噪音對聽力的危害？ ①棉花球 ②耳塞 ③耳罩 ④碎布球。 ③

( ) 61. 勞工若面臨長期工作負荷壓力及工作疲勞累積，沒有獲得適當休息及充足睡眠，便可能影響體能及精神狀態，甚而較易促發下列何種疾病？ ①皮膚癌 ②腦心血管疾病 ③多發性神經病變 ④肺水腫。 ②

( ) 62. 「勞工腦心血管疾病發病的風險與年齡、吸菸、總膽固醇數值、家族病史、生活型態、心臟方面疾病」之相關性為何？ ①無 ②正 ③負 ④可正可負。 ②

( ) 63. 下列何者不屬於職場暴力？ ①肢體暴力 ②語言暴力 ③家庭暴力 ④性騷擾。 ③

( ) 64. 職場內部常見之身體或精神不法侵害不包含下列何者？ ①脅迫、名譽損毀、侮辱、嚴重辱罵勞工 ②強求勞工執行業務上明顯不必要或不可能之工作 ③過度介入勞工私人事宜 ④使勞工執行與能力、經驗相符的工作。 ④

( ) 65. 下列何種措施較可避免工作單調重複或負荷過重？ ①連續夜班 ②工時過長 ③排班保有規律性 ④經常性加班。 ③

( ) 66. 減輕皮膚燒傷程度之最重要步驟為何？ ①儘速用清水沖洗 ②立即刺破水泡 ③立即在燒傷處塗抹油脂 ④在燒傷處塗抹麵粉。 ①

( ) 67. 眼內噴入化學物或其他異物，應立即使用下列何者沖洗眼睛？ ①牛奶 ②蘇打水 ③清水 ④稀釋的醋。 ③

( ) 68. 石綿最可能引起下列何種疾病？ ①白指症 ②心臟病 ③間皮細胞瘤 ④巴金森氏症。 ③

( ) 69. 作業場所高頻率噪音較易導致下列何種症狀？ ①失眠 ②聽力損失 ③肺部疾病 ④腕道症候群。 ②

( ) 70. 廚房設置之排油煙機為下列何者？ ①整體換氣裝置 ②局部排氣裝置 ③吹吸型換氣裝置 ④排氣煙囪。 ②

( ) 71. 下列何者為選用防塵口罩時，最不重要之考量因素？ ①捕集效率愈高愈好 ②吸氣阻抗愈低愈好 ③重量愈輕愈好 ④視野愈小愈好。 ④

( ) 72. 若勞工工作性質需與陌生人接觸、工作中需處理不可預期的突發事件或工作場所治安狀況較差，較容易遭遇下列何種危害？ ①組織內部不法侵害 ②組織外部不法侵害 ③多發性神經病變 ④潛涵症。 ②

( ) 73. 下列何者不是發生電氣火災的主要原因？ ①電器接點短路 ②電氣火花 ③電纜線置於地上 ④漏電。 ③

( ) 74. 依勞工職業災害保險及保護法規定，職業災害保險之保險效力，自何時開始起算，至離職當日停止？ ①通知當日 ②到職當日 ③雇主訂定當日 ④勞雇雙方合意之日。 ②

( ) 75. 依勞工職業災害保險及保護法規定，勞工職業災害保險以下列何者為保險人，辦理保險業務？ ①財團法人職業災害預防及重建中心 ②勞動部職業安全衛生署 ③勞動部勞動基金運用局 ④勞動部勞工保險局。 ④

( ) 76. 有關「童工」之敘述，下列何者正確？ ①每日工作時間不得超過 8 小時 ②不得於午後 8 時至翌晨 8 時之時間內工作 ③例假日得在監視下工作 ④工資不得低於基本工資之 70%。 ①

( ) 77. 依勞動檢查法施行細則規定，事業單位如不服勞動檢查結果，可於檢查結果通知書送達之次日起 10 日內，以書面敘明理由向勞動檢查機構提出？ ①訴願 ②陳情 ③抗議 ④異議。 ④

( ) 78. 工作者若因雇主違反職業安全衛生法規定而發生職業災害、疑似罹患職業病或身體、精神遭受不法侵害所提起之訴訟，得向勞動部委託之民間團體提出下列何者？ ①災害理賠 ②申請扶助 ③精神補償 ④國家賠償。 ②

( ) 79. 計算平日加班費須按平日每小時工資額加給計算，下列敘述何者有誤？ ①前 2 小時至少加給 1/3 倍 ②超過 2 小時部分至少加給 2/3 倍 ③經勞資協商同意後，一律加給 0.5 倍 ④未經雇主同意給加班費者，一律補休。 ④

( ) 80. 下列工作場所何者非屬勞動檢查法所定之危險性工作場所？ ①農藥製造 ②金屬表面處理 ③火藥類製造 ④從事石油裂解之石化工業之工作場所。 ②

( ) 81. 有關電氣安全，下列敘述何者錯誤？ ① 110 伏特之電壓不致造成人員死亡 ②電氣室應禁止非工作人員進入 ③不可以濕手操作電氣開關，且切斷開關應迅速 ④ 220 伏特為低壓電。 ①

( ) 82. 依職業安全衛生設施規則規定，下列何者非屬於車輛系營建機械？ ①平土機 ②堆高機 ③推土機 ④鏟土機。 ②

( ) 83. 下列何者非為事業單位勞動場所發生職業災害者，雇主應於 8 小時內通報勞動檢查機構？ ①發生死亡災害 ②勞工受傷無須住院治療 ③發生災害之罹災人數在 3 人以上 ④發生災害之罹災人數在 1 人以上，且需住院治療。 ②

( ) 84. 依職業安全衛生管理辦法規定，下列何者非屬「自動檢查」之內容？ ①機械之定期檢查 ②機械、設備之重點檢查 ③機械、設備之作業檢點 ④勞工健康檢查。 ④

( ) 85. 下列何者係針對於機械操作點的捲夾危害特性可以採用之防護裝置？ ①設置護圍、護罩 ②穿戴棉紗手套 ③穿戴防護衣 ④強化教育訓練。 ①

( ) 86. 下列何者非屬從事起重吊掛作業導致物體飛落災害之可能原因？ ①吊鉤未設防滑舌片致吊掛鋼索鬆脫 ②鋼索斷裂 ③超過額定荷重作業 ④過捲揚警報裝置過度靈敏。 ④

( ) 87. 勞工不遵守安全衛生工作守則規定，屬於下列何者？ ①不安全設備 ②不安全行為 ③不安全環境 ④管理缺陷。 ②

( ) 88. 下列何者不屬於局限空間內作業場所應採取之缺氧、中毒等危害預防措施？ ①實施通風換氣 ②進入作業許可程序 ③使用柴油內燃機發電提供照明 ④測定氧氣、危險物、有害物濃度。 ③

( ) 89. 下列何者非通風換氣之目的？ ①防止游離輻射 ②防止火災爆炸 ③稀釋空氣中有害物 ④補充新鮮空氣。 ①

( ) 90. 已在職之勞工,首次從事特別危害健康作業,應實施下列何種檢查? ①一般體格檢查 ②特殊體格檢查 ③一般體格檢查及特殊健康檢查 ④特殊健康檢查。 ②

( ) 91. 依職業安全衛生設施規則規定,噪音超過多少分貝之工作場所,應標示並公告噪音危害之預防事項,使勞工周知? ① 75 分貝 ② 80 分貝 ③ 85 分貝 ④ 90 分貝。 ④

( ) 92. 下列何者非屬工作安全分析的目的? ①發現並杜絕工作危害 ②確立工作安全所需工具與設備 ③懲罰犯錯的員工 ④作為員工在職訓練的參考。 ③

( ) 93. 可能對勞工之心理或精神狀況造成負面影響的狀態,如異常工作壓力、超時工作、語言脅迫或恐嚇等,可歸屬於下列何者管理不當? ①職業安全 ②職業衛生 ③職業健康 ④環保。 ③

( ) 94. 有流產病史之孕婦,宜避免相關作業,下列何者為非? ①避免砷或鉛的暴露 ②避免每班站立 7 小時以上之作業 ③避免提舉 3 公斤重物的職務 ④避免重體力勞動的職務。 ③

( ) 95. 熱中暑時,易發生下列何現象? ①體溫下降 ②體溫正常 ③體溫上升 ④體溫忽高忽低。 ③

( ) 96. 下列何者不會使電路發生過電流? ①電氣設備過載 ②電路短路 ③電路漏電 ④電路斷路。 ④

( ) 97. 下列何者較屬安全、尊嚴的職場組織文化? ①不斷責備勞工 ②公開在眾人面前長時間責罵勞工 ③強求勞工執行業務上明顯不必要或不可能之工作 ④不過度介入勞工私人事宜。 ④

( ) 98. 下列何者與職場母性健康保護較不相關? ①職業安全衛生法 ②妊娠與分娩後女性及未滿十八歲勞工禁止從事危險性或有害性工作認定標準 ③性別平等工作法 ④動力堆高機型式驗證。 ④

( ) 99. 油漆塗裝工程應注意防火防爆事項,下列何者為非? ①確實通風 ②注意電氣火花 ③緊密門窗以減少溶劑擴散揮發 ④嚴禁煙火。 ③

( ) 100. 依職業安全衛生設施規則規定,雇主對於物料儲存,為防止氣候變化或自然發火發生危險者,下列何者為最佳之採取措施? ①保持自然通風 ②密閉 ③與外界隔離及溫濕控制 ④靜置於倉儲區,避免陽光直射。 ③

二、90007 工作倫理與職業道德共同科目（工作項目 01：工作倫理與職業道德）

( ) 1. 下列何者「違反」個人資料保護法？ ①公司基於人事管理之特定目的，張貼榮譽榜揭示績優員工姓名 ②縣市政府提供村里長轄區內符合資格之老人名冊供發放敬老金 ③網路購物公司為辦理退貨，將客戶之住家地址提供予宅配公司 ④學校將應屆畢業生之住家地址提供補習班招生使用。 ④

( ) 2. 非公務機關利用個人資料進行行銷時，下列敘述何者錯誤？ ①若已取得當事人書面同意，當事人即不得拒絕利用其個人資料行銷 ②於首次行銷時，應提供當事人表示拒絕行銷之方式 ③當事人表示拒絕接受行銷時，應停止利用其個人資料 ④倘非公務機關違反「應即停止利用其個人資料行銷」之義務，未於限期內改正者，按次處新臺幣2萬元以上20萬元以下罰鍰。 ①

( ) 3. 個人資料保護法規定為保護當事人權益，幾人以上的當事人提出告訴，就可以進行團體訴訟？ ①5人 ②10人 ③15人 ④20人。 ④

( ) 4. 關於個人資料保護法的敘述，下列何者錯誤？ ①公務機關執行法定職務必要範圍內，可以蒐集、處理或利用一般性個人資料 ②間接蒐集之個人資料，於處理或利用前，不必告知當事人個人資料來源 ③非公務機關亦應維護個人資料之正確，並主動或依當事人之請求更正或補充 ④外國學生在臺灣短期進修或留學，也受到我國個人資料保護法的保障。 ②

( ) 5. 關於個人資料保護法的敘述，下列何者錯誤？ ①不管是否使用電腦處理的個人資料，都受個人資料保護法保護 ②公務機關依法執行公權力，不受個人資料保護法規範 ③身分證字號、婚姻、指紋都是個人資料 ④我的病歷資料雖然是由醫生所撰寫，但也屬於是我的個人資料範圍。 ②

( ) 6. 對於依照個人資料保護法應告知之事項，下列何者不在法定應告知的事項內？ ①個人資料利用之期間、地區、對象及方式 ②蒐集之目的 ③蒐集機關的負責人姓名 ④如拒絕提供或提供不正確個人資料將造成之影響。 ③

( ) 7. 請問下列何者非為個人資料保護法第3條所規範之當事人權利？ ①查詢或請求閱覽 ②請求刪除他人之資料 ③請求補充或更正 ④請求停止蒐集、處理或利用。 ②

( ) 8. 下列何者非安全使用電腦內的個人資料檔案的做法？ ①利用帳號與密碼登入機制來管理可以存取個資者的人 ②規範不同人員可讀取的個人資料檔案範圍 ③個人資料檔案使用完畢後立即退出應用程式，不得留置於電腦中 ④為確保重要的個人資料可即時取得，將登入密碼標示在螢幕下方。 ④

( ) 9. 下列何者行為非屬個人資料保護法所稱之國際傳輸？ ①將個人資料傳送給地方政府 ②將個人資料傳送給美國的分公司 ③將個人資料傳送給法國的人事部門 ④將個人資料傳送給日本的委託公司。 ①

( ) 10. 有關智慧財產權行為之敘述，下列何者有誤？ ①製造、販售仿冒註冊商標的商品雖已侵害商標權，但不屬於公訴罪之範疇 ②以101大樓、美麗華百貨公司做為拍攝電影的背景，屬於合理使用的範圍 ③原作者自行創作某音樂作品後，即可宣稱擁有該作品之著作權 ④著作權是為促進文化發展為目的，所保護的財產權之一。　①

( ) 11. 專利權又可區分為發明、新型與設計三種專利權，其中發明專利權是否有保護期限？期限為何？ ①有，5年 ②有，20年 ③有，50年 ④無期限，只要申請後就永久歸申請人所有。　②

( ) 12. 受僱人於職務上所完成之著作，如果沒有特別以契約約定，其著作人為下列何者？ ①雇用人 ②受僱人 ③雇用公司或機關法人代表 ④由雇用人指定之自然人或法人。　②

( ) 13. 任職於某公司的程式設計工程師，因職務所編寫之電腦程式，如果沒有特別以契約約定，則該電腦程式之著作財產權歸屬下列何者？ ①公司 ②編寫程式之工程師 ③公司全體股東共有 ④公司與編寫程式之工程師共有。　①

( ) 14. 某公司員工因執行業務，擅自以重製之方法侵害他人之著作財產權，若被害人提起告訴，下列對於處罰對象的敘述，何者正確？ ①僅處罰侵犯他人著作財產權之員工 ②僅處罰雇用該名員工的公司 ③該名員工及其雇主皆須受罰 ④員工只要在從事侵犯他人著作財產權之行為前請示雇主並獲同意，便可以不受處罰。　③

( ) 15. 受僱人於職務上所完成之發明、新型或設計，其專利申請權及專利權如未特別約定屬於下列何者？ ①雇用人 ②受僱人 ③雇用人所指定之自然人或法人 ④雇用人與受僱人共有。　①

( ) 16. 任職大發公司的郝聰明，專門從事技術研發，有關研發技術的專利申請權及專利權歸屬，下列敘述何者錯誤？ ①職務上所完成的發明，除契約另有約定外，專利申請權及專利權屬於大發公司 ②職務上所完成的發明，雖然專利申請權及專利權屬於大發公司，但是郝聰明享有姓名表示權 ③郝聰明完成非職務上的發明，應即以書面通知大發公司 ④大發公司與郝聰明之雇傭契約約定，郝聰明非職務上的發明，全部屬於公司，約定有效。　④

( ) 17. 有關著作權的敘述，下列何者錯誤？ ①我們到表演場所觀看表演時，不可隨便錄音或錄影 ②到攝影展上，拿相機拍攝展示的作品，分贈給朋友，是侵害著作權的行為 ③網路上供人下載的免費軟體，都不受著作權法保護，所以我可以燒成大補帖光碟，再去賣給別人 ④高普考試題，不受著作權法保護。　③

( ) 18. 有關著作權的敘述，下列何者錯誤？ ①撰寫碩博士論文時，在合理範圍內引用他人的著作，只要註明出處，不會構成侵害著作權 ②在網路散布盜版光碟，不管有沒有營利，會構成侵害著作權 ③在網路的部落格看到一篇文章很棒，只要註明出處，就可以把文章複製在自己的部落格 ④將補習班老師的上課內容錄音檔，放到網路上拍賣，會構成侵害著作權。　③

( ) 19. 有關商標權的敘述，下列何者錯誤？ ①要取得商標權一定要申請商標註冊 ②商標註冊後可取得10年商標權 ③商標註冊後，3年不使用，會被廢止商標權 ④在夜市買的仿冒品，品質不好，上網拍賣，不會構成侵權。 ④

( ) 20. 有關營業秘密的敘述，下列何者錯誤？ ①受雇人於非職務上研究或開發之營業秘密，仍歸雇用人所有 ②營業秘密不得為質權及強制執行之標的 ③營業秘密所有人得授權他人使用其營業秘密 ④營業秘密得全部或部分讓與他人或與他人共有。 ①

( ) 21. 甲公司將其新開發受營業秘密法保護之技術，授權乙公司使用，下列何者錯誤？ ①乙公司已獲授權，所以可以未經甲公司同意，再授權丙公司使用 ②約定授權使用限於一定之地域、時間 ③約定授權使用限於特定之內容、一定之使用方法 ④要求被授權人乙公司在一定期間負有保密義務。 ①

( ) 22. 甲公司嚴格保密之最新配方產品大賣，下列何者侵害甲公司之營業秘密？ ①鑑定人A因司法審理而知悉配方 ②甲公司授權乙公司使用其配方 ③甲公司之B員工擅自將配方盜賣給乙公司 ④甲公司與乙公司協議共有配方。 ③

( ) 23. 故意侵害他人之營業秘密，法院因被害人之請求，最高得酌定損害額幾倍之賠償？ ①1倍 ②2倍 ③3倍 ④4倍。 ③

( ) 24. 受雇者因承辦業務而知悉營業秘密，在離職後對於該營業秘密的處理方式，下列敘述何者正確？ ①聘雇關係解除後便不再負有保障營業秘密之責 ②僅能自用而不得販售獲取利益 ③自離職日起3年後便不再負有保障營業秘密之責 ④離職後仍不得洩漏該營業秘密。 ④

( ) 25. 按照現行法律規定，侵害他人營業秘密，其法律責任為 ①僅需負刑事責任 ②僅需負民事損害賠償責任 ③刑事責任與民事損害賠償責任皆須負擔 ④刑事責任與民事損害賠償責任皆不須負擔。 ③

( ) 26. 企業內部之營業秘密，可以概分為「商業性營業秘密」及「技術性營業秘密」二大類型，請問下列何者屬於「技術性營業秘密」？ ①人事管理 ②經銷據點 ③產品配方 ④客戶名單。 ③

( ) 27. 某離職同事請求在職員工將離職前所製作之某份文件傳送給他，請問下列回應方式何者正確？ ①由於該項文件係由該離職員工製作，因此可以傳送文件 ②若其目的僅為保留檔案備份，便可以傳送文件 ③可能構成對於營業秘密之侵害，應予拒絕並請他直接向公司提出請求 ④視彼此交情決定是否傳送文件。 ③

( ) 28. 行為人以竊取等不正當方法取得營業秘密，下列敘述何者正確？ ①已構成犯罪 ②只要後續沒有洩漏便不構成犯罪 ③只要後續沒有出現使用之行為便不構成犯罪 ④只要後續沒有造成所有人之損害便不構成犯罪。 ①

( ) 29. 針對在我國境內竊取營業秘密後，意圖在外國、中國大陸或港澳地區使用者，營業秘密法是否可以適用？ ①無法適用 ②可以適用，但若屬未遂犯則不罰 ③可以適用並加重其刑 ④能否適用需視該國家或地區與我國是否簽訂相互保護營業秘密之條約或協定。 ③

( ) 30. 所謂營業秘密，係指方法、技術、製程、配方、程式、設計或其他可用於生產、銷售或經營之資訊，但其保障所需符合的要件不包括下列何者？ ①因其秘密性而具有實際之經濟價值者 ②所有人已採取合理之保密措施者 ③因其秘密性而具有潛在之經濟價值者 ④一般涉及該類資訊之人所知者。 ④

( ) 31. 因故意或過失而不法侵害他人之營業秘密者，負損害賠償責任該損害賠償之請求權，自請求權人知有行為及賠償義務人時起，幾年間不行使就會消滅？ ①2年 ②5年 ③7年 ④10年。 ①

( ) 32. 公司負責人為了要節省開銷，將員工薪資以高報低來投保全民健保及勞保，是觸犯了刑法上之何種罪刑？ ①詐欺罪 ②侵占罪 ③背信罪 ④工商秘密罪。 ①

( ) 33. A受僱於公司擔任會計，因自己的財務陷入危機，多次將公司帳款轉入妻兒戶頭，是觸犯了刑法上之何種罪刑？ ①洩漏工商秘密罪 ②侵占罪 ③詐欺罪 ④偽造文書罪。 ②

( ) 34. 某甲於公司擔任業務經理時，未依規定經董事會同意，私自與自己親友之公司訂定生意合約，會觸犯下列何種罪刑？ ①侵占罪 ②貪污罪 ③背信罪 ④詐欺罪。 ③

( ) 35. 如果你擔任公司採購的職務，親朋好友們會向你推銷自家的產品，希望你要採購時，你應該 ①適時地婉拒，說明利益需要迴避的考量，請他們見諒 ②既然是親朋好友，就應該互相幫忙 ③建議親朋好友將產品折扣，折扣部分歸於自己，就會採購 ④可以暗中地幫忙親朋好友，進行採購，不要被發現有親友關係便可。 ①

( ) 36. 小美是公司的業務經理，有一天巧遇國中同班的死黨小林，發現他是公司的下游廠商老闆。最近小美處理一件公司的招標案件，小林的公司也在其中，私下約小美見面，請求她提供這次招標案的底標，並馬上要給予幾十萬元的前謝金，請問小美該怎麼辦？ ①退回錢，並告訴小林都是老朋友，一定會全力幫忙 ②收下錢，將錢拿出來給單位同事們分紅 ③應該堅決拒絕，並避免每次見面都與小林談論相關業務問題 ④朋友一場，給他一個比較接近底標的金額，反正又不是正確的，所以沒關係。 ③

( ) 37. 公司發給每人一台平板電腦提供業務上使用，但是發現根本很少在使用，為了讓它有效的利用，所以將它拿回家給親人使用，這樣的行為是 ①可以的，這樣就不用花錢買 ②可以的，反正放在那裡不用它，也是浪費資源 ③不可以的，因為這是公司的財產，不能私用 ④不可以的，因為使用年限未到，如果年限到報廢了，便可以拿回家。 ③

( ) 38. 公司的車子，假日又沒人使用，你是鑰匙保管者，請問假日可以開出去嗎？ ①可以，只要付費加油即可 ②可以，反正假日不影響公務 ③不可以，因為是公司的，並非私人擁有 ④不可以，應該是讓公司想要使用的員工，輪流使用才可。 ③

( ) 39. 阿哲是財經線的新聞記者，某次採訪中得知A公司在一個月內將有一個大的併購案，這個併購案顯示公司的財力，且能讓A公司股價往上飆升。請問阿哲得知此消息後，可以立刻購買該公司的股票嗎？ ①可以，有錢大家賺 ②可以，這是我努力獲得的消息 ③可以，不賺白不賺 ④不可以，屬於內線消息，必須保持記者之操守，不得洩漏。 ④

1-124

( ) 40. 與公務機關接洽業務時，下列敘述何者正確？ ①沒有要求公務員違背職務，花錢疏通而已，並不違法 ②唆使公務機關承辦採購人員配合浮報價額，僅屬偽造文書行為 ③口頭允諾行賄金額但還沒送錢，尚不構成犯罪 ④與公務員同謀之共犯，即便不具公務員身分，仍可依據貪污治罪條例處刑。 ④

( ) 41. 與公務機關有業務往來構成職務利害關係者，下列敘述何者正確？ ①將餽贈之財物請公務員父母代轉，該公務員亦已違反規定 ②與公務機關承辦人飲宴應酬為增進基本關係的必要方法 ③高級茶葉低價售予有利害關係之承辦公務員，有價購行為就不算違反法規 ④機關公務員藉子女婚宴廣邀業務往來廠商之行為，並無不妥。 ①

( ) 42. 廠商某甲承攬公共工程，工程進行期間，甲與其工程人員經常招待該公共工程委辦機關之監工及驗收之公務員喝花酒或招待出國旅遊，下列敘述何者正確？ ①公務員若沒有收現金，就沒有罪 ②只要工程沒有問題，某甲與監工及驗收等相關公務員就沒有犯罪 ③因為不是送錢，所以都沒有犯罪 ④某甲與相關公務員均已涉嫌觸犯貪污治罪條例。 ④

( ) 43. 行（受）賄罪成立要素之一為具有對價關係，而作為公務員職務之對價有「賄賂」或「不正利益」，下列何者不屬於「賄賂」或「不正利益」？ ①開工邀請公務員觀禮 ②送百貨公司大額禮券 ③免除債務 ④招待吃米其林等級之高檔大餐。 ①

( ) 44. 下列有關貪腐的敘述何者錯誤？ ①貪腐會危害永續發展和法治 ②貪腐會破壞民主體制及價值觀 ③貪腐會破壞倫理道德與正義 ④貪腐有助降低企業的經營成本。 ④

( ) 45. 下列何者不是設置反貪腐專責機構須具備的必要條件？ ①賦予該機構必要的獨立性 ②使該機構的工作人員行使職權不會受到不當干預 ③提供該機構必要的資源、專職工作人員及必要培訓 ④賦予該機構的工作人員有權力可隨時逮捕貪污嫌疑人。 ④

( ) 46. 檢舉人向有偵查權機關或政風機構檢舉貪污瀆職，必須於何時為之始可能給與獎金？ ①犯罪未起訴前 ②犯罪未發覺前 ③犯罪未遂前 ④預備犯罪前。 ②

( ) 47. 檢舉人應以何種方式檢舉貪污瀆職始能核給獎金？ ①匿名 ②委託他人檢舉 ③以真實姓名檢舉 ④以他人名義檢舉。 ③

( ) 48. 我國制定何種法律以保護刑事案件之證人，使其勇於出面作證，俾利犯罪之偵查、審判？ ①貪污治罪條例 ②刑事訴訟法 ③行政程序法 ④證人保護法。 ④

( ) 49. 下列何者非屬公司對於企業社會責任實踐之原則？ ①加強個人資料揭露 ②維護社會公益 ③發展永續環境 ④落實公司治理。 ①

( ) 50. 下列何者並不屬於「職業素養」規範中的範疇？ ①增進自我獲利的能力 ②擁有正確的職業價值觀 ③積極進取職業的知識技能 ④具備良好的職業行為習慣。 ①

( ) 51. 下列何者符合專業人員的職業道德？ ①未經雇主同意，於上班時間從事私人事務 ②利用雇主的機具設備私自接單生產 ③未經顧客同意，任意散佈或利用顧客資料 ④盡力維護雇主及客戶的權益。 ④

( ) 52. 身為公司員工必須維護公司利益，下列何者是正確的工作態度或行為？ ①將公司逾期的產品更改標籤 ②施工時以省時、省料為獲利首要考量，不顧品質 ③服務時優先考量公司的利益，顧客權益次之 ④工作時謹守本分，以積極態度解決問題。 ④

( ) 53. 身為專業技術工作人士，應以何種認知及態度服務客戶？ ①若客戶不瞭解，就儘量減少成本支出，抬高報價 ②遇到維修問題，儘量拖過保固期 ③主動告知可能碰到問題及預防方法 ④隨著個人心情來提供服務的內容及品質。 ③

( ) 54. 因為工作本身需要高度專業技術及知識，所以在對客戶服務時應如何？ ①不用理會顧客的意見 ②保持親切、真誠、客戶至上的態度 ③若價錢較低，就敷衍了事 ④以專業機密為由，不用對客戶說明及解釋。 ②

( ) 55. 從事專業性工作，在與客戶約定時間應 ①保持彈性，任意調整 ②儘可能準時，依約定時間完成工作 ③能拖就拖，能改就改 ④自己方便就好，不必理會客戶的要求。 ②

( ) 56. 從事專業性工作，在服務顧客時應有的態度為何？ ①選擇最安全、經濟及有效的方法完成工作 ②選擇工時較長、獲利較多的方法服務客戶 ③為了降低成本，可以降低安全標準 ④不必顧及雇主和顧客的立場。 ①

( ) 57. 以下那一項員工的作為符合敬業精神？ ①利用正常工作時間從事私人事務 ②運用雇主的資源，從事個人工作 ③未經雇主同意擅離工作崗位 ④謹守職場紀律及禮節，尊重客戶隱私。 ④

( ) 58. 小張獲選為小孩學校的家長會長，這個月要召開會議，沒時間準備資料，所以，利用上班期間有空檔非休息時間來完成，請問是否可以？ ①可以，因為不耽誤他的工作 ②可以，因為他能力好，能夠同時完成很多事 ③不可以，因為這是私事，不可以利用上班時間完成 ④可以，只要不要被發現。 ③

( ) 59. 小吳是公司的專用司機，為了能夠隨時用車，經過公司同意，每晚都將公司的車開回家，然而，他發現反正每天上班路線，都要經過女兒學校，就順便載女兒上學，請問可以嗎？ ①可以，反正順路 ②不可以，這是公司的車不能私用 ③可以，只要不被公司發現即可 ④可以，要資源須有效使用。 ②

( ) 60. 小江是職場上的新鮮人，剛進公司不久，他應該具備怎樣的態度？ ①上班、下班，管好自己便可 ②仔細觀察公司生態，加入某些小團體，以做為後盾 ③只要做好人脈關係，這樣以後就好辦事 ④努力做好自己職掌的業務，樂於工作，與同事之間有良好的互動，相互協助。 ④

( ) 61. 在公司內部行使商務禮儀的過程，主要以參與者在公司中的何種條件來訂定順序？ ①年齡 ②性別 ③社會地位 ④職位。 ④

( ) 62. 一位職場新鮮人剛進公司時，良好的工作態度是 ①多觀察、多學習，了解企業文化和價值觀 ②多打聽哪一個部門比較輕鬆，升遷機會較多 ③多探聽哪一個公司在找人，隨時準備跳槽走人 ④多遊走各部門認識同事，建立自己的小圈圈。 ①

( ) 63. 根據消除對婦女一切形式歧視公約（CEDAW），下列何者正確？ ①對婦女的歧視指基於性別而作的任何區別、排斥或限制 ②只關心女性在政治方面的人權和基本自由 ③未要求政府需消除個人或企業對女性的歧視 ④傳統習俗應予保護及傳承，即使含有歧視女性的部分，也不可以改變。 ①

( ) 64. 某規範明定地政機關進用女性測量助理名額，不得超過該機關測量助理名額總數二分之一，根據消除對婦女一切形式歧視公約（CEDAW），下列何者正確？ ①限制女性測量助理人數比例，屬於直接歧視 ②土地測量經常在戶外工作，基於保護女性所作的限制，不屬性別歧視 ③此項二分之一規定是為促進男女比例平衡 ④此限制是為確保機關業務順暢推動，並未歧視女性。 ①

( ) 65. 根據消除對婦女一切形式歧視公約（CEDAW）之間接歧視意涵，下列何者錯誤？ ①一項法律、政策、方案或措施表面上對男性和女性無任何歧視，但實際上卻產生歧視女性的效果 ②察覺間接歧視的一個方法，是善加利用性別統計與性別分析 ③如果未正視歧視之結構和歷史模式，及忽略男女權力關係之不平等，可能使現有不平等狀況更為惡化 ④不論在任何情況下，只要以相同方式對待男性和女性，就能避免間接歧視之產生。 ④

( ) 66. 下列何者不是菸害防制法之立法目的？ ①防制菸害 ②保護未成年免於菸害 ③保護孕婦免於菸害 ④促進菸品的使用。 ④

( ) 67. 按菸害防制法規定，對於在禁菸場所吸菸會被罰多少錢？ ①新臺幣2千元至1萬元罰鍰 ②新臺幣1千元至5千元罰鍰 ③新臺幣1萬元至5萬元罰鍰 ④新臺幣2萬元至10萬元罰鍰。 ①

( ) 68. 請問下列何者不是個人資料保護法所定義的個人資料？ ①身分證號碼 ②最高學歷 ③職稱 ④護照號碼。 ③

( ) 69. 有關專利權的敘述，下列何者正確？ ①專利有規定保護年限，當某商品、技術的專利保護年限屆滿，任何人皆可免費運用該項專利 ②我發明了某項商品，卻被他人率先申請專利權，我仍可主張擁有這項商品的專利權 ③製造方法可以申請新型專利權 ④在本國申請專利之商品進軍國外，不需向他國申請專利權。 ①

( ) 70. 下列何者行為會有侵害著作權的問題？ ①將報導事件事實的新聞文字轉貼於自己的社群網站 ②直接轉貼高普考考古題在FACEBOOK ③以分享網址的方式轉貼資訊分享於社群網站 ④將講師的授課內容錄音，複製多份分贈友人。 ④

( ) 71. 有關著作權之概念，下列何者正確？ ①國外學者之著作，可受我國著作權法的保護 ②公務機關所函頒之公文，受我國著作權法的保護 ③著作權要待向智慧財產權申請通過後才可主張 ④以傳達事實之新聞報導的語文著作，依然受著作權之保障。 ①

( ) 72. 某廠商之商標在我國已經獲准註冊，請問若希望將商品行銷販賣到國外，請問是否需在當地申請註冊才能主張商標權？ ①是，因為商標權註冊採取屬地保護原則 ②否，因為我國申請註冊之商標權在國外也會受到承認 ③不一定，需視我國是否與商品希望行銷販賣的國家訂有相互商標承認之協定 ④不一定，需視商品希望行銷販賣的國家是否為WTO會員國。 ①

( ) 73. 下列何者不屬於營業秘密？ ①具廣告性質的不動產交易底價 ②須授權取得之產品設計或開發流程圖示 ③公司內部管制的各種計畫方案 ④不是公開可查知的客戶名單分析資料。　①

( ) 74. 營業秘密可分為「技術機密」與「商業機密」，下列何者屬於「商業機密」？ ①程式 ②設計圖 ③商業策略 ④生產製程。　③

( ) 75. 某甲在公務機關擔任首長，其弟弟乙是某協會的理事長，乙為舉辦協會活動，決定向甲服務的機關申請經費補助，下列有關利益衝突迴避之敘述，何者正確？ ①協會是舉辦慈善活動，甲認為是好事，所以指示機關承辦人補助活動經費 ②機關未經公開公平方式，私下直接對協會補助活動經費新臺幣10萬元 ③甲應自行迴避該案審查，避免瓜田李下，防止利益衝突 ④乙為順利取得補助，應該隱瞞是機關首長甲之弟弟的身分。　③

( ) 76. 依公職人員利益衝突迴避法規定，公職人員甲與其小舅子乙（二親等以內的關係人）間，下列何種行為不違反該法？ ①甲要求受其監督之機關聘用小舅子乙 ②小舅子乙以請託關說之方式，請求甲之服務機關通過其名下農地變更使用申請案 ③關係人乙經政府採購法公開招標程序，並主動在投標文件表明與甲的身分關係，取得甲服務機關之年度採購標案 ④甲、乙兩人均自認為人公正，處事坦蕩，任何往來都是清者自清，不需擔心任何問題。　③

( ) 77. 大雄擔任公司部門主管，代表公司向公務機關投標，為使公司順利取得標案，可以向公務機關的採購人員為以下何種行為？ ①為社交禮俗需要，贈送價值昂貴的名牌手錶作為見面禮 ②為與公務機關間有良好互動，招待至有女陪侍場所飲宴 ③為了解招標文件內容，提出招標文件疑義並請說明 ④為避免報價錯誤，要求提供底價作為參考。　③

( ) 78. 下列關於政府採購人員之敘述，何者未違反相關規定？ ①非主動向廠商求取，是偶發地收到廠商致贈價值在新臺幣500元以下之廣告物、促銷品、紀念品 ②要求廠商提供與採購無關之額外服務 ③利用職務關係向廠商借貸 ④利用職務關係媒介親友至廠商處所任職。　①

( ) 79. 下列敘述何者錯誤？ ①憲法保障言論自由，但散布假新聞、假消息仍須面對法律責任 ②在網路或Line社群網站收到假訊息，可以敘明案情並附加截圖檔，向法務部調查局檢舉 ③對新聞媒體報導有意見，向國家通訊傳播委員會申訴 ④自己或他人捏造、扭曲、竄改或虛構的訊息，只要一小部分能證明是真的，就不會構成假訊息。　④

( ) 80. 下列敘述何者正確？ ①公務機關委託的代檢（代驗）業者，不是公務員，不會觸犯到刑法的罪責 ②賄賂或不正利益，只限於法定貨幣，給予網路遊戲幣沒有違法的問題 ③在靠北公務員社群網站，覺得可受公評且匿名發文，就可以謾罵公務機關對特定案件的檢查情形 ④受公務機關委託辦理案件，除履行採購契約應辦事項外，對於蒐集到的個人資料，也要遵守相關保護及保密規定。　④

( ) 81. 有關促進參與及預防貪腐的敘述，下列何者錯誤？ ①我國非聯合國會員國，無須落實聯合國反貪腐公約規定 ②推動政府部門以外之個人及團體積極參與預防和打擊貪腐 ③提高決策過程之透明度，並促進公眾在決策過程中發揮作用 ④對公職人員訂定執行公務之行為守則或標準。 ①

( ) 82. 為建立良好之公司治理制度，公司內部宜納入何種檢舉人制度？ ①告訴乃論制度 ②吹哨者（whistleblower）保護程序及保護制度 ③不告不理制度 ④非告訴乃論制度。 ②

( ) 83. 有關公司訂定誠信經營守則時，下列何者錯誤？ ①避免與涉有不誠信行為者進行交易 ②防範侵害營業秘密、商標權、專利權、著作權及其他智慧財產權 ③建立有效之會計制度及內部控制制度 ④防範檢舉。 ④

( ) 84. 乘坐轎車時，如有司機駕駛，按照國際乘車禮儀，以司機的方位來看，首位應為 ①後排右側 ②前座右側 ③後排左側 ④後排中間。 ①

( ) 85. 今天好友突然來電，想來個「說走就走的旅行」，因此，無法去上班，下列何者作法不適當？ ①發送 E-MAIL 給主管與人事部門，並收到回覆 ②什麼都無需做，等公司打電話來確認後，再告知即可 ③用 LINE 傳訊息給主管，並確認讀取且有回覆 ④打電話給主管與人事部門請假。 ②

( ) 86. 每天下班回家後，就懶得再出門去買菜，利用上班時間瀏覽線上購物網站，發現有很多限時搶購的便宜商品，還能在下班前就可以送到公司，下班順便帶回家，省掉好多時間，下列何者最適當？ ①可以，又沒離開工作崗位，且能節省時間 ②可以，還能介紹同事一同團購，省更多的錢，增進同事情誼 ③不可以，應該把商品寄回家，不是公司 ④不可以，上班不能從事個人私務，應該等下班後再網路購物。 ④

( ) 87. 宜樺家中養了一隻貓，由於最近生病，獸醫師建議要有人一直陪牠，這樣會恢復快一點，辦公室雖然禁止攜帶寵物，但因為上班家裡無人陪伴，所以準備帶牠到辦公室一起上班，下列何者最適當？ ①可以，只要我放在寵物箱，不要影響工作即可 ②可以，同事們都答應也不反對 ③可以，雖然貓會發出聲音，大小便有異味，只要處理好不影響工作即可 ④不可以，可以送至專門機構照護或請專人照顧，以免影響工作。 ④

( ) 88. 根據性別平等工作法，下列何者非屬職場性騷擾？ ①公司員工執行職務時，客戶對其講黃色笑話，該員工感覺被冒犯 ②雇主對求職者要求交往，作為僱用與否之交換條件 ③公司員工執行職務時，遭到同事以「女人就是沒大腦」性別歧視用語加以辱罵，該員工感覺其人格尊嚴受損 ④公司員工下班後搭乘捷運，在捷運上遭到其他乘客偷拍。 ④

( ) 89. 根據性別平等工作法，下列何者非屬職場性別歧視？ ①雇主考量男性賺錢養家之社會期待，提供男性高於女性之薪資 ②雇主考量女性以家庭為重之社會期待，裁員時優先資遣女性 ③雇主事先與員工約定倘其有懷孕之情事，必須離職 ④有未滿 2 歲子女之男性員工，也可申請每日六十分鐘的哺乳時間。 ④

( ) 90. 根據性別平等工作法，有關雇主防治性騷擾之責任與罰則，下列何者錯誤？ ①僱用受僱者30人以上者，應訂定性騷擾防治措施、申訴及懲戒規範 ②雇主知悉性騷擾發生時，應採取立即有效之糾正及補救措施 ③雇主違反應訂定性騷擾防治措施之規定時，處以罰鍰即可，不用公布其姓名 ④雇主違反應訂定性騷擾申訴管道者，應限期令其改善，屆期未改善者，應按次處罰。 ③

( ) 91. 根據性騷擾防治法，有關性騷擾之責任與罰則，下列何者錯誤？ ①對他人為性騷擾者，如果沒有造成他人財產上之損失，就無需負擔金錢賠償之責任 ②對於因教育、訓練、醫療、公務、業務、求職，受自己監督、照護之人，利用權勢或機會為性騷擾者，得加重科處罰鍰至二分之一 ③意圖性騷擾，乘人不及抗拒而為親吻、擁抱或觸摸其臀部、胸部或其他身體隱私處之行為者，處2年以下有期徒刑、拘役或科或併科10萬元以下罰金 ④對他人為權勢性騷擾以外之性騷擾者，由直轄市、縣（市）主管機關處1萬元以上10萬元以下罰鍰。 ①

( ) 92. 根據性別平等工作法規範職場性騷擾範疇，下列何者錯誤？ ①上班執行職務時，任何人以性要求、具有性意味或性別歧視之言詞或行為，造成敵意性、脅迫性或冒犯性之工作環境 ②對僱用、求職或執行職務關係受自己指揮、監督之人，利用權勢或機會為性騷擾 ③與朋友聚餐後回家時，被陌生人以盯梢、守候、尾隨跟蹤 ④雇主對受僱者或求職者為明示或暗示之性要求、具有性意味或性別歧視之言詞或行為。 ③

( ) 93. 根據消除對婦女一切形式歧視公約（CEDAW）之直接歧視及間接歧視意涵，下列何者錯誤？ ①老闆得知小黃懷孕後，故意將小黃調任薪資待遇較差的工作，意圖使其自行離開職場，小黃老闆的行為是直接歧視 ②某餐廳於網路上招募外場服務生，條件以未婚年輕女性優先錄取，明顯以性或性別差異為由所實施的差別待遇，為直接歧視 ③某公司員工值班注意事項排除女性員工參與夜間輪值，是考量女性有人身安全及家庭照顧等需求，為維護女性權益之措施，非直接歧視 ④某科技公司規定男女員工之加班時數上限及加班費或津貼不同，認為女性能力有限，且無法長時間工作，限制女性獲取薪資及升遷機會，這規定是直接歧視。 ③

( ) 94. 目前菸害防制法規範，「不可販賣菸品」給幾歲以下的人？ ① 20 ② 19 ③ 18 ④ 17。 ①

( ) 95. 按菸害防制法規定，下列敘述何者錯誤？ ①只有老闆、店員才可以出面勸阻在禁菸場所抽菸的人 ②任何人都可以出面勸阻在禁菸場所抽菸的人 ③餐廳、旅館設置室內吸菸室，需經專業技師簽證核可 ④加油站屬易燃易爆場所，任何人都可以勸阻在禁菸場所抽菸的人。 ①

( ) 96. 關於菸品對人體危害的敘述，下列何者正確？ ①只要開電風扇、或是抽風機就可以去除菸霧中的有害物質 ②指定菸品（如：加熱菸）只要通過健康風險評估，就不會危害健康，因此工作時如果想吸菸，就可以在職場拿出來使用 ③雖然自己不吸菸，同事在旁邊吸菸，就會增加自己得肺癌的機率 ④只要不將菸吸入肺部，就不會對身體造成傷害。 ③

(　) 97. 職場禁菸的好處不包括　①降低吸菸者的菸品使用量，有助於減少吸菸導致的疾病而請假　②避免同事因為被動吸菸而生病　③讓吸菸者菸癮降低，戒菸較容易成功　④吸菸者不能抽菸會影響工作效率。　④

(　) 98. 大多數的吸菸者都嘗試過戒菸，但是很少自己戒菸成功。吸菸的同事要戒菸，怎樣建議他是無效的？　①鼓勵他撥打戒菸專線 0800-63-63-63，取得相關建議與協助　②建議他到醫療院所、社區藥局找藥物戒菸　③建議他參加醫院或衛生所辦理的戒菸班　④戒菸是自己的事，別人幫不了忙。　④

(　) 99. 禁菸場所負責人未於場所入口處設置明顯禁菸標示，要罰該場所負責人多少元？　① 2 千至 1 萬　② 1 萬至 5 萬　③ 1 萬至 25 萬　④ 20 萬至 100 萬。　②

(　) 100.目前電子煙是非法的，下列對電子煙的敘述，何者錯誤？　①跟吸菸一樣會成癮　②會有爆炸危險　③沒有燃燒的菸草，也沒有二手煙的問題　④可能造成嚴重肺損傷。　③

三 90008 環境保護共同科目（工作項目 03：環境保護）

(1) 1. 世界環境日是在每一年的那一日？ ① 6 月 5 日 ② 4 月 10 日 ③ 3 月 8 日 ④ 11 月 12 日。

(3) 2. 2015 年巴黎協議之目的為何？ ①避免臭氧層破壞 ②減少持久性污染物排放 ③遏阻全球暖化趨勢 ④生物多樣性保育。

(3) 3. 下列何者為環境保護的正確作為？ ①多吃肉少蔬食 ②自己開車不共乘 ③鐵馬步行 ④不隨手關燈。

(2) 4. 下列何種行為對生態環境會造成較大的衝擊？ ①種植原生樹木 ②引進外來物種 ③設立國家公園 ④設立自然保護區。

(2) 5. 下列哪一種飲食習慣能減碳抗暖化？ ①多吃速食 ②多吃天然蔬果 ③多吃牛肉 ④多選擇吃到飽的餐館。

(1) 6. 飼主遛狗時，其狗在道路或其他公共場所便溺時，下列何者應優先負清除責任？ ①主人 ②清潔隊 ③警察 ④土地所有權人。

(1) 7. 外食自備餐具是落實綠色消費的哪一項表現？ ①重複使用 ②回收再生 ③環保選購 ④降低成本。

(2) 8. 再生能源一般是指可永續利用之能源，主要包括哪些：A. 化石燃料 B. 風力 C. 太陽能 D. 水力？ ① ACD ② BCD ③ ABD ④ ABCD。

(4) 9. 依環境基本法第 3 條規定，基於國家長期利益，經濟、科技及社會發展均應兼顧環境保護。但如果經濟、科技及社會發展對環境有嚴重不良影響或有危害時，應以何者優先？ ①經濟 ②科技 ③社會 ④環境。

(1) 10. 森林面積的減少甚至消失可能導致哪些影響：A. 水資源減少 B. 減緩全球暖化 C. 加劇全球暖化 D. 降低生物多樣性？ ① ACD ② BCD ③ ABD ④ ABCD。

(3) 11. 塑膠為海洋生態的殺手，所以政府推動「無塑海洋」政策，下列何項不是減少塑膠危害海洋生態的重要措施？ ①擴大禁止免費供應塑膠袋 ②禁止製造、進口及販售含塑膠柔珠的清潔用品 ③定期進行海水水質監測 ④淨灘、淨海。

(2) 12. 違反環境保護法律或自治條例之行政法上義務，經處分機關處停工、停業處分或處新臺幣五千元以上罰鍰者，應接受下列何種講習？ ①道路交通安全講習 ②環境講習 ③衛生講習 ④消防講習。

(1) 13. 下列何者為環保標章？ ① ② ③ ④ 。

(2) 14. 「聖嬰現象」是指哪一區域的溫度異常升高？ ①西太平洋表層海水 ②東太平洋表層海水 ③西印度洋表層海水 ④東印度洋表層海水。

(1) 15. 「酸雨」定義為雨水酸鹼值達多少以下時稱之？ ① 5.0 ② 6.0 ③ 7.0 ④ 8.0。

( ) 16. 一般而言，水中溶氧量隨水溫之上升而呈下列哪一種趨勢？ ①增加 ②減少 ③不變 ④不一定。 ②

( ) 17. 二手菸中包含多種危害人體的化學物質，甚至多種物質有致癌性，會危害到下列何者的健康？ ①只對12歲以下孩童有影響 ②只對孕婦比較有影響 ③只對65歲以上之民眾有影響 ④對二手菸接觸民眾皆有影響。 ④

( ) 18. 二氧化碳和其他溫室氣體含量增加是造成全球暖化的主因之一，下列何種飲食方式也能降低碳排放量，對環境保護做出貢獻：A.少吃肉，多吃蔬菜；B.玉米產量減少時，購買玉米罐頭食用；C.選擇當地食材；D.使用免洗餐具，減少清洗用水與清潔劑？ ①AB ②AC ③AD ④ACD。 ②

( ) 19. 上下班的交通方式有很多種，其中包括：A.騎腳踏車；B.搭乘大眾交通工具；C.自行開車，請將前述幾種交通方式之單位排碳量由少至多之排列方式為何？ ①ABC ②ACB ③BAC ④CBA。 ①

( ) 20. 下列何者「不是」室內空氣污染源？ ①建材 ②辦公室事務機 ③廢紙回收箱 ④油漆及塗料。 ③

( ) 21. 下列何者不是自來水消毒採用的方式？ ①加入臭氧 ②加入氯氣 ③紫外線消毒 ④加入二氧化碳。 ④

( ) 22. 下列何者不是造成全球暖化的元凶？ ①汽機車排放的廢氣 ②工廠所排放的廢氣 ③火力發電廠所排放的廢氣 ④種植樹木。 ④

( ) 23. 下列何者不是造成臺灣水資源減少的主要因素？ ①超抽地下水 ②雨水酸化 ③水庫淤積 ④濫用水資源。 ②

( ) 24. 下列何者是海洋受污染的現象？ ①形成紅潮 ②形成黑潮 ③溫室效應 ④臭氧層破洞。 ①

( ) 25. 水中生化需氧量（BOD）愈高，其所代表的意義為下列何者？ ①水為硬水 ②有機污染物多 ③水質偏酸 ④分解污染物時不需消耗太多氧。 ②

( ) 26. 下列何者是酸雨對環境的影響？ ①湖泊水質酸化 ②增加森林生長速度 ③土壤肥沃 ④增加水生動物種類。 ①

( ) 27. 下列哪一項水質濃度降低會導致河川魚類大量死亡？ ①氨氮 ②溶氧 ③二氧化碳 ④生化需氧量。 ②

( ) 28. 下列何種生活小習慣的改變可減少細懸浮微粒（$PM_{2.5}$）排放，共同為改善空氣品質盡一份心力？ ①少吃燒烤食物 ②使用吸塵器 ③養成運動習慣 ④每天喝500cc的水。 ①

( ) 29. 下列哪種措施不能用來降低空氣污染？ ①汽機車強制定期排氣檢測 ②汰換老舊柴油車 ③禁止露天燃燒稻草 ④汽機車加裝消音器。 ④

( ) 30. 大氣層中臭氧層有何作用？ ①保持溫度 ②對流最旺盛的區域 ③吸收紫外線 ④造成光害。 ③

( ) 31. 小李具有乙級廢水專責人員證照，某工廠希望以高價租用證照的方式合作，請問下列何者正確？ ①這是違法行為 ②互蒙其利 ③價錢合理即可 ④經環保局同意即可。①

( ) 32. 可藉由下列何者改善河川水質且兼具提供動植物良好棲地環境？ ①運動公園 ②人工溼地 ③滯洪池 ④水庫。②

( ) 33. 台灣自來水之水源主要取自 ①海洋的水 ②河川或水庫的水 ③綠洲的水 ④灌溉渠道的水。②

( ) 34. 目前市面清潔劑均會強調「無磷」，是因為含磷的清潔劑使用後，若廢水排至河川或湖泊等水域會造成甚麼影響？ ①綠牡蠣 ②優養化 ③祕雕魚 ④烏腳病。②

( ) 35. 冰箱在廢棄回收時應特別注意哪一項物質，以避免逸散至大氣中造成臭氧層的破壞？ ①冷媒 ②甲醛 ③汞 ④苯。①

( ) 36. 下列何者不是噪音的危害所造成的現象？ ①精神很集中 ②煩躁、失眠 ③緊張、焦慮 ④工作效率低落。①

( ) 37. 我國移動污染源空氣污染防制費的徵收機制為何？ ①依車輛里程數計費 ②隨油品銷售徵收 ③依牌照徵收 ④依照排氣量徵收。②

( ) 38. 室內裝潢時，若不謹慎選擇建材，將會逸散出氣狀污染物。其中會刺激皮膚、眼、鼻和呼吸道，也是致癌物質，可能為下列哪一種污染物？ ①臭氧 ②甲醛 ③氟氯碳化合物 ④二氧化碳。②

( ) 39. 高速公路旁常見農田違法焚燒稻草，其產生下列何種汙染物除了對人體健康造成不良影響外，亦會造成濃煙影響行車安全？ ①懸浮微粒 ②二氧化碳（CO_2） ③臭氧（O_3） ④沼氣。①

( ) 40. 都市中常產生的「熱島效應」會造成何種影響？ ①增加降雨 ②空氣污染物不易擴散 ③空氣污染物易擴散 ④溫度降低。②

( ) 41. 下列何者不是藉由蚊蟲傳染的疾病？ ①日本腦炎 ②瘧疾 ③登革熱 ④痢疾。④

( ) 42. 下列何者非屬資源回收分類項目中「廢紙類」的回收物？ ①報紙 ②雜誌 ③紙袋 ④用過的衛生紙。④

( ) 43. 下列何者對飲用瓶裝水之形容是正確的：A.飲用後之寶特瓶容器為地球增加了一個廢棄物；B.運送瓶裝水時卡車會排放空氣污染物；C.瓶裝水一定比經煮沸之自來水安全衛生？ ① AB ② BC ③ AC ④ ABC。①

( ) 44. 下列哪一項是我們在家中常見的環境衛生用藥？ ①體香劑 ②殺蟲劑 ③洗滌劑 ④乾燥劑。②

( ) 45. 下列何者為公告應回收的廢棄物？A.廢鋁箔包 B.廢紙容器 C.寶特瓶 ① ABC ② AC ③ BC ④ C。①

( ) 46. 小明拿到「垃圾強制分類」的宣導海報，標語寫著「分3類，好OK」，標語中的分3類是指家戶日常生活中產生的垃圾可以區分哪三類？ ①資源垃圾、廚餘、事業廢棄物 ②資源垃圾、一般廢棄物、事業廢棄物 ③一般廢棄物、事業廢棄物、放射性廢棄物 ④資源垃圾、廚餘、一般垃圾。④

( ) 47. 家裡有過期的藥品，請問這些藥品要如何處理？ ①倒入馬桶沖掉 ②交由藥局回收 ③繼續服用 ④送給相同疾病的朋友。 ②

( ) 48. 台灣西部海岸曾發生的綠牡蠣事件是與下列何種物質污染水體有關？ ①汞 ②銅 ③磷 ④鎘。 ②

( ) 49. 在生物鏈越上端的物種其體內累積持久性有機污染物（POPs）濃度將越高，危害性也將越大，這是說明POPs具有下列何種特性？ ①持久性 ②半揮發性 ③高毒性 ④生物累積性。 ④

( ) 50. 有關小黑蚊的敘述，下列何者為非？ ①活動時間以中午十二點到下午三點為活動高峰期 ②小黑蚊的幼蟲以腐植質、青苔和藻類為食 ③無論雄性或雌性皆會吸食哺乳類動物血液 ④多存在竹林、灌木叢、雜草叢、果園等邊緣地帶等處。 ③

( ) 51. 利用垃圾焚化廠處理垃圾的最主要優點為何？ ①減少處理後的垃圾體積 ②去除垃圾中所有毒物 ③減少空氣污染 ④減少處理垃圾的程序。 ①

( ) 52. 利用豬隻的排泄物當燃料發電，是屬於下列哪一種能源？ ①地熱能 ②太陽能 ③生質能 ④核能。 ③

( ) 53. 每個人日常生活皆會產生垃圾，有關處理垃圾的觀念與方式，下列何者不正確？ ①垃圾分類，使資源回收再利用 ②所有垃圾皆掩埋處理，垃圾將會自然分解 ③廚餘回收堆肥後製成肥料 ④可燃性垃圾經焚化燃燒可有效減少垃圾體積。 ②

( ) 54. 防治蚊蟲最好的方法是 ①使用殺蟲劑 ②清除孳生源 ③網子捕捉 ④拍打。 ②

( ) 55. 室內裝修業者承攬裝修工程，工程中所產生的廢棄物應該如何處理？ ①委託合法清除機構清運 ②倒在偏遠山坡地 ③河岸邊掩埋 ④交給清潔隊垃圾車。 ①

( ) 56. 若使用後的廢電池未經回收，直接廢棄所含重金屬物質曝露於環境中可能產生哪些影響？A.地下水污染、B.對人體產生中毒等不良作用、C.對生物產生重金屬累積及濃縮作用、D.造成優養化 ①ABC ②ABCD ③ACD ④BCD。 ①

( ) 57. 哪一種家庭廢棄物可用來作為製造肥皂的主要原料？ ①食醋 ②果皮 ③回鍋油 ④熟廚餘。 ③

( ) 58. 世紀之毒「戴奧辛」主要透過何者方式進入人體？ ①透過觸摸 ②透過呼吸 ③透過飲食 ④透過雨水。 ③

( ) 59. 臺灣地狹人稠，垃圾處理一直是不易解決的問題，下列何種是較佳的因應對策？ ①垃圾分類資源回收 ②蓋焚化廠 ③運至國外處理 ④向海爭地掩埋。 ①

( ) 60. 購買下列哪一種商品對環境比較友善？ ①用過即丟的商品 ②一次性的產品 ③材質可以回收的商品 ④過度包裝的商品。 ③

( ) 61. 下列何項法規的立法目的為預防及減輕開發行為對環境造成不良影響，藉以達成環境保護之目的？ ①公害糾紛處理法 ②環境影響評估法 ③環境基本法 ④環境教育法。 ②

( ) 62. 下列何種開發行為若對環境有不良影響之虞者，應實施環境影響評估？ A.開發科學園區；B.新建捷運工程；C.採礦 ①AB ②BC ③AC ④ABC。 ④

( ) 63. 主管機關審查環境影響說明書或評估書,如認為已足以判斷未對環境有重大影響之虞,作成之審查結論可能為下列何者? ①通過環境影響評估審查 ②應繼續進行第二階段環境影響評估 ③認定不應開發 ④補充修正資料再審。　①

( ) 64. 依環境影響評估法規定,對環境有重大影響之虞的開發行為應繼續進行第二階段環境影響評估,下列何者不是上述對環境有重大影響之虞或應進行第二階段環境影響評估的決定方式? ①明訂開發行為及規模 ②環評委員會審查認定 ③自願進行 ④有民眾或團體抗爭。　④

( ) 65. 依環境教育法,環境教育之戶外學習應選擇何地點辦理? ①遊樂園 ②環境教育設施或場所 ③森林遊樂區 ④海洋世界。　②

( ) 66. 依環境影響評估法規定,環境影響評估審查委員會審查環境影響說明書,認定下列對環境有重大影響之虞者,應繼續進行第二階段環境影響評估,下列何者非屬對環境有重大影響之虞者? ①對保育類動植物之棲息生存有顯著不利之影響 ②對國家經濟有顯著不利之影響 ③對國民健康有顯著不利之影響 ④對其他國家之環境有顯著不利之影響。　②

( ) 67. 依環境影響評估法規定,第二階段環境影響評估,目的事業主管機關應舉行下列何種會議? ①研討會 ②聽證會 ③辯論會 ④公聽會。　④

( ) 68. 開發單位申請變更環境影響說明書、評估書內容或審查結論,符合下列哪一情形,得檢附變更內容對照表辦理? ①既有設備提昇產能而污染總量增加百分之十以下 ②降低環境保護設施處理等級或效率 ③環境監測計畫變更 ④開發行為規模增加未超過百分之五。　③

( ) 69. 開發單位變更原申請內容有下列哪一情形,無須就申請變更部分,重新辦理環境影響評估? ①不降低環保設施之處理等級或效率 ②規模擴增百分之十以上 ③對環境品質之維護有不利影響 ④土地使用之變更涉及原規劃之保護區。　①

( ) 70. 工廠或交通工具排放空氣污染物之檢查,下列何者錯誤? ①依中央主管機關規定之方法使用儀器進行檢查 ②檢查人員以嗅覺進行氨氣濃度之判定 ③檢查人員以嗅覺進行異味濃度之判定 ④檢查人員以肉眼進行粒狀污染物不透光率之判定。　②

( ) 71. 下列對於空氣污染物排放標準之敘述,何者正確:A.排放標準由中央主管機關訂定;B.所有行業之排放標準皆相同? ①僅A ②僅B ③AB皆正確 ④AB皆錯誤。　①

( ) 72. 下列對於細懸浮微粒（PM$_{2.5}$）之敘述何者正確:A.空氣品質測站中自動監測儀所測得之數值若高於空氣品質標準,即判定為不符合空氣品質標準;B.濃度監測之標準方法為中央主管機關公告之手動檢測方法;C.空氣品質標準之年平均值為15μg/m^3? ①僅AB ②僅BC ③僅AC ④ABC皆正確。　②

( ) 73. 機車為空氣污染物之主要排放來源之一,下列何者可降低空氣污染物之排放量:A.將四行程機車全面汰換成二行程機車;B.推廣電動機車;C.降低汽油中之硫含量? ①僅AB ②僅BC ③僅AC ④ABC皆正確。　②

( ) 74. 公眾聚集量大且滯留時間長之場所，經公告應設置自動監測設施，其應量測之室內空氣污染物項目為何？ ①二氧化碳 ②一氧化碳 ③臭氧 ④甲醛。 ①

( ) 75. 空氣污染源依排放特性分為固定污染源及移動污染源，下列何者屬於移動污染源？ ①焚化廠 ②石化廠 ③機車 ④煉鋼廠。 ③

( ) 76. 我國汽機車移動污染源空氣污染防制費的徵收機制為何？ ①依牌照徵收 ②隨水費徵收 ③隨油品銷售徵收 ④購車時徵收。 ③

( ) 77. 細懸浮微粒（$PM_{2.5}$）除了來自於污染源直接排放外，亦可能經由下列哪一種反應產生？ ①光合作用 ②酸鹼中和 ③厭氧作用 ④光化學反應。 ④

( ) 78. 我國固定污染源空氣污染防制費以何種方式徵收？ ①依營業額徵收 ②隨使用原料徵收 ③按工廠面積徵收 ④依排放污染物之種類及數量徵收。 ④

( ) 79. 在不妨害水體正常用途情況下，水體所能涵容污染物之量稱為 ①涵容能力 ②放流能力 ③運轉能力 ④消化能力。 ①

( ) 80. 水污染防治法中所稱地面水體不包括下列何者？ ①河川 ②海洋 ③灌溉渠道 ④地下水。 ④

( ) 81. 下列何者不是主管機關設置水質監測站採樣的項目？ ①水溫 ②氫離子濃度指數 ③溶氧量 ④顏色。 ④

( ) 82. 事業、污水下水道系統及建築物污水處理設施之廢（污）水處理，其產生之污泥，依規定應作何處理？ ①應妥善處理，不得任意放置或棄置 ②可作為農業肥料 ③可作為建築土方 ④得交由清潔隊處理。 ①

( ) 83. 依水污染防治法，事業排放廢（污）水於地面水體者，應符合下列哪一標準之規定？ ①下水水質標準 ②放流水標準 ③水體分類水質標準 ④土壤處理標準。 ②

( ) 84. 放流水標準，依水污染防治法應由何機關定之：A.中央主管機關；B.中央主管機關會同相關目的事業主管機關；C.中央主管機關會商相關目的事業主管機關？ ①僅A ②僅B ③僅C ④ABC。 ③

( ) 85. 對於噪音之量測，下列何者錯誤？ ①可於下雨時測量 ②風速大於每秒5公尺時不可量測 ③聲音感應器應置於離地面或樓板延伸線1.2至1.5公尺之間 ④測量低頻噪音時，僅限於室內地點測量，非於戶外量測。 ①

( ) 86. 下列對於噪音管制法之規定，何者敘述錯誤？ ①噪音指超過管制標準之聲音 ②環保局得視噪音狀況劃定公告噪音管制區 ③人民得向主管機關檢舉使用中機動車輛噪音妨害安寧情形 ④使用經校正合格之噪音計皆可執行噪音管制法規定之檢驗測定。 ④

( ) 87. 製造非持續性但卻妨害安寧之聲音者，由下列何單位依法進行處理？ ①警察局 ②環保局 ③社會局 ④消防局。 ①

( ) 88. 廢棄物、剩餘土石方清除機具應隨車持有證明文件且應載明廢棄物、剩餘土石方之：A產生源；B處理地點；C清除公司 ①僅AB ②僅BC ③僅AC ④ABC皆是。 ①

( ) 89. 從事廢棄物清除、處理業務者，應向直轄市、縣（市）主管機關或中央主管機關委託之機關取得何種文件後，始得受託清除、處理廢棄物業務？ ①公民營廢棄物清除處理機構許可文件 ②運輸車輛駕駛證明 ③運輸車輛購買證明 ④公司財務證明。①

( ) 90. 在何種情形下，禁止輸入事業廢棄物：A. 對國內廢棄物處理有妨礙；B. 可直接固化處理、掩埋、焚化或海拋；C. 於國內無法妥善清理？ ①僅A ②僅B ③僅C ④ABC。④

( ) 91. 毒性化學物質因洩漏、化學反應或其他突發事故而污染運作場所周界外之環境，運作人應立即採取緊急防治措施，並至遲於多久時間內，報知直轄市、縣（市）主管機關？ ①1小時 ②2小時 ③4小時 ④30分鐘。④

( ) 92. 下列何種物質或物品，受毒性及關注化學物質管理法之管制？ ①製造醫藥之靈丹 ②製造農藥之蓋普丹 ③含汞之日光燈 ④使用青石綿製造石綿瓦。④

( ) 93. 下列何行為不是土壤及地下水污染整治法所指污染行為人之作為？ ①洩漏或棄置污染物 ②非法排放或灌注污染物 ③仲介或容許洩漏、棄置、非法排放或灌注污染物 ④依法令規定清理污染物。④

( ) 94. 依土壤及地下水污染整治法規定，進行土壤、底泥及地下水污染調查、整治及提供、檢具土壤及地下水污染檢測資料時，其土壤、底泥及地下水污染物檢驗測定，應委託何單位辦理？ ①經中央主管機關許可之檢測機構 ②大專院校 ③政府機關 ④自行檢驗。①

( ) 95. 為解決環境保護與經濟發展的衝突與矛盾，1992年聯合國環境發展大會（UN Conference on Environment and Development, UNCED）制定通過： ①日內瓦公約 ②蒙特婁公約 ③21世紀議程 ④京都議定書。③

( ) 96. 一般而言，下列哪一個防治策略是屬經濟誘因策略？ ①可轉換排放許可交易 ②許可證制度 ③放流水標準 ④環境品質標準。①

( ) 97. 對溫室氣體管制之「無悔政策」係指 ①減輕溫室氣體效應之同時，仍可獲致社會效益 ②全世界各國同時進行溫室氣體減量 ③各類溫室氣體均有相同之減量邊際成本 ④持續研究溫室氣體對全球氣候變遷之科學證據。①

( ) 98. 一般家庭垃圾在進行衛生掩埋後，會經由細菌的分解而產生甲烷氣體，有關甲烷氣體對大氣危機中哪一種效應具有影響力？ ①臭氧層破壞 ②酸雨 ③溫室效應 ④煙霧（smog）效應。③

( ) 99. 下列國際環保公約，何者限制各國進行野生動植物交易，以保護瀕臨絕種的野生動植物？ ①華盛頓公約 ②巴塞爾公約 ③蒙特婁議定書 ④氣候變化綱要公約。①

( ) 100. 因人類活動導致哪些營養物過量排入海洋，造成沿海赤潮頻繁發生，破壞了紅樹林、珊瑚礁、海草，亦使魚蝦銳減，漁業損失慘重？ ①碳及磷 ②氮及磷 ③氮及氯 ④氯及鎂。②

四 90009 節能減碳共同科目（工作項目 04：節能減碳）

(①) 1. 依經濟部能源署「指定能源用戶應遵行之節約能源規定」，在正常使用條件下，公眾出入之場所其室內冷氣溫度平均值不得低於攝氏幾度？ ① 26 ② 25 ③ 24 ④ 22。

(②) 2. 下列何者為節能標章？ ① ② ③ ④ 。

(④) 3. 下列產業中耗能佔比最大的產業為 ①服務業 ②公用事業 ③農林漁牧業 ④能源密集產業。

(①) 4. 下列何者「不是」節省能源的做法？ ①電冰箱溫度長時間設定在強冷或急冷 ②影印機當 15 分鐘無人使用時，自動進入省電模式 ③電視機勿背著窗戶，並避免太陽直射 ④短程不開汽車，以儘量搭乘公車、騎單車或步行為宜。

(③) 5. 經濟部能源署的能源效率標示中，電冰箱分為幾個等級？ ① 1 ② 3 ③ 5 ④ 7。

(②) 6. 溫室氣體排放量：指自排放源排出之各種溫室氣體量乘以各該物質溫暖化潛勢所得之合計量，以 ①氧化亞氮（N_2O） ②二氧化碳（CO_2） ③甲烷（CH_4） ④六氟化硫（SF_6）當量表示。

(③) 7. 根據氣候變遷因應法，國家溫室氣體長期減量目標於中華民國幾年達成溫室氣體淨零排放？ ① 119 ② 129 ③ 139 ④ 149。

(②) 8. 氣候變遷因應法所稱主管機關，在中央為下列何單位？ ①經濟部能源署 ②環境部 ③國家發展委員會 ④衛生福利部。

(③) 9. 氣候變遷因應法中所稱：一單位之排放額度相當於允許排放多少的二氧化碳當量 ① 1 公斤 ② 1 立方米 ③ 1 公噸 ④ 1 公升。

(③) 10. 下列何者「不是」全球暖化帶來的影響？ ①洪水 ②熱浪 ③地震 ④旱災。

(①) 11. 下列何種方法無法減少二氧化碳？ ①想吃多少儘量點，剩下可當廚餘回收 ②選購當地、當季食材，減少運輸碳足跡 ③多吃蔬菜，少吃肉 ④自備杯筷，減少免洗用具垃圾量。

(③) 12. 下列何者不會減少溫室氣體的排放？ ①減少使用煤、石油等化石燃料 ②大量植樹造林，禁止亂砍亂伐 ③增高燃煤氣體排放的煙囪 ④開發太陽能、水能等新能源。

(④) 13. 關於綠色採購的敘述，下列何者錯誤？ ①採購由回收材料所製造之物品 ②採購的產品對環境及人類健康有最小的傷害性 ③選購對環境傷害較少、污染程度較低的產品 ④以精美包裝為主要首選。

(①) 14. 一旦大氣中的二氧化碳含量增加，會引起那一種後果？ ①溫室效應惡化 ②臭氧層破洞 ③冰期來臨 ④海平面下降。

( ) 15. 關於建築中常用的金屬玻璃帷幕牆，下列敘述何者正確？ ①玻璃帷幕牆的使用能節省室內空調使用 ②玻璃帷幕牆適用於臺灣，讓夏天的室內產生溫暖的感覺 ③在溫度高的國家，建築物使用金屬玻璃帷幕會造成日照輻射熱，產生室內「溫室效應」 ④臺灣的氣候濕熱，特別適合在大樓以金屬玻璃帷幕作為建材。 ③

( ) 16. 下列何者不是能源之類型？ ①電力 ②壓縮空氣 ③蒸汽 ④熱傳。 ④

( ) 17. 我國已制定能源管理系統標準為 ① CNS 50001 ② CNS 12681 ③ CNS 14001 ④ CNS 22000。 ①

( ) 18. 台灣電力股份有限公司所謂的三段式時間電價於夏月平日（非週六日）之尖峰用電時段為何？ ① 9：00~16：00 ② 9：00~24：00 ③ 6：00~11：00 ④ 16：00~22：00。 ④

( ) 19. 基於節能減碳的目標，下列何種光源發光效率最低，不鼓勵使用？ ①白熾燈泡 ② LED 燈泡 ③省電燈泡 ④螢光燈管。 ①

( ) 20. 下列的能源效率分級標示，哪一項較省電？ ① 1 ② 2 ③ 3 ④ 4。 ①

( ) 21. 下列何者「不是」目前台灣主要的發電方式？ ①燃煤 ②燃氣 ③水力 ④地熱。 ④

( ) 22. 有關延長線及電線的使用，下列敘述何者錯誤？ ①拔下延長線插頭時，應手握插頭取下 ②使用中之延長線如有異味產生，屬正常現象不須理會 ③應避開火源，以免外覆塑膠熔解，致使用時造成短路 ④使用老舊之延長線，容易造成短路、漏電或觸電等危險情形，應立即更換。 ②

( ) 23. 有關觸電的處理方式，下列敘述何者錯誤？ ①立即將觸電者拉離現場 ②把電源開關關閉 ③通知救護人員 ④使用絕緣的裝備來移除電源。 ①

( ) 24. 目前電費單中，係以「度」為收費依據，請問下列何者為其單位？ ① kW ② kWh ③ kJ ④ kJh。 ②

( ) 25. 依據台灣電力公司三段式時間電價（尖峰、半尖峰及離峰時段）的規定，請問哪個時段電價最便宜？ ①尖峰時段 ②夏月半尖峰時段 ③非夏月半尖峰時段 ④離峰時段。 ④

( ) 26. 當用電設備遭遇電源不足或輸配電設備受限制時，導致用戶暫停或減少用電的情形，常以下列何者名稱出現？ ①停電 ②限電 ③斷電 ④配電。 ②

( ) 27. 照明控制可以達到節能與省電費的好處，下列何種方法最適合一般住宅社區兼顧節能、經濟性與實際照明需求？ ①加裝 DALI 全自動控制系統 ②走廊與地下停車場選用紅外線感應控制電燈 ③全面調低照明需求 ④晚上關閉所有公共區域的照明。 ②

( ) 28. 上班性質的商辦大樓為了降低尖峰時段用電，下列何者是錯的？ ①使用儲冰式空調系統減少白天空調用電需求 ②白天有陽光照明，所以白天可以將照明設備全關掉 ③汰換老舊電梯馬達並使用變頻控制 ④電梯設定隔層停止控制，減少頻繁啟動。 ②

( ) 29. 為了節能與降低電費的需求，應該如何正確選用家電產品？ ①選用高功率的產品效率較高 ②優先選用取得節能標章的產品 ③設備沒有壞，還是堪用，繼續用，不會增加支出 ④選用能效分級數字較高的產品，效率較高，5級的比1級的電器產品更省電。 ②

( ) 30. 有效而正確的節能從選購產品開始，就一般而言，下列的因素中，何者是選購電氣設備的最優先考量項目？ ①用電量消耗電功率是多少瓦攸關電費支出，用電量小的優先 ②採購價格比較，便宜優先 ③安全第一，一定要通過安規檢驗合格 ④名人或演藝明星推薦，應該口碑較好。 ③

( ) 31. 高效率燈具如果要降低眩光的不舒服，下列何者與降低刺眼眩光影響無關？ ①光源下方加裝擴散板或擴散膜 ②燈具的遮光板 ③光源的色溫 ④採用間接照明。 ③

( ) 32. 用電熱爐煮火鍋，採用中溫50%加熱，比用高溫100%加熱，將同一鍋水煮開，下列何者是對的？ ①中溫50%加熱比較省電 ②高溫100%加熱比較省電 ③中溫50%加熱，電流反而比較大 ④兩種方式用電量是一樣的。 ④

( ) 33. 電力公司為降低尖峰負載時段超載的停電風險，將尖峰時段電價費率(每度電單價)提高，離峰時段的費率降低，引導用戶轉移部分負載至離峰時段，這種電能管理策略稱為 ①需量競價 ②時間電價 ③可停電力 ④表燈用戶彈性電價。 ②

( ) 34. 集合式住宅的地下停車場需要維持通風良好的空氣品質，又要兼顧節能效益，下列的排風扇控制方式何者是不恰當的？ ①淘汰老舊排風扇，改裝取得節能標章、適當容量的高效率風扇 ②兩天一次運轉通風扇就好了 ③結合一氧化碳偵測器，自動啟動/停止控制 ④設定每天早晚二次定期啟動排風扇。 ②

( ) 35. 大樓電梯為了節能及生活便利需求，可設定部分控制功能，下列何者是錯誤或不正確的做法？ ①加感應開關，無人時自動關閉電燈與通風扇 ②縮短每次開門/關門的時間 ③電梯設定隔樓層停靠，減少頻繁啟動 ④電梯馬達加裝變頻控制。 ②

( ) 36. 為了節能及兼顧冰箱的保溫效果，下列何者是錯誤或不正確的做法？ ①冰箱內上下層間不要塞滿，以利冷藏對流 ②食物存放位置紀錄清楚，一次拿齊食物，減少開門次數 ③冰箱門的密封壓條如果鬆弛，無法緊密關門，應儘速更新修復 ④冰箱內食物擺滿塞滿，效益最高。 ④

( ) 37. 電鍋剩飯持續保溫至隔天再食用，或剩飯先放冰箱冷藏，隔天用微波爐加熱，就加熱及節能觀點來評比，下列何者是對的？ ①持續保溫較省電 ②微波爐再加熱比較省電又方便 ③兩者一樣 ④優先選電鍋保溫方式，因為馬上就可以吃。 ②

( ) 38. 不斷電系統UPS與緊急發電機的裝置都是應付臨時性供電狀況；停電時，下列的陳述何者是對的？ ①緊急發電機會先啟動，不斷電系統UPS是後備的 ②不斷電系統UPS先啟動，緊急發電機是後備的 ③兩者同時啟動 ④不斷電系統UPS可以撐比較久。 ②

( ) 39. 下列何者為非再生能源？ ①地熱能 ②焦煤 ③太陽能 ④水力能。 ②

( ) 40. 欲兼顧採光及降低經由玻璃部分侵入之熱負載，下列的改善方法何者錯誤？ ①加裝深色窗簾 ②裝設百葉窗 ③換裝雙層玻璃 ④貼隔熱反射膠片。 ①

( ) 41. 一般桶裝瓦斯（液化石油氣）主要成分為丁烷與下列何種成分所組成？ ①甲烷 ②乙烷 ③丙烷 ④辛烷。 ③

( ) 42. 在正常操作，且提供相同暖氣之情形下，下列何種暖氣設備之能源效率最高？ ①冷暖氣機 ②電熱風扇 ③電熱輻射機 ④電暖爐。 ①

( ) 43. 下列何種熱水器所需能源費用最少？ ①電熱水器 ②天然瓦斯熱水器 ③柴油鍋爐熱水器 ④熱泵熱水器。 ④

( ) 44. 某公司希望能進行節能減碳，為地球盡點心力，以下何種作為並不恰當？ ①將採購規定列入以下文字：「汰換設備時首先考慮能源效率1級或具有節能標章之產品」 ②盤查所有能源使用設備 ③實行能源管理 ④為考慮經營成本，汰換設備時採買最便宜的機種。 ④

( ) 45. 冷氣外洩會造成能源之浪費，下列的入門設施與管理何者最耗能？ ①全開式有氣簾 ②全開式無氣簾 ③自動門有氣簾 ④自動門無氣簾。 ②

( ) 46. 下列何者「不是」潔淨能源？ ①風能 ②地熱 ③太陽能 ④頁岩氣。 ④

( ) 47. 有關再生能源中的風力、太陽能的使用特性中，下列敘述中何者錯誤？ ①間歇性能源，供應不穩定 ②不易受天氣影響 ③需較大的土地面積 ④設置成本較高。 ②

( ) 48. 有關台灣能源發展所面臨的挑戰，下列選項何者是錯誤的？ ①進口能源依存度高，能源安全易受國際影響 ②化石能源所占比例高，溫室氣體減量壓力大 ③自產能源充足，不需仰賴進口 ④能源密集度較先進國家仍有改善空間。 ③

( ) 49. 若發生瓦斯外洩之情形，下列處理方法中錯誤的是？ ①應先關閉瓦斯爐或熱水器等開關 ②緩慢地打開門窗，讓瓦斯自然飄散 ③開啟電風扇，加強空氣流動 ④在漏氣止住前，應保持警戒，嚴禁煙火。 ③

( ) 50. 全球暖化潛勢（Global Warming Potential, GWP）是衡量溫室氣體對全球暖化的影響，其中是以何者為比較基準？ ① CO_2 ② CH_4 ③ SF_6 ④ N_2O。 ①

( ) 51. 有關建築之外殼節能設計，下列敘述中錯誤的是？ ①開窗區域設置遮陽設備 ②大開窗面避免設置於東西日曬方位 ③做好屋頂隔熱設施 ④宜採用全面玻璃造型設計，以利自然採光。 ④

( ) 52. 下列何者燈泡的發光效率最高？ ①LED燈泡 ②省電燈泡 ③白熾燈泡 ④鹵素燈泡。 ①

( ) 53. 有關吹風機使用注意事項，下列敘述中錯誤的是？ ①請勿在潮濕的地方使用，以免觸電危險 ②應保持吹風機進、出風口之空氣流通，以免造成過熱 ③應避免長時間使用，使用時應保持適當的距離 ④可用來作為烘乾棉被及床單等用途。 ④

( ) 54. 下列何者是造成聖嬰現象發生的主要原因？ ①臭氧層破洞 ②溫室效應 ③霧霾 ④颱風。 ②

( ) 55. 為了避免漏電而危害生命安全，下列「不正確」的做法是？ ①做好用電設備金屬外殼的接地 ②有濕氣的用電場合，線路加裝漏電斷路器 ③加強定期的漏電檢查及維護 ④使用保險絲來防止漏電的危險性。 ④

( ) 56. 用電設備的線路保護用電力熔絲（保險絲）經常燒斷，造成停電的不便，下列「不正確」的作法是？ ①換大一級或大兩級規格的保險絲或斷路器就不會燒斷了 ②減少線路連接的電氣設備，降低用電量 ③重新設計線路，改較粗的導線或用兩迴路並聯 ④提高用電設備的功率因數。 ①

( ) 57. 政府為推廣節能設備而補助民眾汰換老舊設備，下列何者的節電效益最佳？ ①將桌上檯燈光源由螢光燈換為 LED 燈 ②優先淘汰 10 年以上的老舊冷氣機為能源效率標示分級中之一級冷氣機 ③汰換電風扇，改裝設能源效率標示分級為一級的冷氣機 ④因為經費有限，選擇便宜的產品比較重要。 ②

( ) 58. 依據我國現行國家標準規定，冷氣機的冷氣能力標示應以何種單位表示？ ① kW ② BTU/h ③ kcal/h ④ RT。 ①

( ) 59. 漏電影響節電成效，並且影響用電安全，簡易的查修方法為 ①電氣材料行買支驗電起子，碰觸電氣設備的外殼，就可查出漏電與否 ②用手碰觸就可以知道有無漏電 ③用三用電表檢查 ④看電費單有無紀錄。 ①

( ) 60. 使用了 10 幾年的通風換氣扇老舊又骯髒，噪音又大，維修時採取下列哪一種對策最為正確及節能？ ①定期拆下來清洗油垢 ②不必再猶豫，10 年以上的電扇效率偏低，直接換為高效率通風扇 ③直接噴沙拉脫清潔劑就可以了，省錢又方便 ④高效率通風扇較貴，換同機型的廠內備用品就好了。 ②

( ) 61. 電氣設備維修時，在關掉電源後，最好停留 1 至 5 分鐘才開始檢修，其主要的理由為下列何者？ ①先平靜心情，做好準備才動手 ②讓機器設備降溫下來再查修 ③讓裡面的電容器有時間放電完畢，才安全 ④法規沒有規定，這完全沒有必要。 ③

( ) 62. 電氣設備裝設於有潮濕水氣的環境時，最應該優先檢查及確認的措施是？ ①有無在線路上裝設漏電斷路器 ②電氣設備上有無安全保險絲 ③有無過載及過熱保護設備 ④有無可能傾倒及生鏽。 ①

( ) 63. 為保持中央空調主機效率，最好每隔多久時間應請維護廠商或保養人員檢視中央空調主機？ ①半年 ② 1 年 ③ 1.5 年 ④ 2 年。 ①

( ) 64. 家庭用電最大宗來自於 ①空調及照明 ②電腦 ③電視 ④吹風機。 ①

( ) 65. 冷氣房內為減少日照高溫及降低空調負載，下列何種處理方式是錯誤的？ ①窗戶裝設窗簾或貼隔熱紙 ②將窗戶或門開啟，讓屋內外空氣自然對流 ③屋頂加裝隔熱材、高反射率塗料或噴水 ④於屋頂進行薄層綠化。 ②

( ) 66. 有關電冰箱放置位置的處理方式，下列何者是正確的？ ①背後緊貼牆壁節省空間 ②背後距離牆壁應有 10 公分以上空間，以利散熱 ③室內空間有限，側面緊貼牆壁就可以了 ④冰箱最好貼近流理台，以便存取食材。 ②

( ) 67. 下列何項「不是」照明節能改善需優先考量之因素？ ①照明方式是否適當 ②燈具之外型是否美觀 ③照明之品質是否適當 ④照度是否適當。 ②

( ) 68. 醫院、飯店或宿舍之熱水系統耗能大，要設置熱水系統時，應優先選用何種熱水系統較節能？ ①電能熱水系統 ②熱泵熱水系統 ③瓦斯熱水系統 ④重油熱水系統。 ②

( ) 69. 如右圖，你知道這是什麼標章嗎？ ①省水標章 ②環保標章 ③奈米標章 ④能源效率標示。 ④

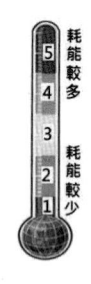

( ) 70. 台灣電力公司電價表所指的夏月用電月份(電價比其他月份高)是為 ① 4/1~7/31 ② 5/1~8/31 ③ 6/1~9/30 ④ 7/1~10/31。 ③

( ) 71. 屋頂隔熱可有效降低空調用電，下列何項措施較不適當？ ①屋頂儲水隔熱 ②屋頂綠化 ③於適當位置設置太陽能板發電同時加以隔熱 ④鋪設隔熱磚。 ①

( ) 72. 電腦機房使用時間長、耗電量大，下列何項措施對電腦機房之用電管理較不適當？ ①機房設定較低之溫度 ②設置冷熱通道 ③使用較高效率之空調設備 ④使用新型高效能電腦設備。 ①

( ) 73. 下列有關省水標章的敘述中正確的是？ ①省水標章是環境部為推動使用節水器材，特別研定以作為消費者辨識省水產品的一種標誌 ②獲得省水標章的產品並無嚴格測試，所以對消費者並無一定的保障 ③省水標章能激勵廠商重視省水產品的研發與製造，進而達到推廣節水良性循環之目的 ④省水標章除有用水設備外，亦可使用於冷氣或冰箱上。 ③

( ) 74. 透過淋浴習慣的改變就可以節約用水，以下選項何者正確？ ①淋浴時抹肥皂，無需將蓮蓬頭暫時關上 ②等待熱水前流出的冷水可以用水桶接起來再利用 ③淋浴流下的水不可以刷洗浴室地板 ④淋浴沖澡流下的水，可以儲蓄洗菜使用。 ②

( ) 75. 家人洗澡時，一個接一個連續洗，也是一種有效的省水方式嗎？ ①是，因為可以節省等待熱水流出之前所先流失的冷水 ②否，這跟省水沒什麼關係，不用這麼麻煩 ③否，因為等熱水時流出的水量不多 ④有可能省水也可能不省水，無法定論。 ①

( ) 76. 下列何種方式有助於節省洗衣機的用水量？ ①洗衣機洗滌的衣物盡量裝滿，一次洗完 ②購買洗衣機時選購有省水標章的洗衣機，可有效節約用水 ③無需將衣物適當分類 ④洗濯衣物時盡量選擇高水位才洗的乾淨。 ②

( ) 77. 如果水龍頭流量過大，下列何種處理方式是錯誤的？ ①加裝節水墊片或起波器 ②加裝可自動關閉水龍頭的自動感應器 ③直接換裝沒有省水標章的水龍頭 ④直接調整水龍頭到適當水量。 ③

( ) 78. 洗菜水、洗碗水、洗衣水、洗澡水等的清洗水，不可直接利用來做什麼用途？ ①洗地板 ②沖馬桶 ③澆花 ④飲用水。 ④

( ) 79. 如果馬桶有不正常的漏水問題，下列何者處理方式是錯誤的？ ①因為馬桶還能正常使用，所以不用著急，等到不能用時再報修即可 ②立刻檢查馬桶水箱零件有無鬆脫，並確認有無漏水 ③滴幾滴食用色素到水箱裡，檢查有無有色水流進馬桶，代表可能有漏水 ④通知水電行或檢修人員來檢修，徹底根絕漏水問題。 ①

( ) 80. 水費的計量單位是「度」，你知道一度水的容量大約有多少？ ① 2,000 公升 ② 3000 個 600cc 的寶特瓶 ③ 1 立方公尺的水量 ④ 3 立方公尺的水量。 ③

( ) 81. 臺灣在一年中什麼時期會比較缺水（即枯水期）？ ① 6 月至 9 月 ② 9 月至 12 月 ③ 11 月至次年 4 月 ④臺灣全年不缺水。 ③

( ) 82. 下列何種現象「不是」直接造成台灣缺水的原因？ ①降雨季節分佈不平均，有時候連續好幾個月不下雨，有時又會下起豪大雨 ②地形山高坡陡，所以雨一下很快就會流入大海 ③因為民生與工商業用水需求量都愈來愈大，所以缺水季節很容易無水可用 ④台灣地區夏天過熱，致蒸發量過大。 ④

( ) 83. 冷凍食品該如何讓它退冰，才是既「節能」又「省水」？ ①直接用水沖食物強迫退冰 ②使用微波爐解凍快速又方便 ③烹煮前盡早拿出來放置退冰 ④用熱水浸泡，每 5 分鐘更換一次。 ③

( ) 84. 洗碗、洗菜用何種方式可以達到清洗又省水的效果？ ①對著水龍頭直接沖洗，且要盡量將水龍頭開大才能確保洗的乾淨 ②將適量的水放在盆槽內洗濯，以減少用水 ③把碗盤、菜等浸在水盆裡，再開水龍頭拼命沖水 ④用熱水及冷水大量交叉沖洗達到最佳清洗效果。 ②

( ) 85. 解決台灣水荒（缺水）問題的無效對策是 ①興建水庫、蓄洪（豐）濟枯 ②全面節約用水 ③水資源重複利用，海水淡化…等 ④積極推動全民體育運動。 ④

( ) 86. 如右圖，你知道這是什麼標章嗎？ ①奈米標章 ②環保標章 ③省水標章 ④節能標章。 ③

( ) 87. 澆花的時間何時較為適當，水分不易蒸發又對植物最好？ ①正中午 ②下午時段 ③清晨或傍晚 ④半夜十二點。 ③

( ) 88. 下列何種方式沒有辦法降低洗衣機之使用水量，所以不建議採用？ ①使用低水位清洗 ②選擇快洗行程 ③兩、三件衣服也丟洗衣機洗 ④選擇有自動調節水量的洗衣機。 ③

( ) 89. 有關省水馬桶的使用方式與觀念認知，下列何者是錯誤的？ ①選用衛浴設備時最好能採用省水標章馬桶 ②如果家裡的馬桶是傳統舊式，可以加裝二段式沖水配件 ③省水馬桶因為水量較小，會有沖不乾淨的問題，所以應該多沖幾次 ④因為馬桶是家裡用水的大宗，所以應該儘量採用省水馬桶來節約用水。 ③

( ) 90. 下列的洗車方式，何者「無法」節約用水？ ①使用有開關的水管可以隨時控制出水 ②用水桶及海綿抹布擦洗 ③用大口徑強力水注沖洗 ④利用機械自動洗車，洗車水處理循環使用。 ③

( ) 91. 下列何種現象「無法」看出家裡有漏水的問題？ ①水龍頭打開使用時，水表的指針持續在轉動 ②牆面、地面或天花板忽然出現潮濕的現象 ③馬桶裡的水常在晃動，或是沒辦法止水 ④水費有大幅度增加。 ①

( ) 92. 蓮蓬頭出水量過大時，下列對策何者「無法」達到省水？ ①換裝有省水標章的低流量（5~10L/min）蓮蓬頭 ②淋浴時水量開大，無需改變使用方法 ③洗澡時間盡量縮短，塗抹肥皂時要把蓮蓬頭關起來 ④調整熱水器水量到適中位置。 ②

( ) 93. 自來水淨水步驟，何者是錯誤的？ ①混凝 ②沉澱 ③過濾 ④煮沸。 ④

( ) 94. 為了取得良好的水資源，通常在河川的哪一段興建水庫？ ①上游 ②中游 ③下游 ④下游出口。 ①

( ) 95. 台灣是屬缺水地區，每人每年實際分配到可利用水量是世界平均值的約多少？ ① 1/2 ② 1/4 ③ 1/5 ④ 1/6。 ④

( ) 96. 台灣年降雨量是世界平均值的 2.6 倍，卻仍屬缺水地區，下列何者不是真正缺水的原因？ ①台灣由於山坡陡峻，以及颱風豪雨雨勢急促，大部分的降雨量皆迅速流入海洋 ②降雨量在地域、季節分佈極不平均 ③水庫蓋得太少 ④台灣自來水水價過於便宜。 ③

( ) 97. 電源插座堆積灰塵可能引起電氣意外火災，維護保養時的正確做法是？ ①可以先用刷子刷去積塵 ②直接用吹風機吹開灰塵就可以了 ③應先關閉電源總開關箱內控制該插座的分路開關，然後再清理灰塵 ④可以用金屬接點清潔劑噴在插座中去除銹蝕。 ③

( ) 98. 溫室氣體易造成全球氣候變遷的影響，下列何者不屬於溫室氣體？ ①二氧化碳（CO_2） ②氫氟碳化物（HFCs） ③甲烷（CH_4） ④氧氣（O_2）。 ④

( ) 99. 就能源管理系統而言，下列何者不是能源效率的表示方式？ ①汽車－公里/公升 ②照明系統－瓦特/平方公尺（W/m^2） ③冰水主機－千瓦/冷凍噸（kW/RT） ④冰水主機－千瓦（kW）。 ④

( ) 100. 某工廠規劃汰換老舊低效率設備，以下何種做法並不恰當？ ①可考慮使用較高效率設備產品 ②先針對老舊設備建立其「能源指標」或「能源基線」 ③唯恐一直浪費能源，未經評估就馬上將老舊設備汰換掉 ④改善後需進行能源績效評估。 ③

視覺傳達設計
Visual Communication Design

PART 2・術科題庫解析

檢定相關資料
（113.09.30 修訂）

壹 技術士技能檢定視覺傳達設計丙級術科測試試題使用說明

一、本職類試題係以「試題公開」方式命製，共分二大部分，第一部分為全套試題，內容包含：1. 試題使用說明、2. 辦理單位應注意事項、3. 監評人員應注意事項、4. 監場人員應注意事項、5. 應檢人須知、6. 應檢人自備工具表、7. 材料表、8. 試題範例、9. 試題範例試作、10. 試題、11. 試題字體範例（參考）、12. 答案卷（含評審表）、13. 評審說明、14. 時間配當表等十四項；第二部分為術科測試應檢人參考資料，內容包含：1. 試題使用說明、2. 應檢人須知、3. 應檢人自備工具表、4. 材料表、5. 試題範例、6. 試題範例試作、7. 試題、8. 試題字體範例（參考）、9. 答案卷（含評審表）、10. 時間配當表等十項。

二、抽題方式及試題使用：

(一) 全國檢定及在校生專案檢定：

1. 檢定當日由術科測試辦理單位考區主任主持公開抽題作業。

2. 術科測試辦理單位請依應檢人數準備各試題所需材料。本套試題共六題，每題術科測試時間為 3 小時，每一考場準備五套試題，並依 1~6、1~6、1~6、1~6、1~6 題號排序，置於試題袋中，由術科測試辦理單位考區主任抽出第一個崗位的題號，監場人員於試場依崗位順序發放試題（例如：第一個崗位抽到 3 號題，第二個崗位即為 4 號題，以此類推）。

(二) 即測即評及發證、各種專案（在校生除外）檢定：

1. 檢定當日由監評長主持公開抽題作業。

2. 術科測試辦理單位請依應檢人數準備各試題所需材料。本套試題共六題，每題術科測試時間為 3 小時，每一考場準備五套試題，並依 1~6、1~6、1~6、1~6、1~6 題號排序，置於試題袋中，**由術科測試編號最小號之應檢人代表抽出第一個崗位的題號**，監評人員於試場依崗位順序發放試題（例如：第一個崗位抽到 3 號題，第二個崗位即為 4 號題，以此類推）。

貳 技術士技能檢定視覺傳達設計職類丙級術科測試應檢人須知

一、測試場地單位所提供機具設備規格，係依據視覺傳達設計職類丙級術科測試場地及機具設備評鑑自評表最新規定準備，應檢人如需參考，可至技能檢定中心全球資訊網／技能檢定／術科測試場地／術科測試場地及機具設備評鑑自評表下載參考（網址 https://tinyurl.com/24g8dryf）。

二、應檢人得於術科測試辦理單位指定之日期、時間，先行前往測試場地，熟悉環境及場地機具設備情況。

三、測試當日應檢人應攜帶自備工具準時辦理報到，有關繪圖桌椅、測試所需圖紙及試題由術科測試辦理單位提供。

四、檢人攜帶自備工具應符合試題規定：

(一) 請應檢人將所有材料、工具應置於桌面上。

(二) 攜帶廣告顏料只限洋紅、黃、青、紅、綠、藍、白、黑相近之八色。

(三) **繪製過程中，紙膠帶限於色彩設定使用。**

(四) **違反上述規定者，予以扣考。**

五、測試時間開始後 15 分鐘尚未進場者，不准進場測試。

六、測試時需先詳細閱讀試題，如有印刷不明之處，應於測試開始後 10 分鐘內提出。

七、核對檢查術科測試辦理單位所提供材料，如有欠缺、錯誤或缺點等，應於測試開始後 10 分鐘內，向監評（監場）人員報告解決，逾時不得提出。

八、如因誤作或施作之不慎而損壞，造成缺料之情形者不予補充，且不得使用自備之料件，否則以夾帶論。

九、測試後之作品，不得攜出試場或要求取回。

十、自備工具應充分攜帶，不得向他人借用，除自備工具表所列者外，均不得自行攜帶入場。

十一、故意破壞試場設備者，予以扣考，除成績列為不及格外，並需照價賠償。

十二、與測試試題有關之參考資料，均不得攜入試場內使用，若夾帶，以不及格論。

十三、檢定時應保持環境整潔，注意安全衛生。

十四、代人製作或受人代製作者，予以扣考，雙方均以不及格論。

十五、應檢人應遵守崗位測試，如擅自離開檢定崗位而不聽勸告者，以不及格論。

十六、檢定中途棄權，視為不及格，應即向監評（監場）人員報告，清理場地，繳回試題（圖說），並請監評（監場）人員簽名後，即攜帶自備工具離場，不得藉故逗留。

十七、**不得於試題正面及答案卷上註記不應有之文字、符號或標記，違反者術科測試成績以零分計算。**

十八、繳交答案卷前須先行檢查，如有遺漏，自行負責。

十九、**應檢人繳交試卷時，應將試題黏貼於答案卷背面。**

二十、本職類丙級術科測試成績 **60 分（含）以上為及格**。

二十一、在規定時間內未完成全部術科試題內容或逾時交件者，以不及格論。

二十二、不遵守檢定場所規則，經勸導無效者，以不及格論。

二十三、其他未規定事宜，悉依「技術士技能檢定及發證辦法」、「技術士技能檢定作業及試場規則」等相關規定辦理。

參 技術士技能檢定視覺傳達設計丙級術科測試應檢人自備工具表

（一人份）

項次	名稱	規格	單位	數量	備註
1	公制尺	50cm（含）以內	支	1	
2	三角板	30cm（30°、45°）	套	1	
3	圓圈板		片	1	
4	橢圓板		片	1	
5	曲線板（尺）		套	1	
6	鉛筆	2H 或 H 或 HB	支	1	
7	針筆（或代用針筆）	0.2mm～0.5mm	組	1	
8	製圖墨水		瓶	1	依需要準備
9	廣告顏料	只限洋紅、黃、青、紅、綠、藍、白、黑相近之八色	組	1	
10	毛筆、圖案筆、簽字筆、麥克筆	各式	支	2～4	依需要準備（塗黑用）
11	製圖儀器		套	1	
12	美工刀		支	1	
13	雙面膠帶或口紅膠		卷/支	1	
14	調色器皿		個	1～3	依需要準備
15	盛水容器		個	1～2	
16	橡皮擦		塊	1	
17	切割墊	8開	塊	1	依需要準備
18	抹布		塊	1～2	
19	紙膠帶		卷	1	限色彩設定使用
20	吹風機		台	1	依需要準備

註：應檢人攜帶自備工具應符合本表規定，違反者，予以扣考。

肆 技術士技能檢定視覺傳達設計丙級術科測試材料表

（一人份）

項次	名稱	規格	單位	數量	備註
1	西卡紙	8K（300g/m²）	張	1	
2	描圖紙	A3，75磅以上	張	1	

註：材料由術科測試辦理單位準備。

視覺傳達設計
Visual Communication Design

PART 2・術科題庫解析

基本製圖

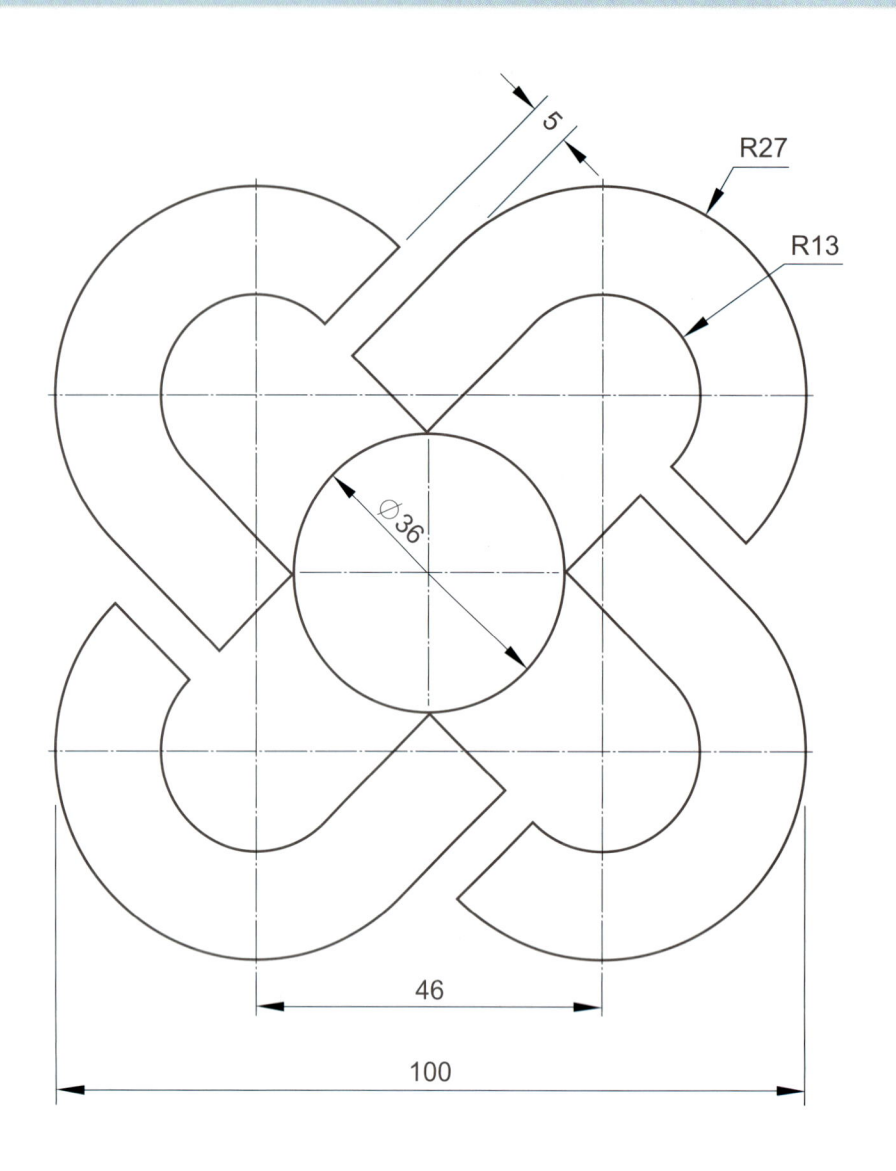

一　試題編號：20100-111301

STEP 1

- 於適當位置繪製 100×100mm 的正方形，連接四邊 1/2 處找到圓心 O。
- 四邊向內 27mm 找到四個交點：O_1、O_2、O_3、O_4，這就是 R13 及 R17 的圓心。

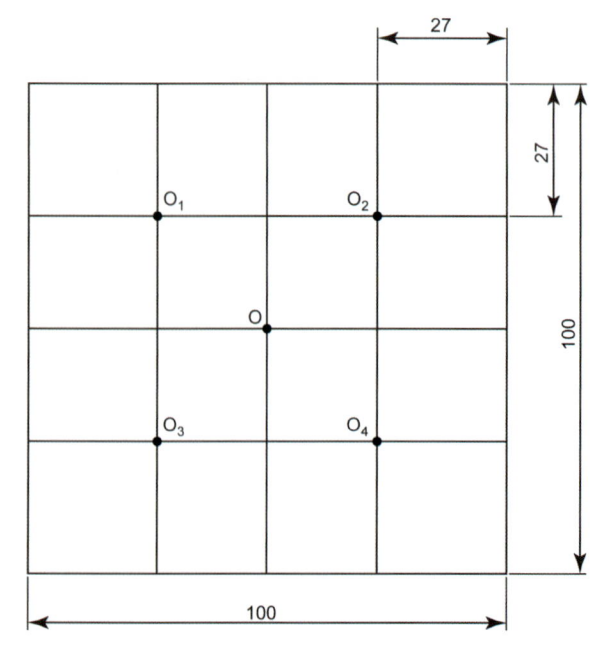

STEP 2

- 以 O 為圓心，18mm 為半徑，畫出 ø36 的圓。
- 以 O₁、O₂、O₃、O₄ 為圓心，13mm 為半徑及 27mm 為半徑，畫出 R13 及 R27 的圓弧。

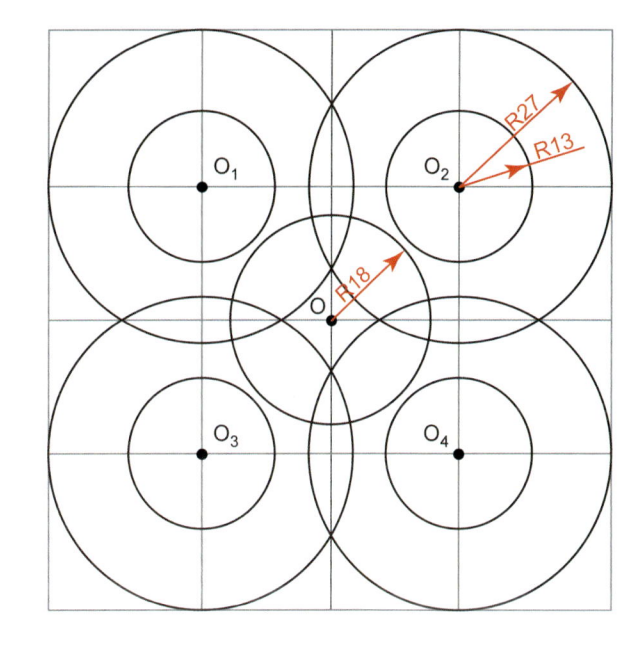

STEP 3

- 畫出圓 O₂ 及圓 O₃ 四條外公切線、畫出圓 O₁ 及圓 O₄ 四條外公切線。
- 畫出與圓 O₂ 及圓 O₃ 外公切線平行且距離 5mm 的線段兩條。
- 畫出與圓 O₁ 及圓 O₄ 外公切線平行且距離 5mm 的線段兩條。
- 此處考生容易直接做過圓心 O₁、O₂、O₃、O₄ 的平行線，這是不正確的方式。

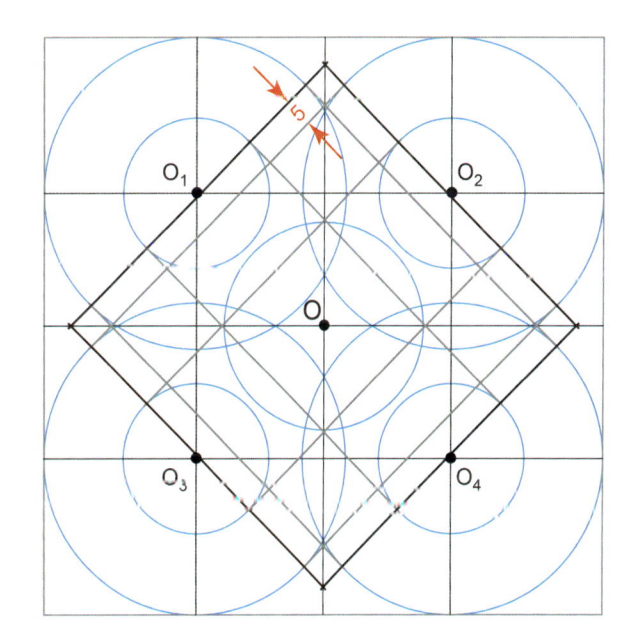

STEP 4

- 確實將線段連接。
- 擦去多餘線條即完成鉛筆稿。

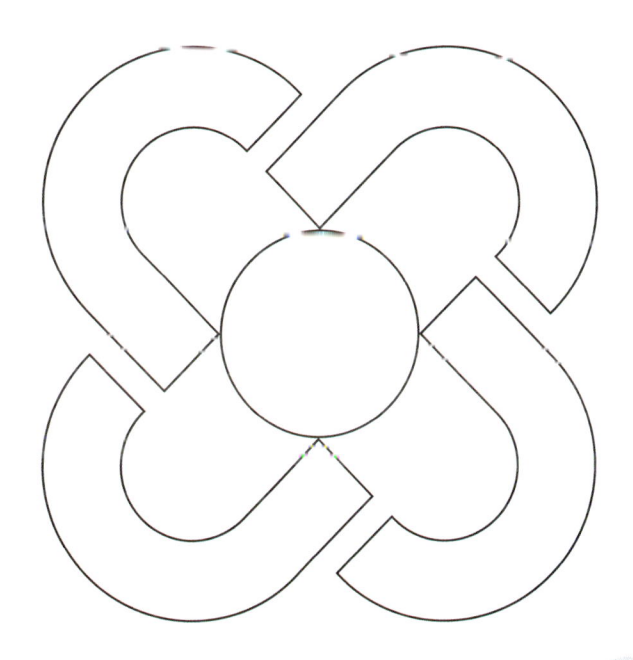

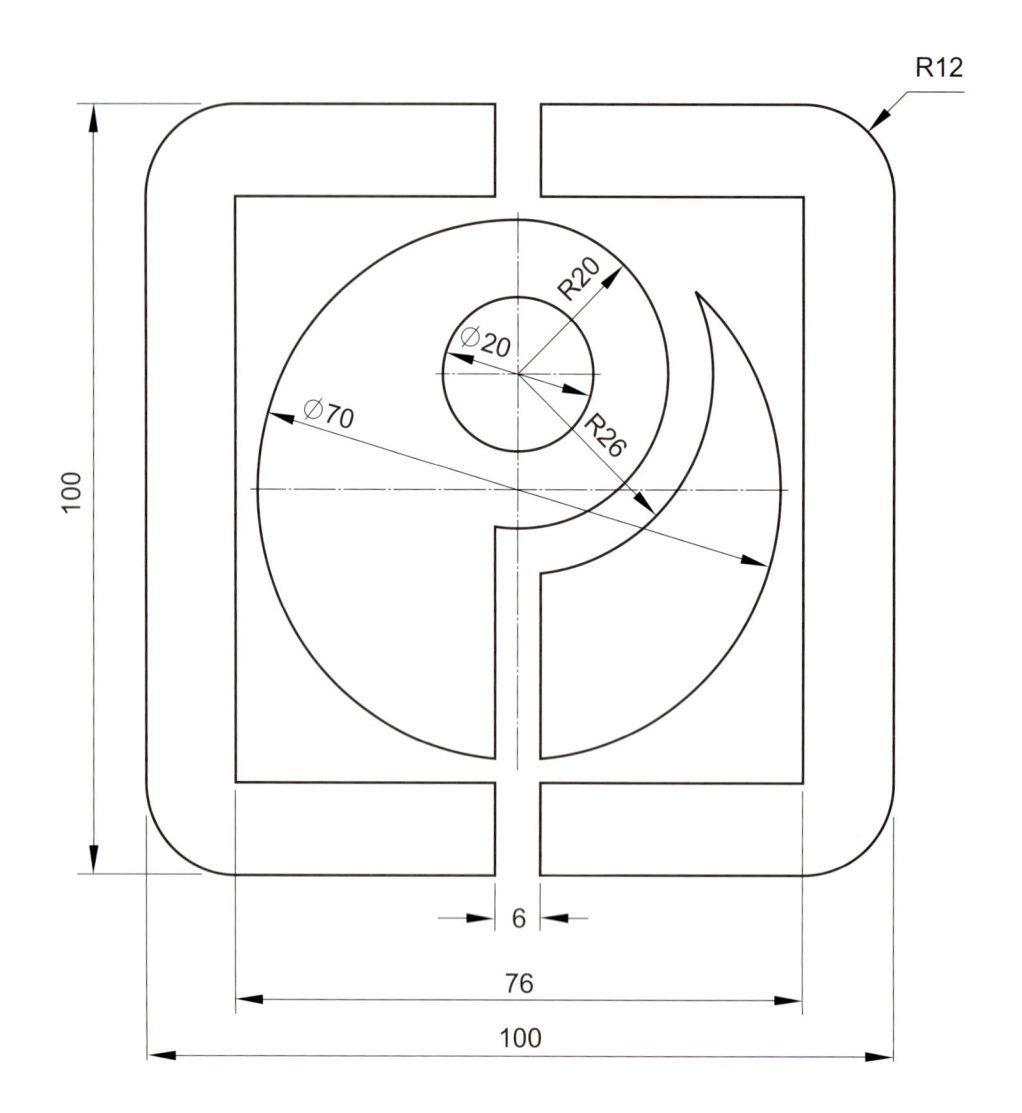

二 試題編號：20100-111302

STEP 1

- 於適當位置繪製 100×100mm 的正方形，連接四邊 1/2 處找到圓心 O。
- 四邊向內 12mm 找到四個交點：O_1、O_2、O_3、O_4，這就是 R12 的圓心。
- 由圓心 O 向左右兩側各 3mm 繪製垂直線段。

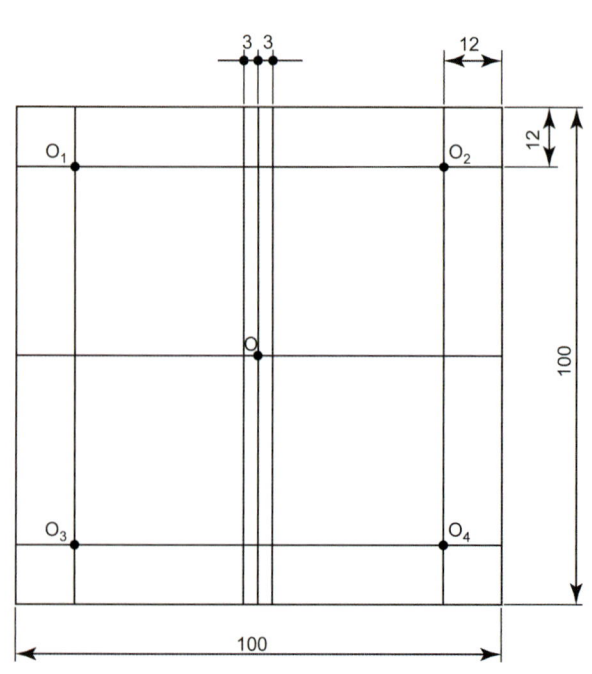

STEP 2

- 以 O 為圓心，35mm 為半徑，畫出 Ø70 的圓。
- 以 O_1、O_2、O_3、O_4 為圓心，12mm 為半徑，畫出 R12 的圓弧。

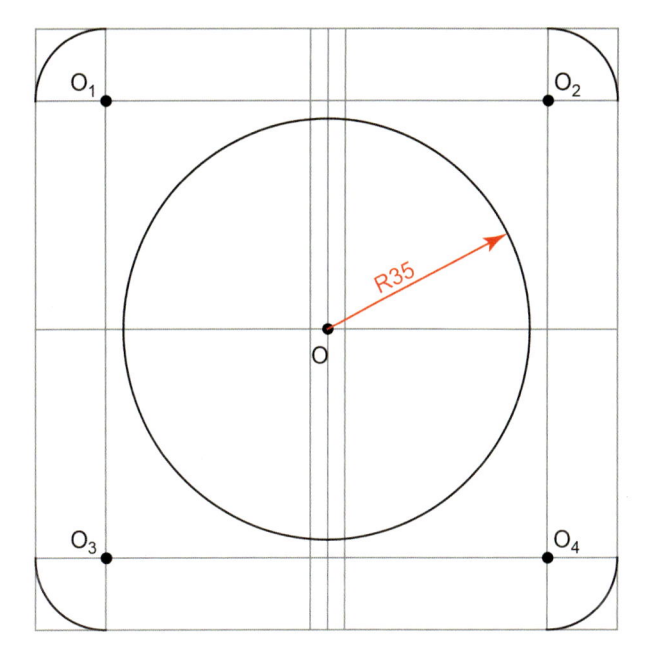

STEP 3

- 由 O 圓的四分圓點 P 向下 20mm 找到 O_5。
- 以 O_5 為圓心，10mm 為半徑畫出 Ø20 的圓、20mm 為半徑畫出 R20 的圓弧、26mm 為半徑畫出 R26 的圓弧。

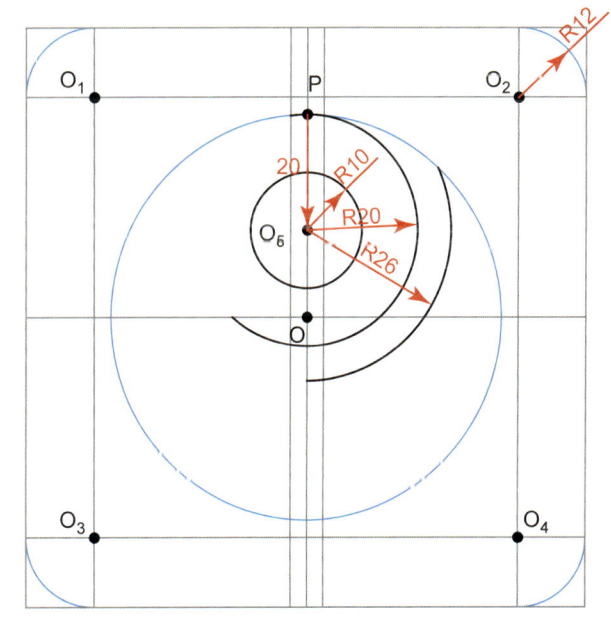

STEP 4

- 確實將線段連接。
- 擦去多餘線條即完成鉛筆稿。

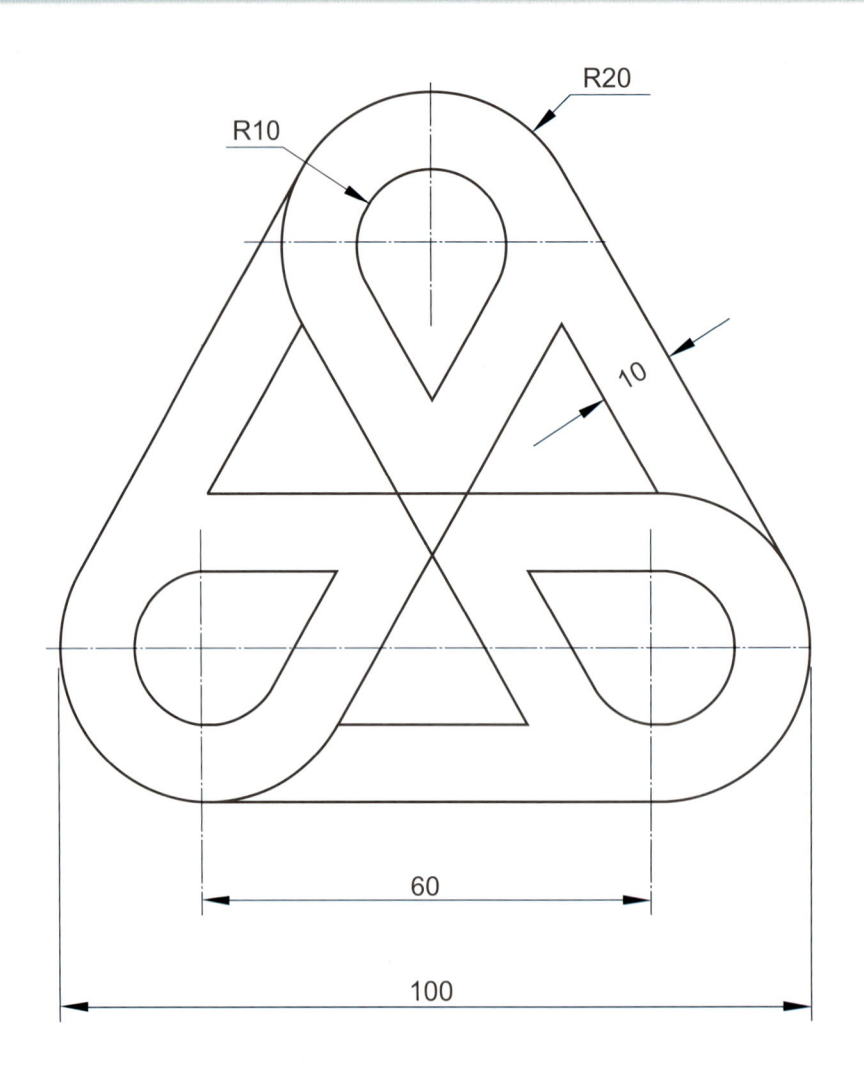

三　試題編號：20100-111303

STEP 1

- 於適當位置繪製 100×100mm 的正方形。
- 連接上下兩邊 1/2 處畫出垂直線 L₁。
- 正方形底邊及左、右邊向內 20mm 找到兩個交點：O₁、O₂，這就是 R10 及 R20 的圓心。
- 以 O₁、O₂ 為圓心，60mm 為半徑畫弧，兩弧相交線 L₁ 於 O₃。

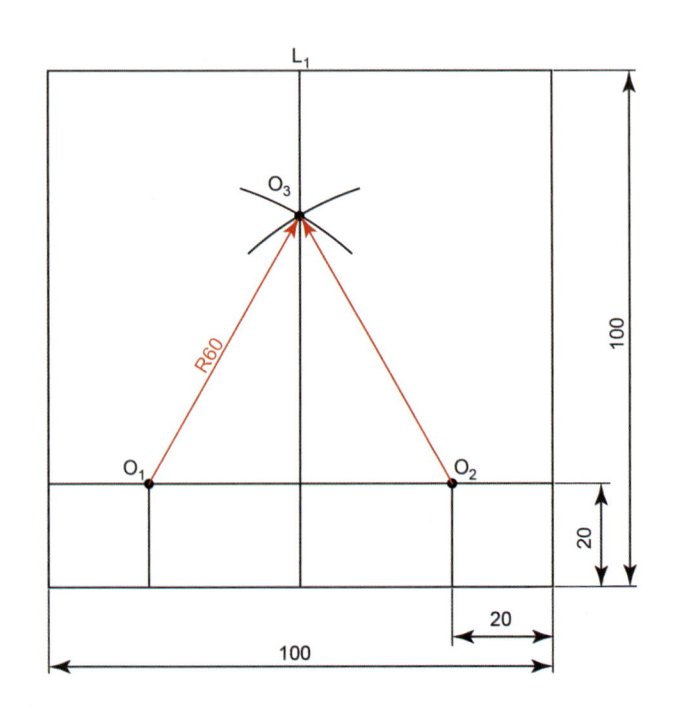

2-10

STEP 2

- 以 O₁、O₂、O₃ 為圓心，10mm 為半徑及 20mm 為半徑，畫出 R10 及 R20 的同心圓。

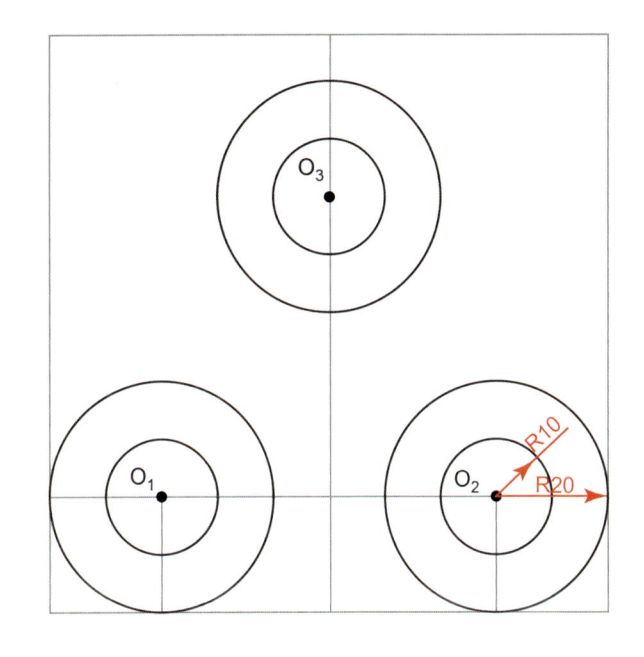

STEP 3

- 畫出圓 O₃ 及圓 O₁ 四條外公切線。
- 畫出圓 O₃ 及圓 O₂ 四條外公切線。
- 畫出圓 O₁ 及圓 O₂ 四條外公切線。

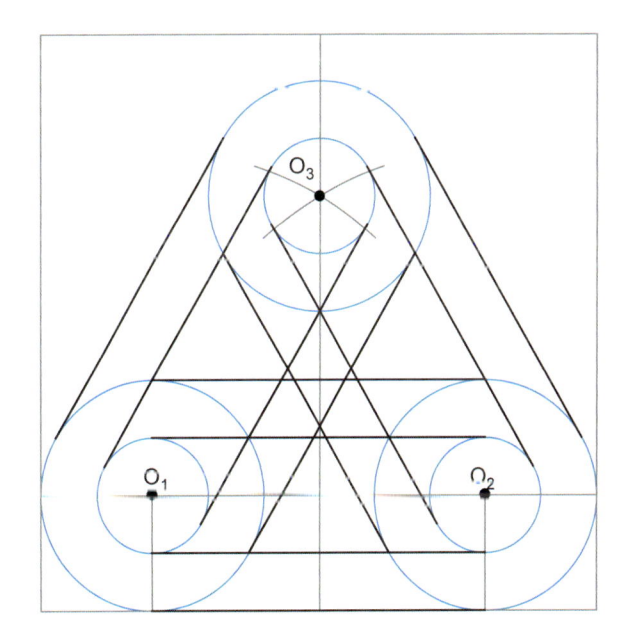

STEP 4

- 確實將線段連接。
- 擦去多餘線條即完成鉛筆稿。

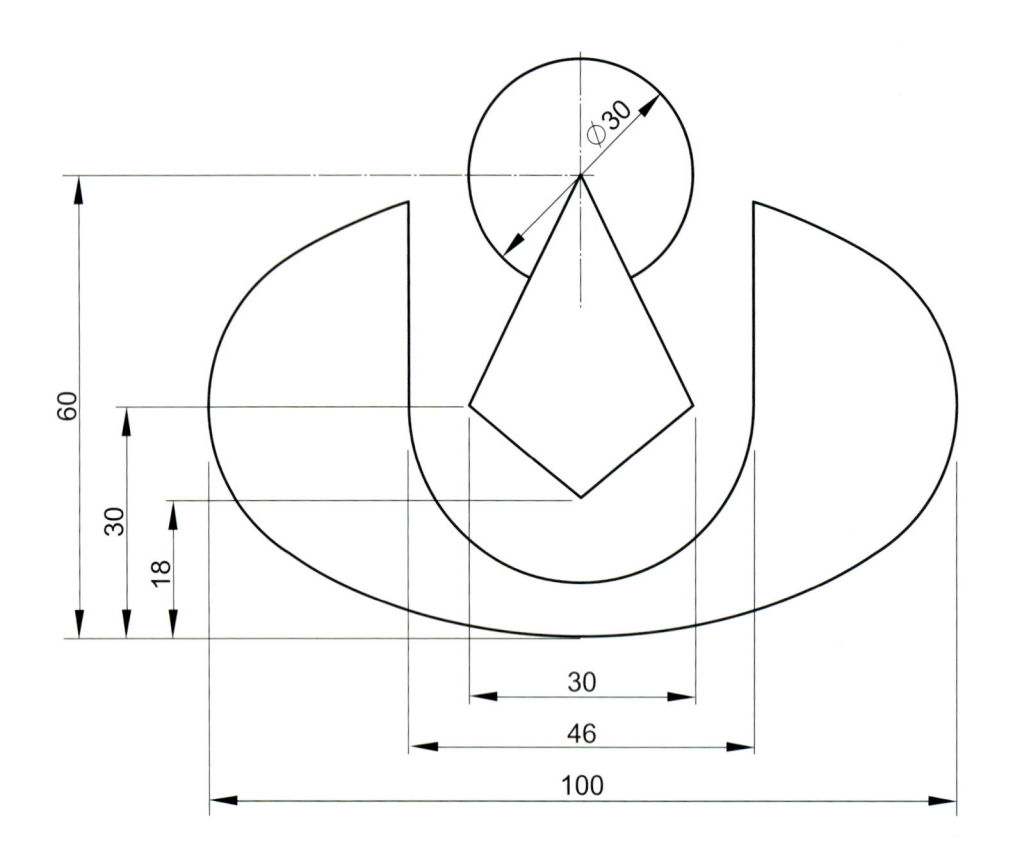

四 試題編號：20100-111304

STEP 1

- 於適當位置繪製 100mm 線段 AB，過線段 AB 作垂直平分線交於點 O。
- 以點 O 為心，30mm 為距離，於垂直平分線上下找到點 C、D。
- 連接點 A、C 為線段 AC。
- 以點 O 為心，線段 AO 為距離，於垂直平分線上找到點 E。
- 以點 C 為心，線段 CE 為距離畫弧，交線段 AC 於點 F。
- 作線段 AF 垂直平分線交線段 AB 於 O_1，交線段 CD 於 O_2。

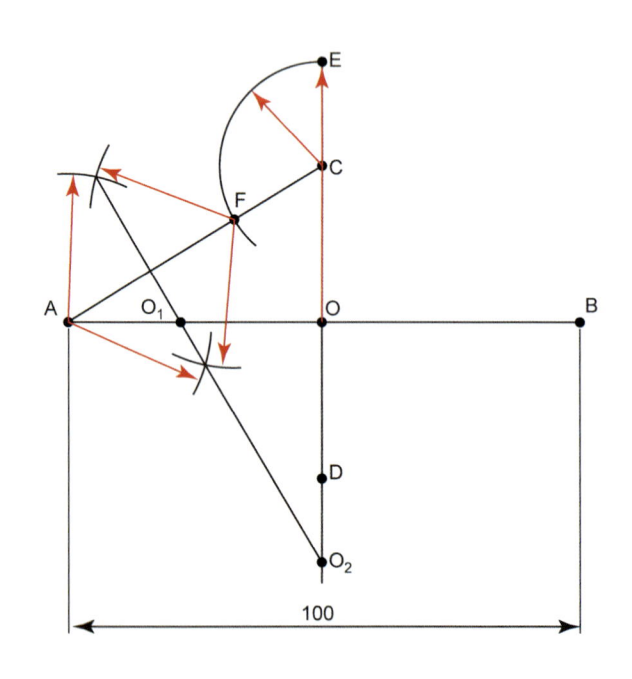

STEP 2

- 以 O_1 為圓心，線段 AO_1 為距離，畫圓弧。
- 以 O_2 為圓心，線段 CO_2 為距離，畫圓弧。
- 以同樣方法找到圓心 O_3、O_4。
- 以 O_3 為圓心，線段 BO_3 為距離，畫圓弧。
- 以 O_4 為圓心，線段 DO_4 為距離，畫圓弧。

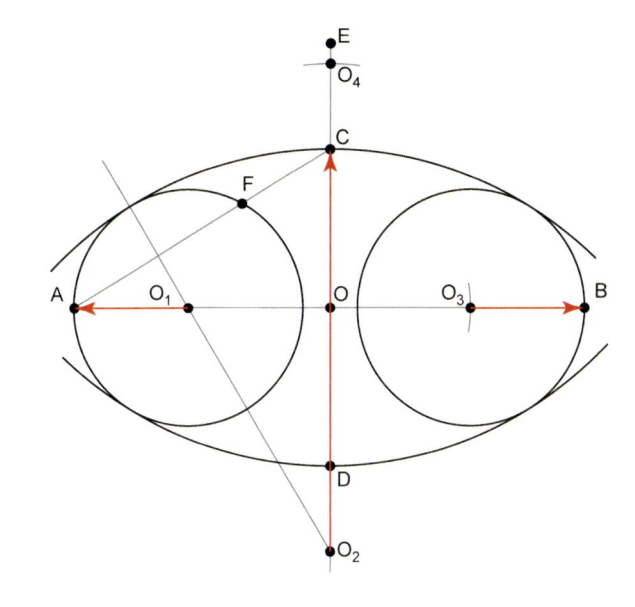

STEP 3

- 以 C 為圓心，15mm 為半徑，畫出 Ø30 的圓。
- 以 O 為圓心，23mm 為半徑，向下畫出 R46 的圓弧，R46 圓弧與線段 AB 相交於點 G、H。
- 向上畫過點 G、H 垂直線。
- 由圓心 O 向左右兩側各 15mm 找到點 P_1、P_2。
- 由圓心 O 向下 12mm 找到點 P_3。
- 連接點 C、P_1、P_2、P_3 圓心。

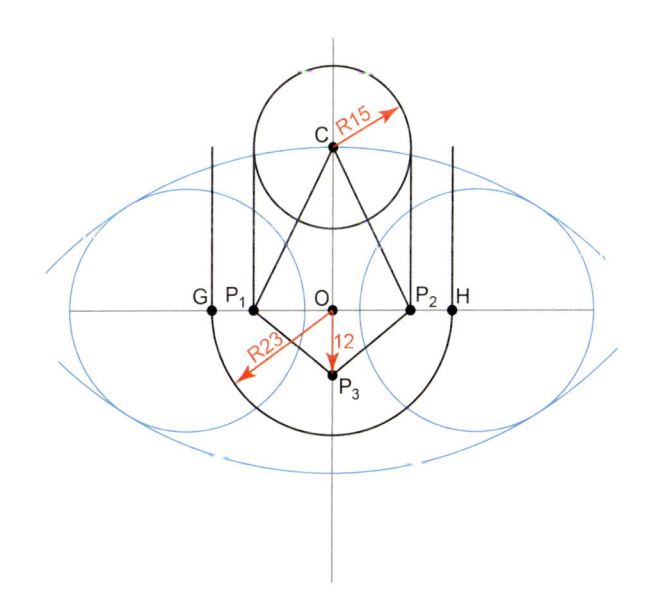

STEP 4

- 確實將線段連接。
- 擦去多餘線條即完成鉛筆稿。

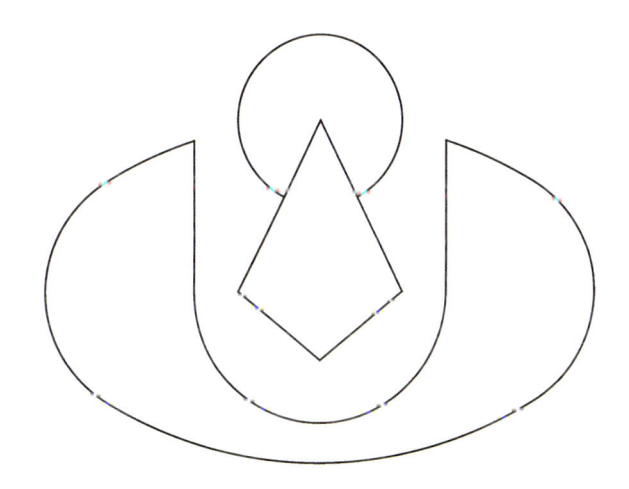

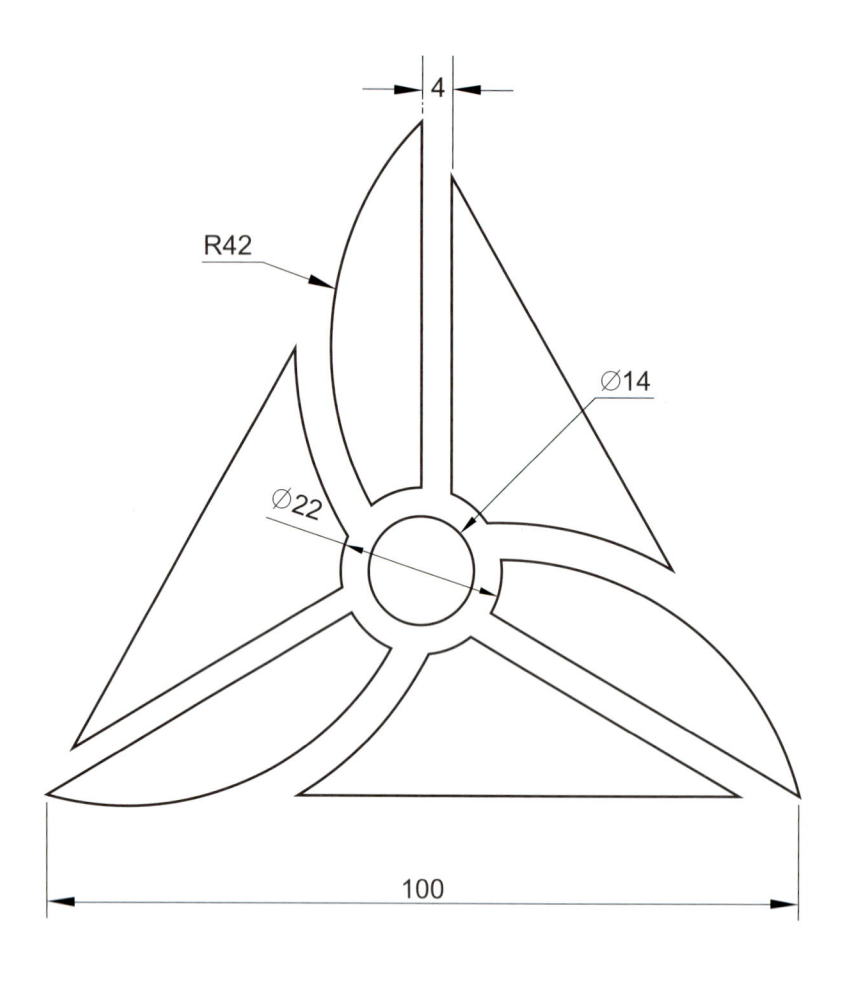

五 試題編號：20100-111305

STEP 1

- 於適當位置繪製 100mm 的線段，兩端點為點 A 及 B。
- 以點 A 及 B 為圓心，100mm 為半徑畫弧，兩弧相交一點為 C，連接為線段 AC 與線段 BC。
- 繪製線段 AB 垂直平分線。
- 繪製線段 BC 垂直平分線。
- 繪製線段 AC 垂直平分線。
- 三線相交於點 O。

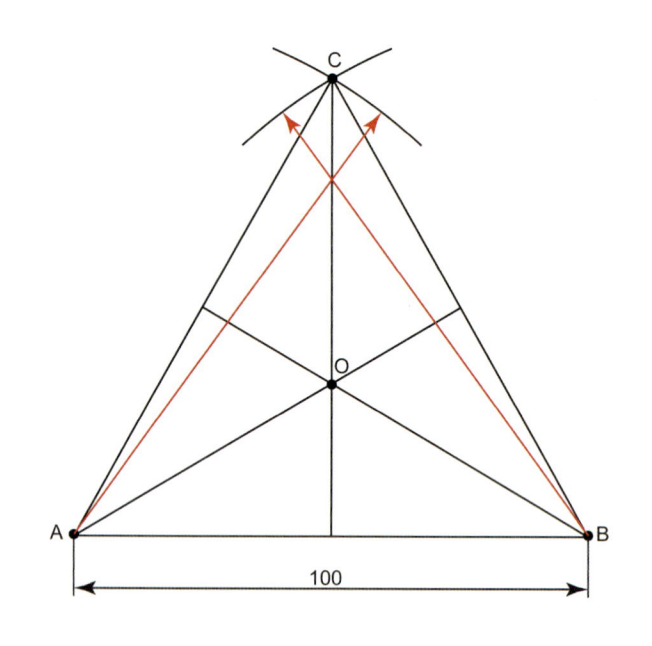

2-14

STEP 2

- 以 O 為圓心，7mm、11mm 為半徑畫出 Ø14 及 Ø22 的同心圓。
- 距離線段 AO 上方 4mm 作平行線。
- 距離線段 CO 右方 4mm 作平行線。
- 距離線段 BO 下方 4mm 作平行線。

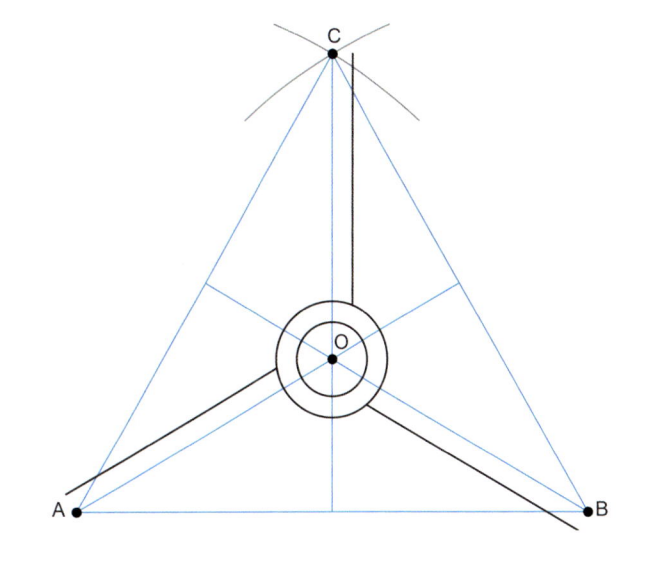

STEP 3

- 以點 O 及 C 為圓心，42mm 為半徑向右方畫弧，兩弧相交一點為 O_1。
- 以點 O_1 為圓心，42mm 為半徑畫出 R42 的圓弧，46mm 為半徑畫出 R46 的圓弧。
- 以點 O 及 B 為圓心，42mm 為半徑向下方畫弧，兩弧相交一點為 O_2。
- 以點 O_2 為圓心，42mm 為半徑畫出 R42 的圓弧，46mm 為半徑畫出 R46 的圓弧。
- 以點 O 及 A 為圓心，42mm 為半徑向上方畫弧，兩弧相交一點為 O_3。
- 以點 O_3 為圓心，42mm 為半徑畫出 R42 的圓弧，46mm 為半徑畫出 R46 的圓弧。

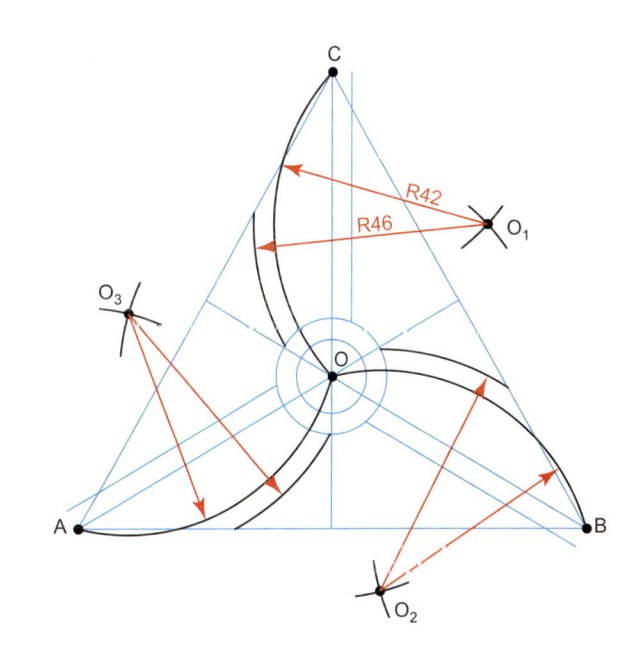

STEP 4

- 確實將線段連接。
- 擦去多餘線條即完成鉛筆稿。

2-15

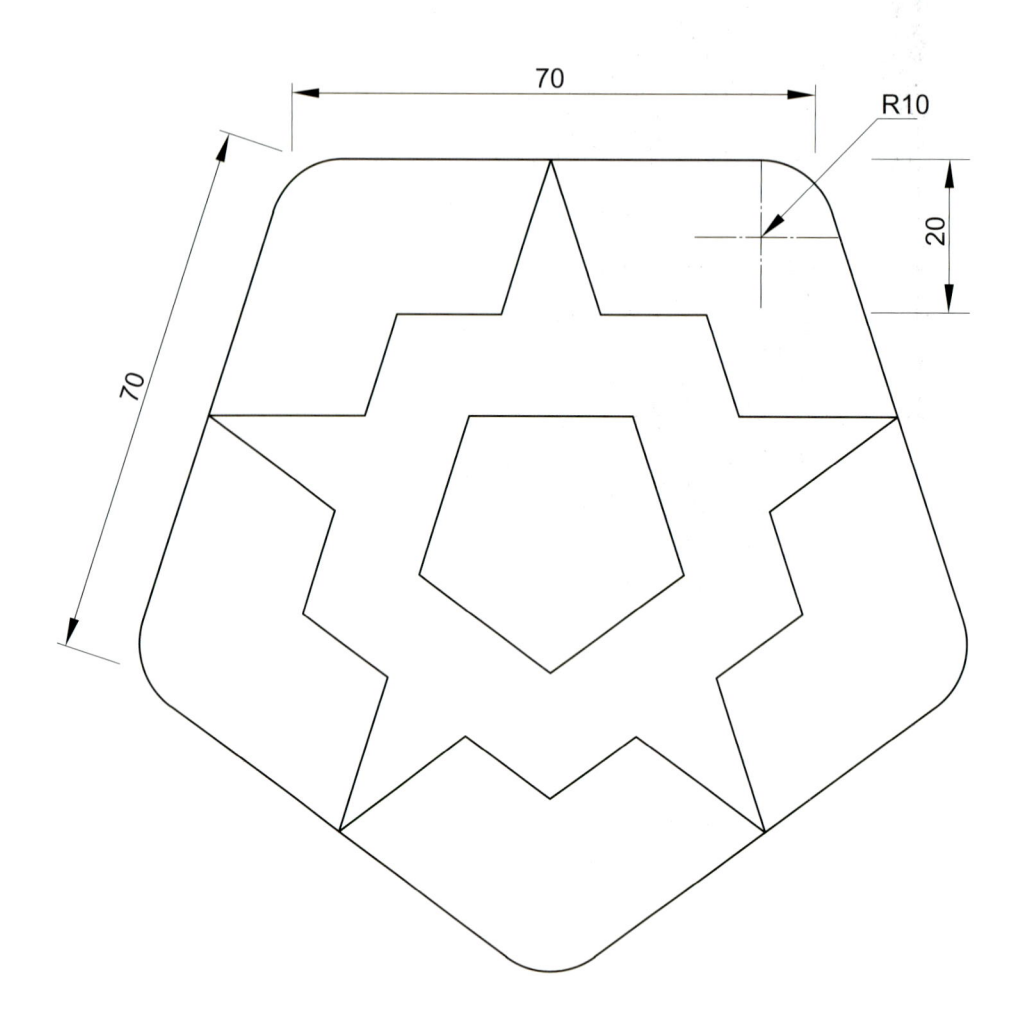

六　試題編號：20100-111306

STEP 1

- 於適當位置處繪製 70mm 線段 AB，過線段 AB 向下做垂直平分線 CF。
- 以 C 為圓心，取線段 AB 長度得 D 點，連接 AD 並延伸。
- 以 D 為圓心，AC 為半徑畫弧於 AD 延伸線上得 E 點。
- 以 A 為圓心，AE 為半徑畫弧，交於 G 點，此為倒五邊形的頂點。
- 在分別以點 A、B、G 為圓心，線段 AB 長度畫弧，即可得倒正五邊形。

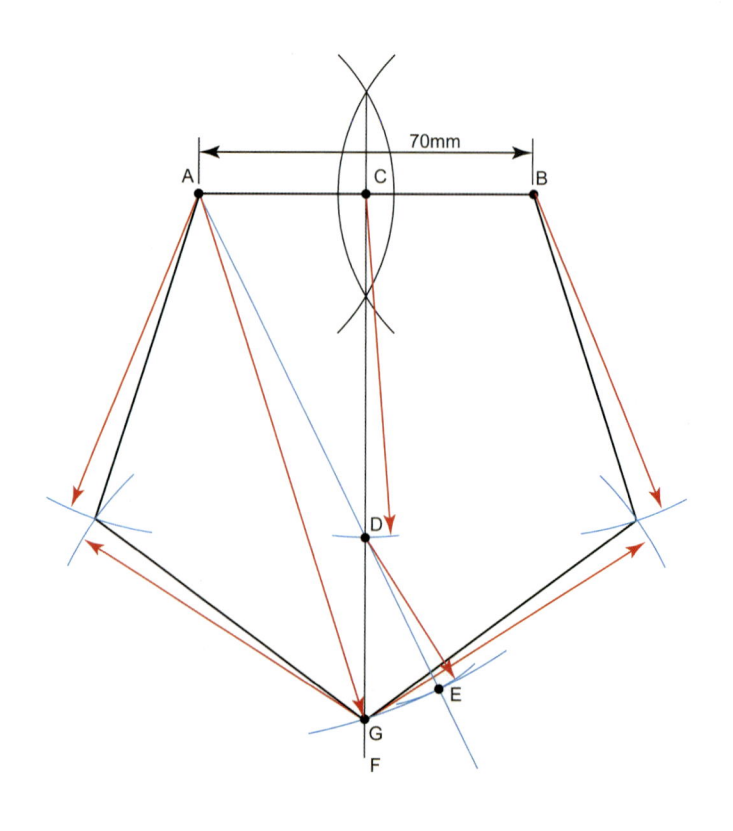

STEP ❷

- 使用兩片三角板配合繪製平行線。
- 分別依照倒正五邊形五個邊向內距離 10mm 及 20mm 繪製每邊兩條平行線。
- 連接距離 20mm 的線段,產生第二個倒正五邊形。
- 以距離 10mm 的線段交點為圓心繪製半徑 10mm 的圓。

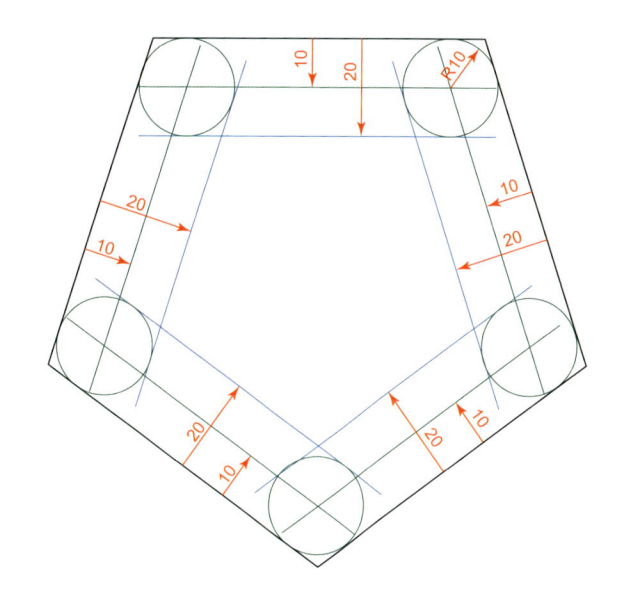

STEP ❸

- 於倒正五邊形五個邊分別建立垂直平分點 P_1、P_2、P_3、P_4、P_5。
- 連結 P_1、P_4,連結 P_1、P_5。
- 連結 P_2、P_3,連結 P_2、P_5。
- 連結 P_3、P_4。

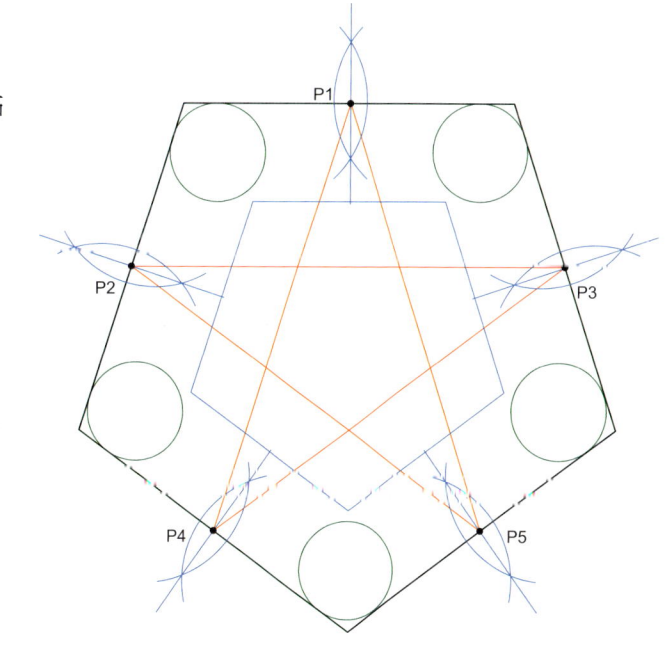

STEP ❹

- 確實將線段連接。
- 擦去多餘線條即完成鉛筆稿。

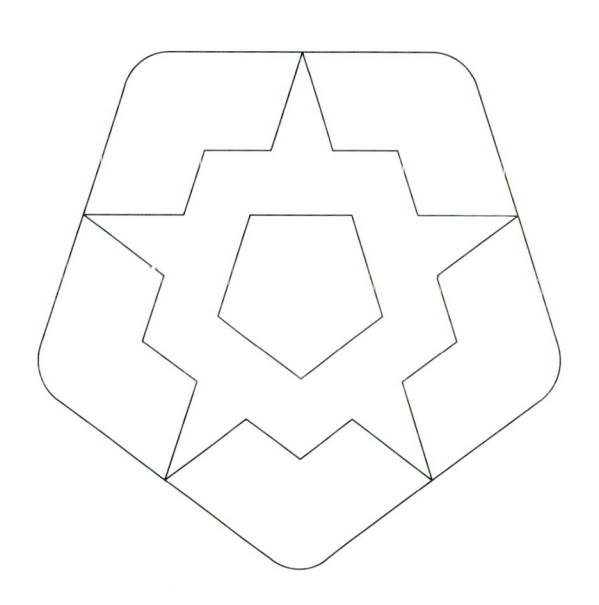

視覺傳達設計
Visual Communication Design

PART 2・術科題庫解析

字體

一、中文字體

歷史緣由

「宋體」為宋代刻板印書通行的字體，宋代參考楷書的基本筆劃並為配合當時必須雕刻木板的活版印刷技術，以致楷體左低右高的筆劃漸漸演變為水平的橫劃，同時也將直劃加粗，但其筆劃也都保留楷書運筆的各式特徵（如點、撇、捺），「宋體」演變到明代逐漸形成較粗的豎筆和較細的橫筆，在橫筆收筆處出現明顯的三角形突起，已經成為一種成熟的印刷字體。本試題中所指的標宋體，則是以教育部標準宋體為藍本加以修改而成，簡稱為標宋體。

宋 ➡ 宋
楷體　　宋體

　　1897 年上海「捷報館」及「上海美華書館」的北美長老會牧師合作在上海成立「商務印書館」，1900 年學習日本「修文書館」的設備及技術，1903 年日本「金港堂」投資商務印書館成為中日合資。接著上海美華書館的六種宋體活字傳到長崎的「崎陽新私塾活字製造所」，並指導日本人「本木昌造」（日本近代印刷之父）製造字體，因為該活字係源自明朝萬曆年間的字體，所以便稱為「明朝體」，這一套活字同時也成為日本製造「明朝體」活字的始祖。後來臺灣從日本引進照相打字系統，「明朝體」一詞也同時帶進臺灣，當時日本最有名的有寫研（Shaken）照相打字公司及森澤（Morisawa）照相打字公司，寫研有「石井明朝體」、「本蘭明朝體」，森澤有「龍明明朝體」，這三套字體都有引進到臺灣市場，而臺灣印刷業使用最廣的是「本蘭明朝體」。1987 年臺灣華康科技開始製作電腦字型，也就沿用「明體」作為稱呼至今。

　　「黑體」則是依宋體字型的筆畫架構，將橫劃以及直劃的粗細調整為相同的方正筆劃。點、撇、捺的書法特徵也都演變為方形的表現形式，僅在起筆與收筆處還可看到些微的書法特徵。

永字八法

　　想要學習中文字型的繪製必須先從認識「永字八法」著手，為何「永字八法」是書法理論中的圭臬呢？主要的原因是相傳智永和尚將東晉書法家王羲之的作品蘭亭序開頭第一個字「永」，拆解成八種基本筆法：側（點）、勒（橫）、弩（豎）、趯（勾）、策（左上撇）、掠（撇）、啄（短撇）、磔（捺），這八種筆法雖然看似簡單但是卻已涵蓋大部分中文字的筆法。

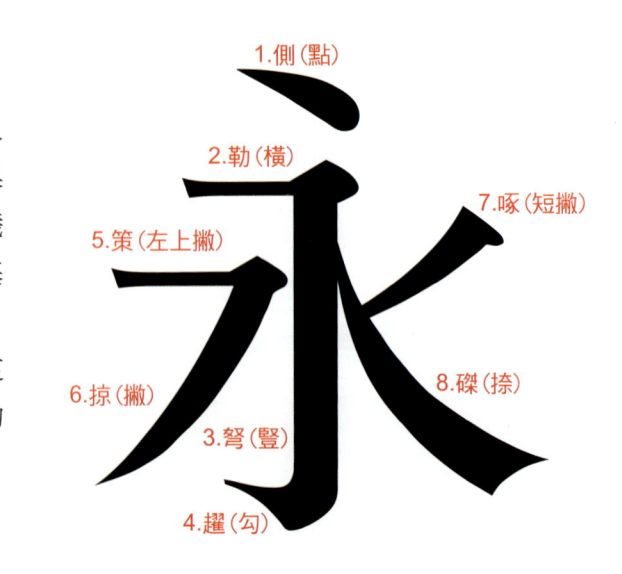

1.側（點）
2.勒（橫）
3.弩（豎）
4.趯（勾）
5.策（左上撇）
6.掠（撇）
7.啄（短撇）
8.磔（捺）

筆劃特徵

一般來說中國書法的運筆包含有三個階段：「起筆」、「送筆」與「收筆」。起筆又有「藏鋒」與「露鋒」兩種，其中藏鋒就是「欲右先左、欲下先上」的入筆方式。送筆就是筆劃運動的行進的過程，有時需要提筆減少筆墨與紙張接觸面積，有時卻需要施力以增加筆墨的寬度。而收筆有「出鋒」與「迴鋒」兩種方式，運筆過程必須送到結尾才是有始有終。以下是書寫中文字時常見的筆劃特徵：

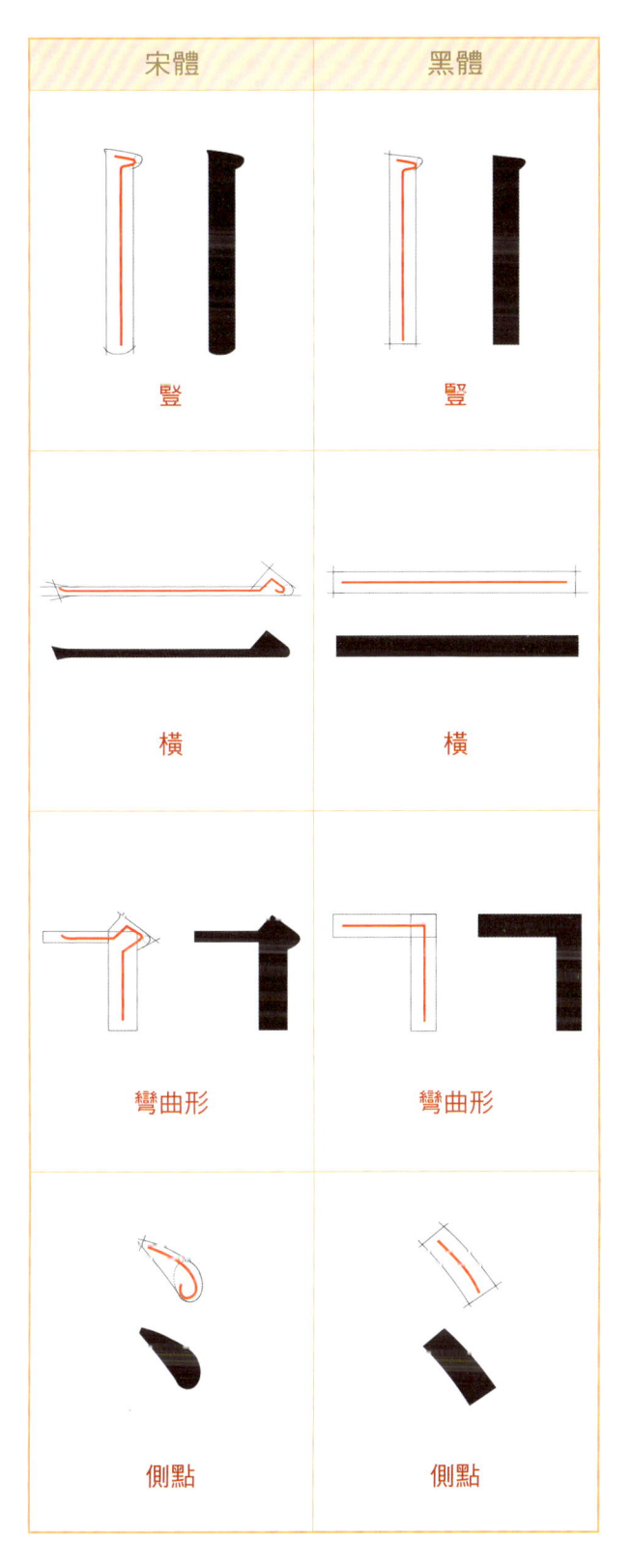

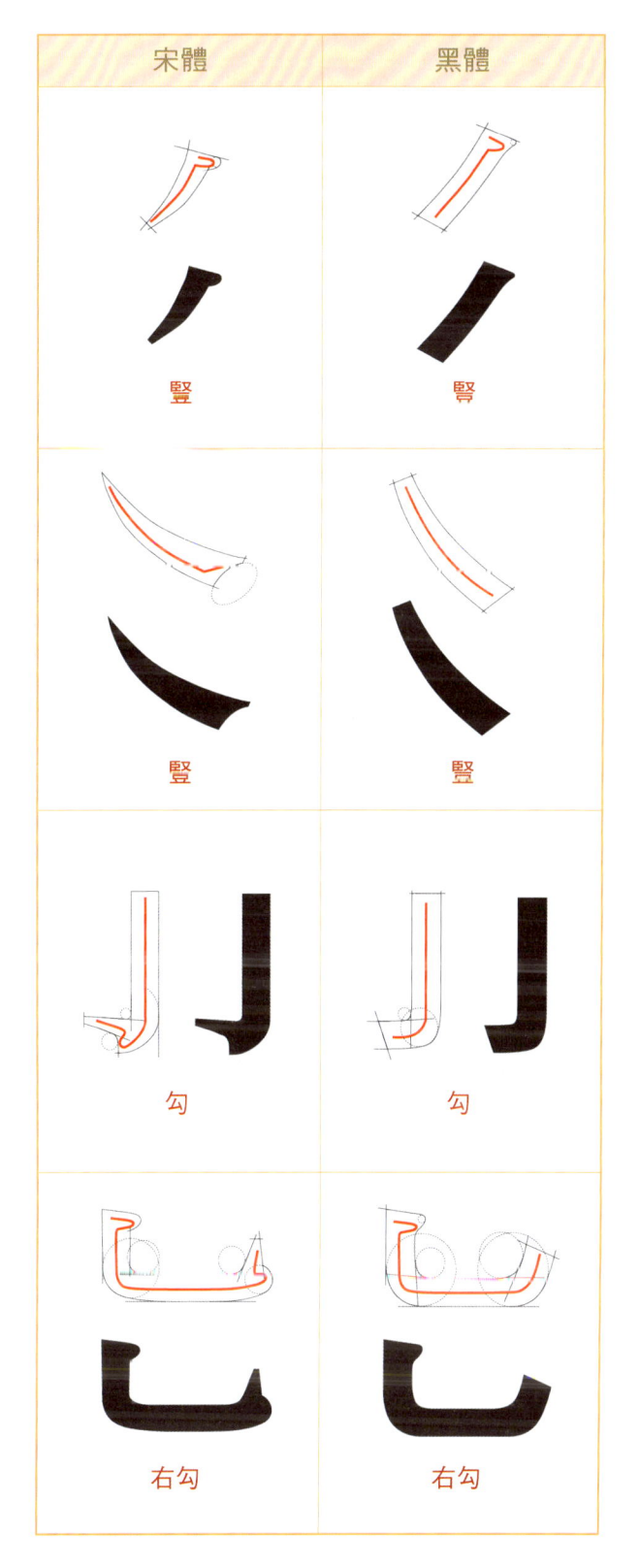

宋體	黑體		宋體	黑體
豎	豎		豎	豎
橫	橫		豎	豎
彎曲形	彎曲形		勾	勾
側點	側點		右勾	右勾

量塊造型

書寫中文字除了必須先熟悉「永字八法」各筆畫間的用筆特徵之外，同時更要認識中文字體如方塊般的造型組合，我們也可以先將中文字分解成部分與部分再組合，或者檢視整體造型比較接近何種幾何形狀。如：

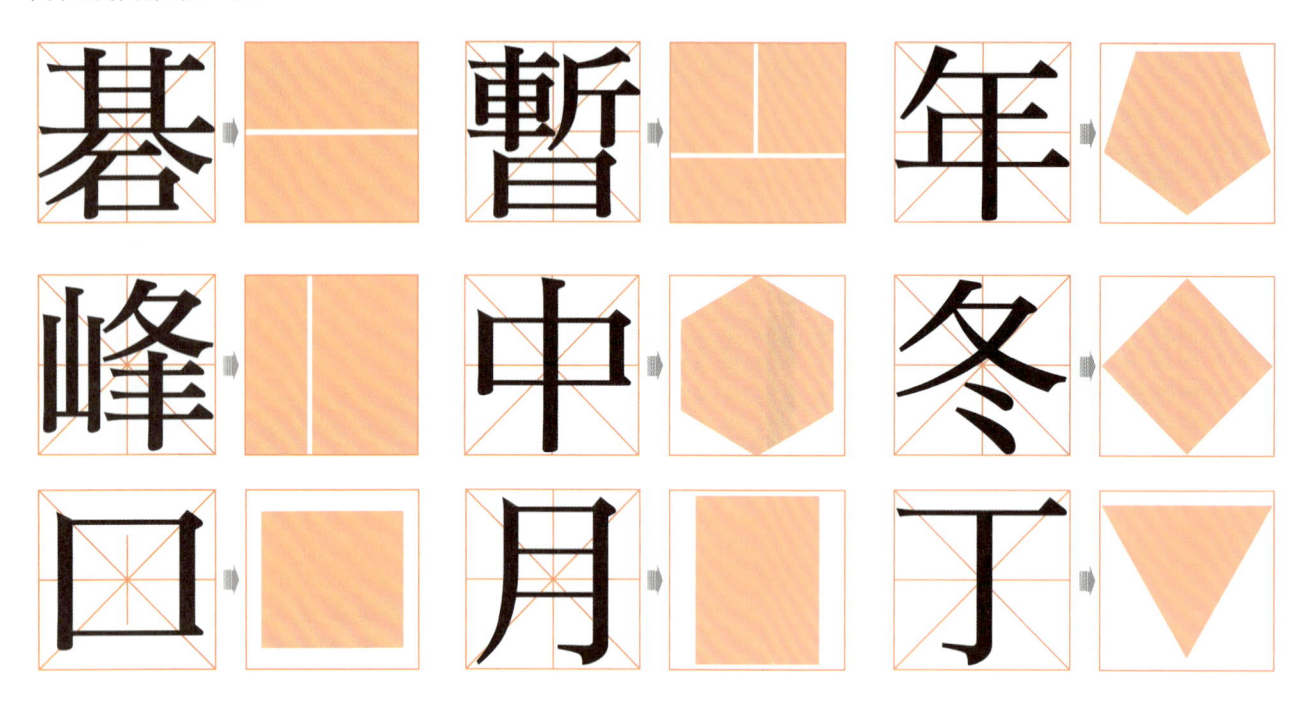

書寫程序

1. 依照規定尺寸畫出輔助格（米字格、井字格）。

2. 分析字體基本造型及配置筆劃，掌握字體重心，使用鉛筆寫出骨架，檢視各部位分割而成的空間是否均衡。

3. 依照永字八法運筆特徵以文字骨架為中心，在骨架兩旁加上適當寬度。

4. 橫劃及直劃尺寸必須依照個別文字進行筆劃尺寸的視覺調整（加粗或調細），以 50mm×50mm 大小的中文字體來說：宋體字的橫畫尺寸約為 1.5mm-2mm、直畫尺寸約為 3.7mm-4.7mm，黑體字的橫、直畫尺寸約為 3.8mm-5mm。

5. 將 50％針筆墨水與 50％黑色廣告顏料均勻混合，使用鴨嘴筆並配合各式工具（直尺、曲線尺、雲形板、圓圈板或橢圓板）壓畫墨線。

6. 使用橡皮擦將輔助格（米字格、井字格）及外圍的鉛筆痕跡擦拭乾淨。

7. 使用平塗筆及圭筆將字型填滿黑色。

PART **2** 術科題庫解析 ｜字體－中文字體

標宋體永字範例　　　　　　　　黑體永字範例

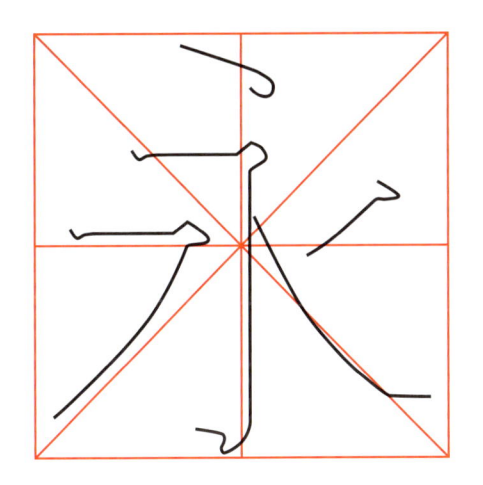

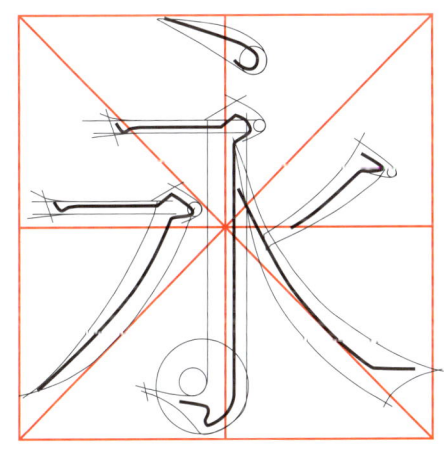

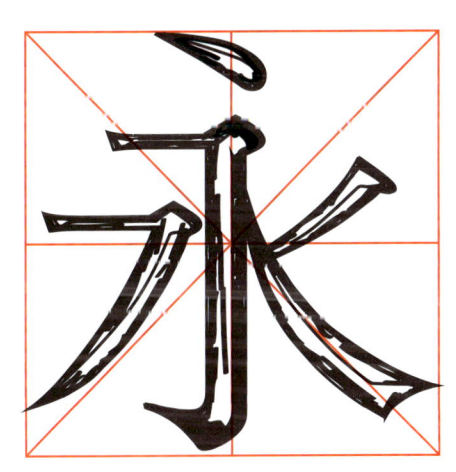

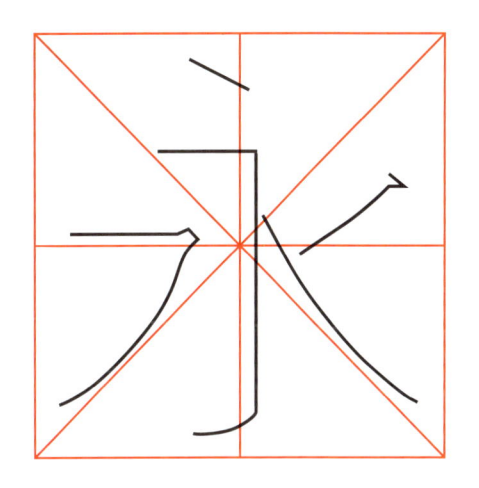

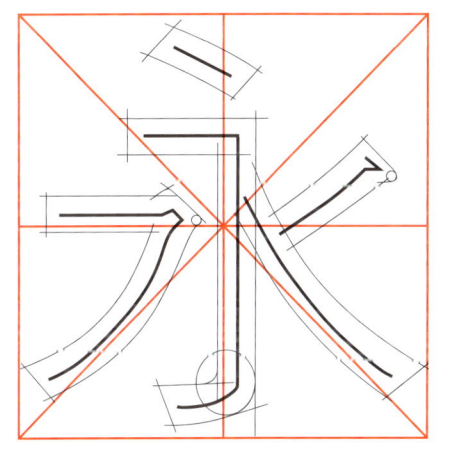

2-23

中文標宋體及黑體

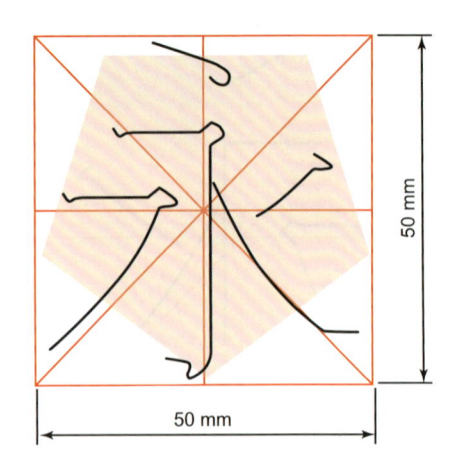

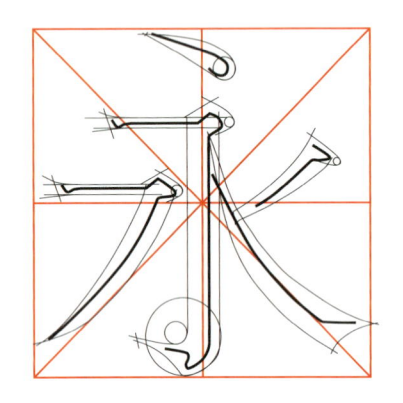

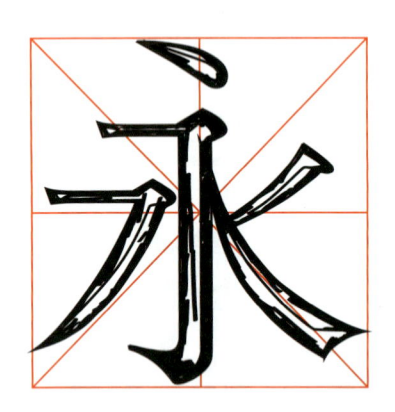

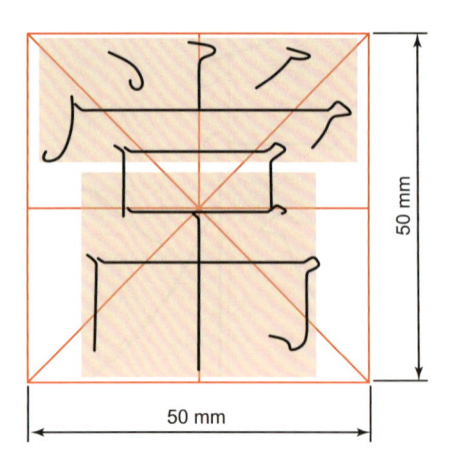

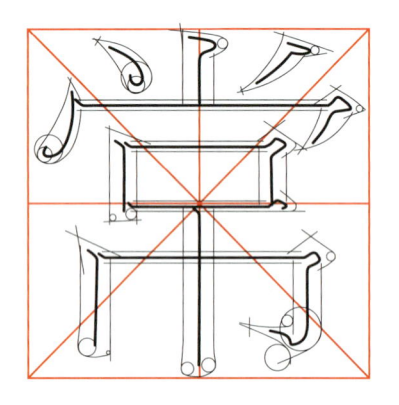

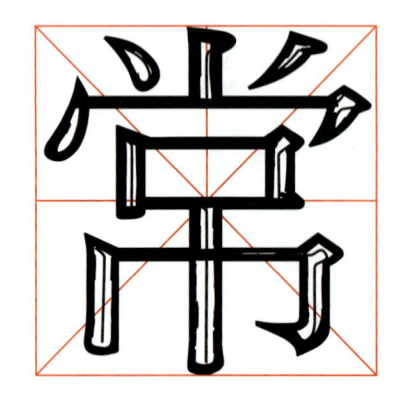

50 mm / 50 mm

50 mm / 50 mm

容易出錯的部分

容易出錯的部分

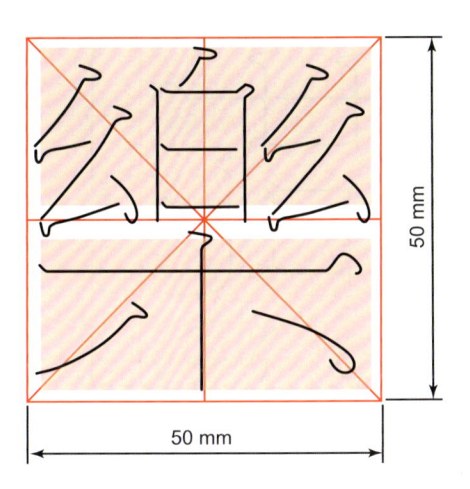

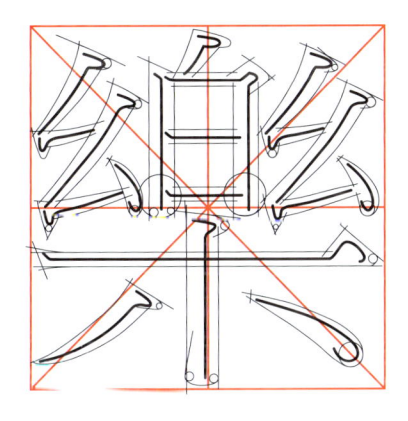

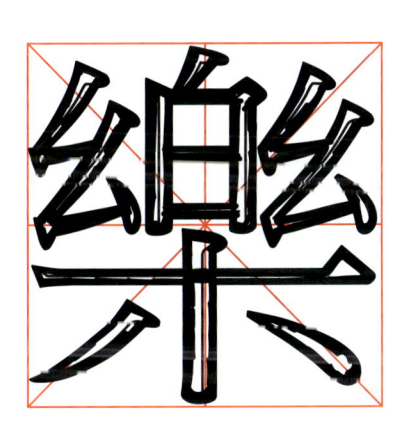

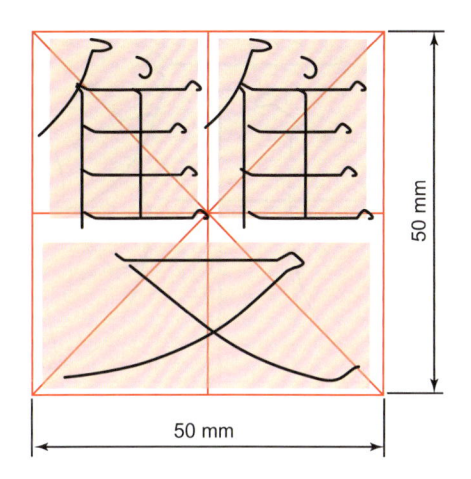

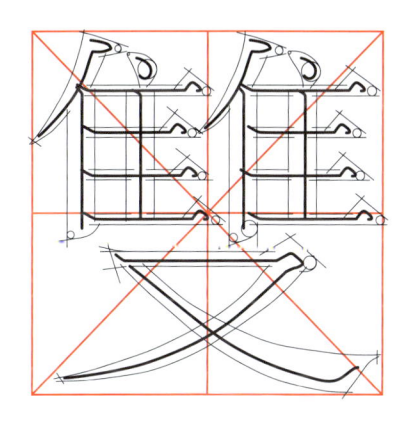

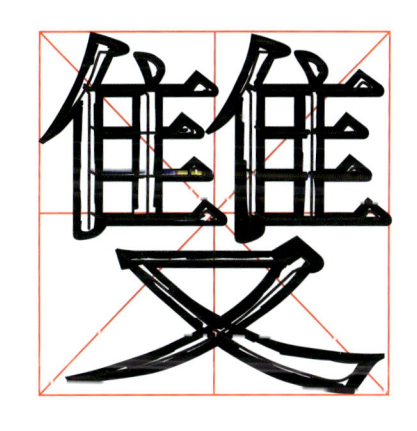

PART ❷ 術科題庫解析 ｜ 字體－中文字體

50 mm × 50 mm

容易出錯的部分

容易出錯的部分

2-25

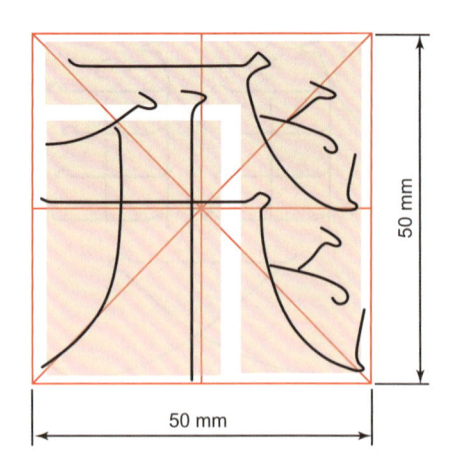

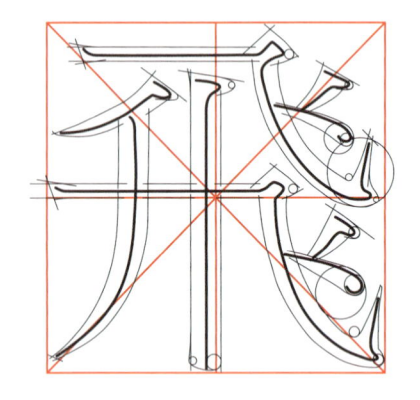

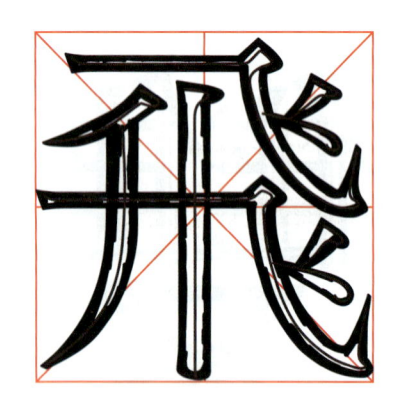

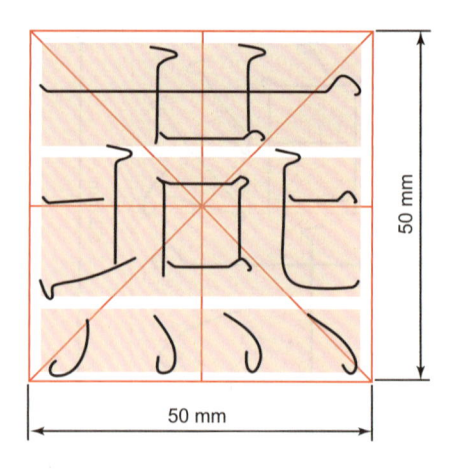

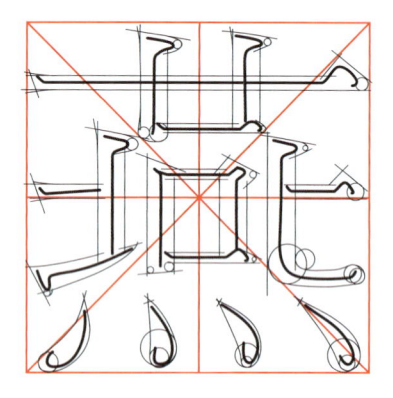

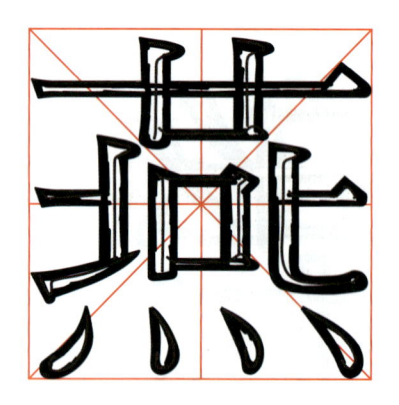

視覺傳達設計｜丙級檢定學術科應檢寶典

50 mm / 50 mm

50 mm / 50 mm

容易出錯的部分

容易出錯的部分

2-26

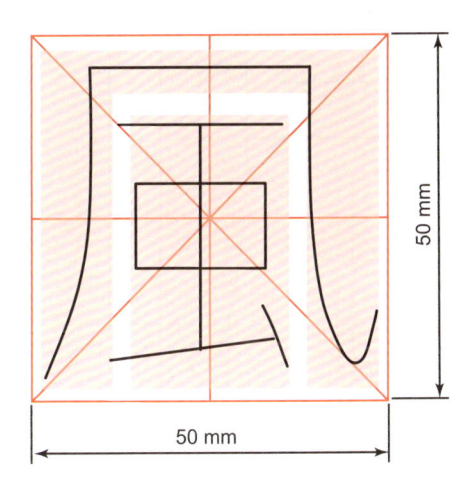

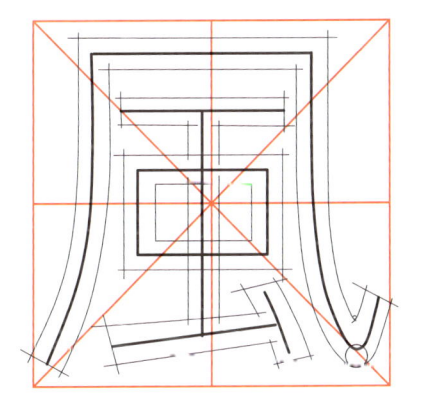

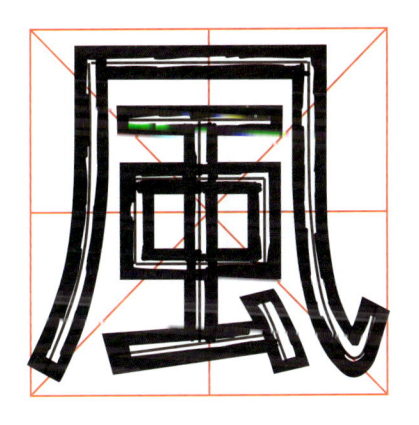

PART ❷ 術科題庫解析 ｜ 字體－中文字體

容易出錯的部分

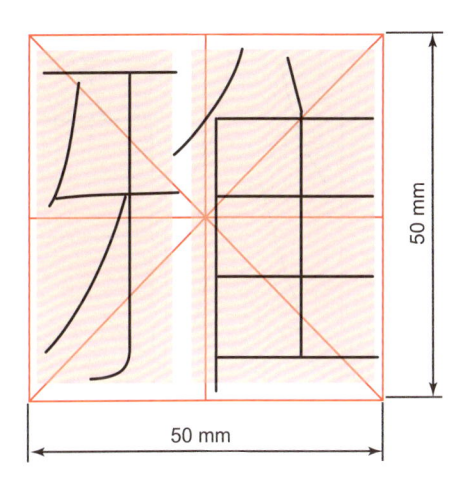

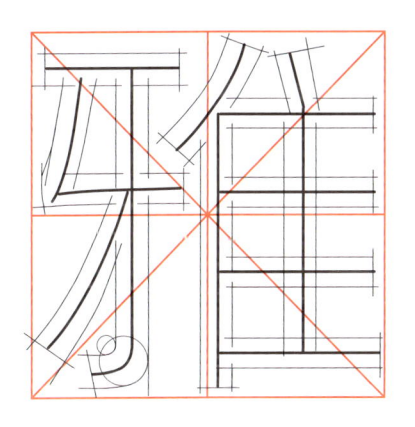

容易出錯的部分

2-27

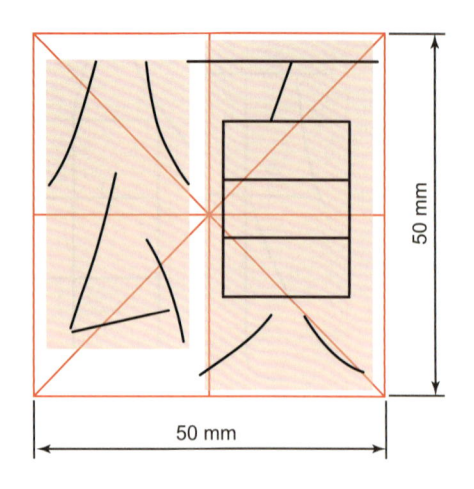

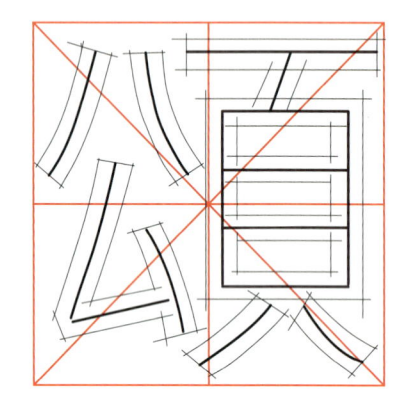

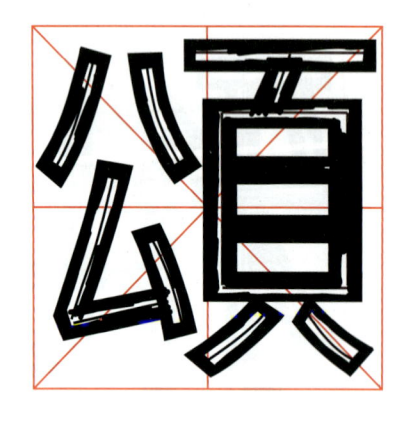

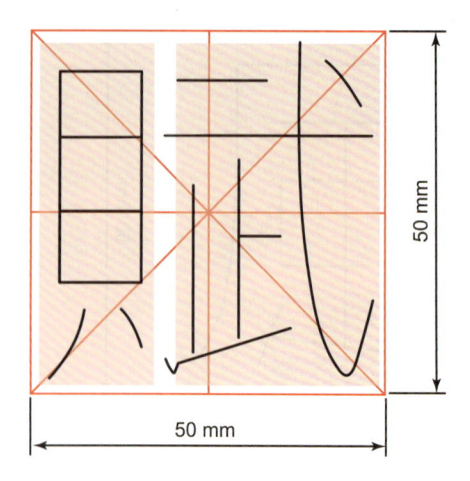

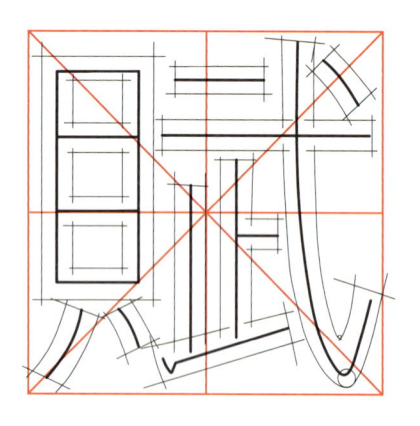

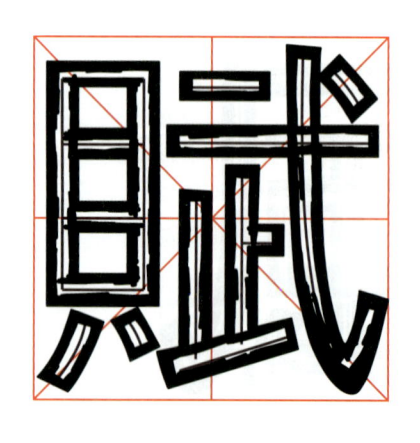

視覺傳達設計｜丙級檢定學術科應檢寶典

50 mm
50 mm
50 mm
50 mm

容易出錯的部分

容易出錯的部分

2-28

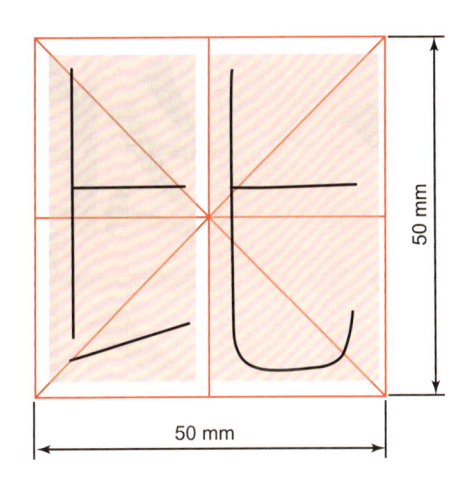

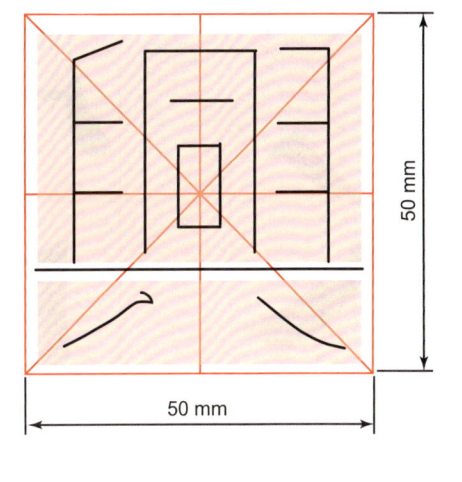

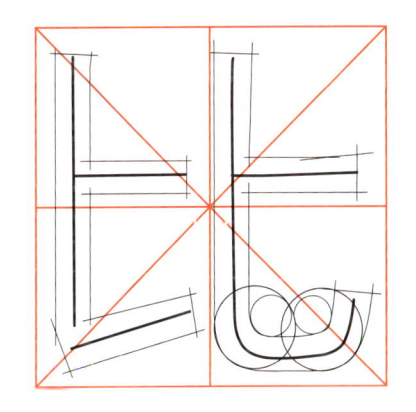

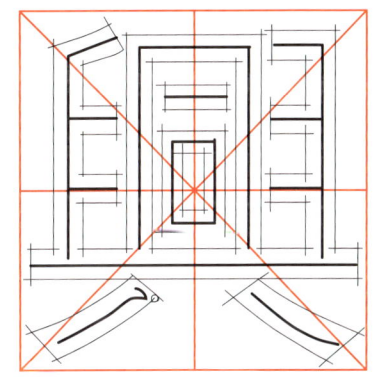

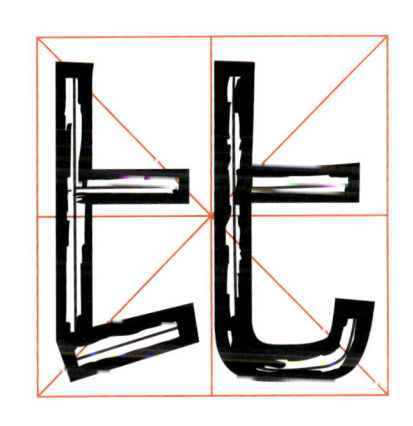

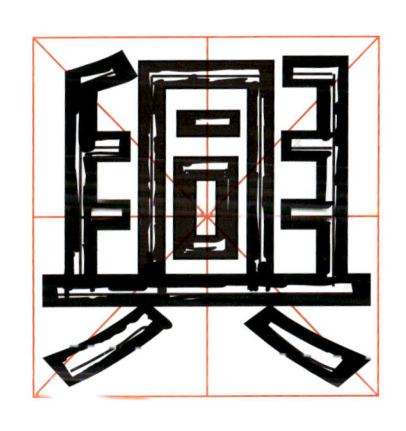

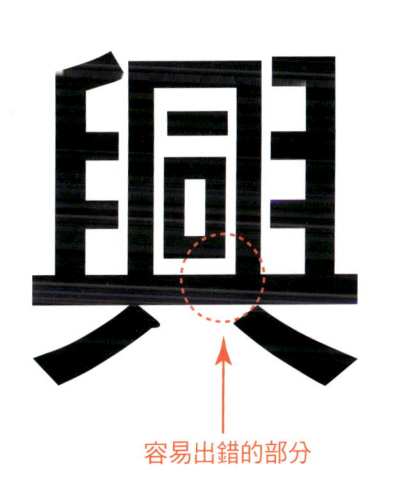

PART ❷ 術科題庫解析 ｜ 字體－中文字體

50 mm / 50 mm

50 mm / 50 mm

容易出錯的部分

容易出錯的部分

2-29

永	常	樂
雙	飛	燕
風	雅	頌
賦	比	興

二、英文字體

歷史緣由

腓尼基人創造了腓尼基文字，後來希臘人加入部分字母，接著羅馬帝國征服希臘後加以整理使其完備，最後經過英國諾曼人補充字母而成為今天的英文字母。英文字母為表音文字體系由 A…Z 等 26 個字母組成，所有英文單字都是由這 26 個字母排列組合而成，英文字母的造型都是由直線與弧線組合而成，依照字體特徵又可分「有襯線字型」（Serif Font）以及「無襯線字型」（Sans-Serif Font）兩種：

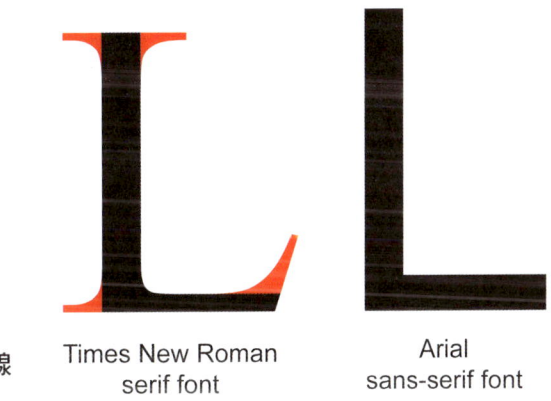

紅色部分為襯線　　Times New Roman serif font　　Arial sans-serif font

- 常見有襯線字型有：Times New Roman、Garamond
- 常見無襯線字型有：Arial、Helvetica

筆畫特徵

本試題中的羅馬體以 Times New Roman（泰晤士新羅馬）字型為代表，是最常見且廣為人知的襯線字體之一，在字型設計上屬於過渡型襯線體，是由英國蒙納公司（Monotype）於 1932 年發表，並為英國的泰晤士報（The Times）首次採用，Times New Roman 字型大寫英文字母各部分結構及名稱如下：

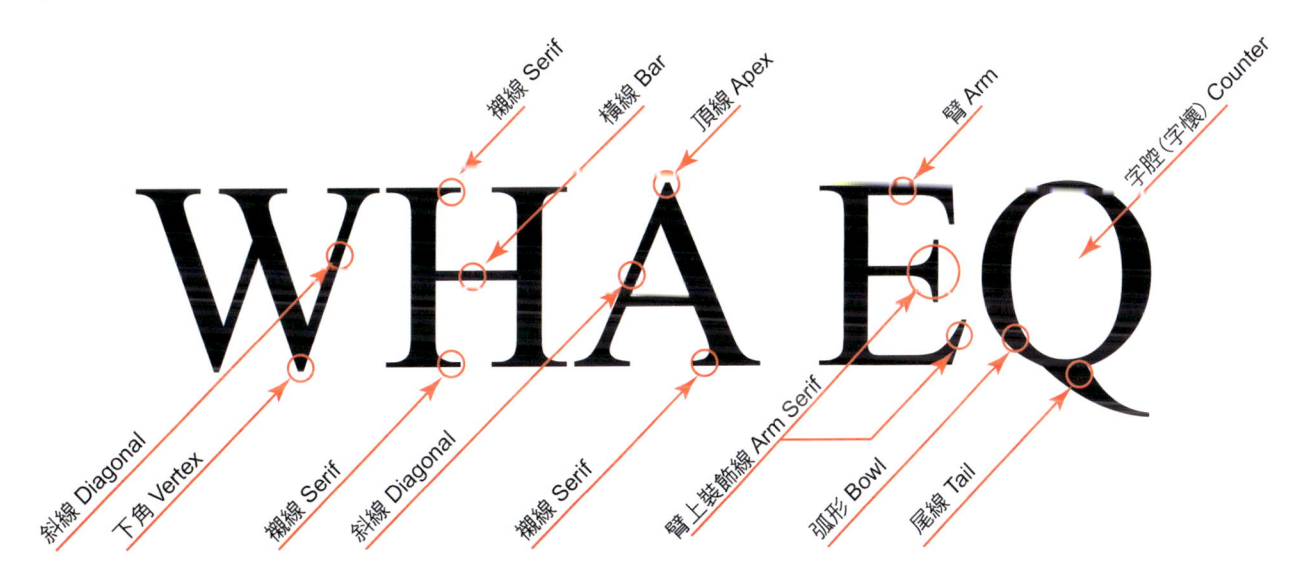

WHA EQ

- 斜線 Diagonal
- 下角 Vertex
- 襯線 Serif
- 斜線 Diagonal
- 橫線 Bar
- 襯線 Serif
- 頂線 Apex
- 臂 Arm
- 臂上裝飾線 Arm Serif
- 弧形 Bowl
- 字腔（字懷）Counter
- 尾線 Tail

英文黑體是以 Arial 字型為範本，Arial 字型結構和中文黑體特徵相近似，為橫劃與直劃的尺寸相近的方正筆劃。

Maya

Arial 字型的研發歷史為 1975 年 IBM 公司生產出第一部商用雷射印表機「3800」，當新型「3800-3」雷射印表機要推出時，IBM 公司希望能在新的機器裡內建 Times New Roman 與 Helvetica 這兩套字型，但是和 IBM 公司合作的英國蒙納公司並沒有 Helvetica 的授權，蒙納公司於是就向 IBM 公司提議是否可以研發一套字型來替代 Helvetica 字型，IBM 公司接受了這個提案，於是就由蒙納公司的羅賓‧尼可拉斯（Robin Nicholas）與派翠西亞‧桑德斯（Patricia Saunders）合作設計出 Arial 字型，最後則以 Sonoran Sans Serif 的字型名稱內建於 IBM 公司的雷射印表機系統中。1992 年，Arial 字型獲選為 Windows、Mac 的核心字型，成為全世界最普及的字體。

英文字體的導線

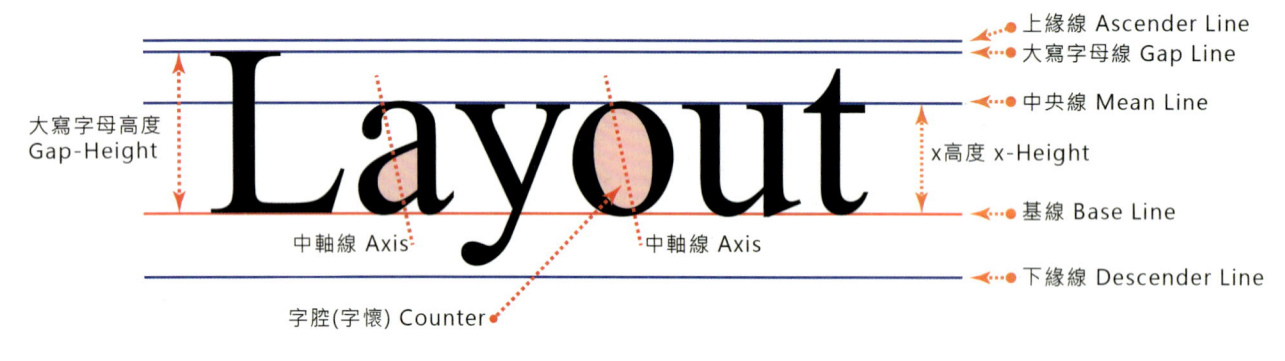

英文字體的導線

- 字腔（字懷）：字母內部的虛空間，例如：C、O、P、U 封閉、半封閉的空間。
- 負空間：字母內外空白的部份。
- 中軸線：決定字母的重心，重心導引視線，使閱讀較為舒適。
- 字母筆畫的粗細及樣式有：Black（超粗）、Heavy（特粗）、Bold（粗）、Semi-bold（半粗）、Medium（中等）、regular（常規）、Display、Semi-light（稍細）、light（細）、Ultra light（特細）、Book（書體）、Thin（瘦長體）、Condensed（窄字體）、Expanded（寬體）、Italic（斜體）、Slanted（仿斜體）。

視覺修正

英文單字雖只是字母與字母的組合,但是不同字母組成長短不一的單字時,更要特別注意字母間的「視覺修正」。有時必須加大間距,有時卻必須縮小間距,更不可以完全相同間距。所以並無所謂固定的字母間距,而是端看當下字母的組合狀況來進行視覺修正。

- 字母排列是以字母與字母間的空間(Ⓐ、Ⓑ、Ⓒ、Ⓓ、Ⓔ)面積視覺平衡為原則。

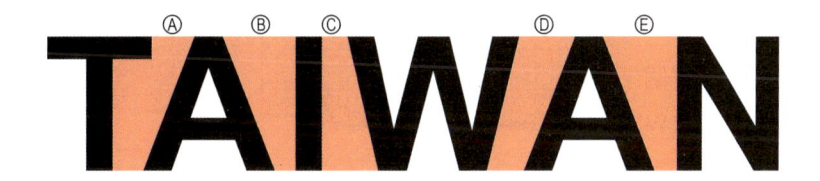

- 字母排列距離過窄,容易產生壓迫的感覺。

- 字母排列距離太寬,容易造成鬆散的感覺。

- 字母排列距離寬窄不一,容易造成不整齊的感覺。

- 字母排列等距,容易造成不整齊的感覺。

- 字母排列距離適當。

書寫程序

1. 依照規定尺寸畫出輔助格。

2. 分析字體基本造型及配置筆劃，使用鉛筆寫出骨架，以檢視各部位分割而成的空間是否均衡。

3. 橫劃及直劃尺寸必須依照個別文字進行筆劃尺寸的視覺調整（加粗或調細）。

4. 將 50％針筆墨水與 50％黑色廣告顏料均勻混合，使用鴨嘴筆並配合各式工具（直尺、曲線尺、雲形板、圓圈板或橢圓板）壓畫墨線。

5. 使用橡皮擦將輔助格及外圍的鉛筆痕跡擦拭乾淨。

6. 使用平塗筆及圭筆將字型填滿黑色。

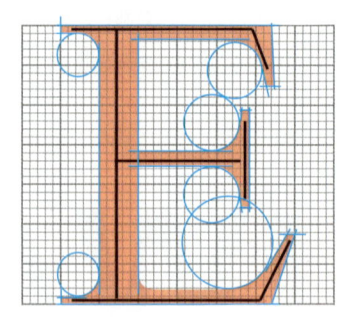

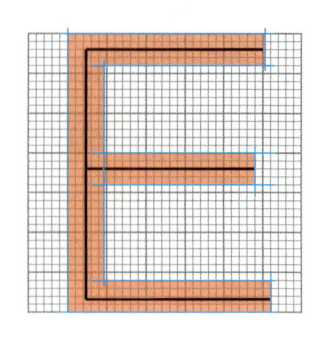

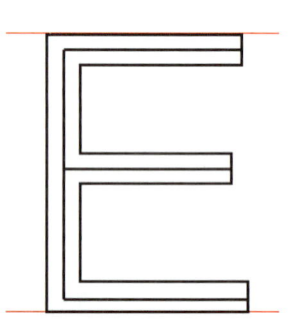

羅馬體　範例　　　　黑體　範例

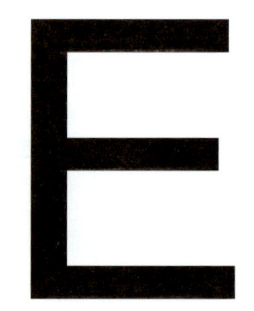

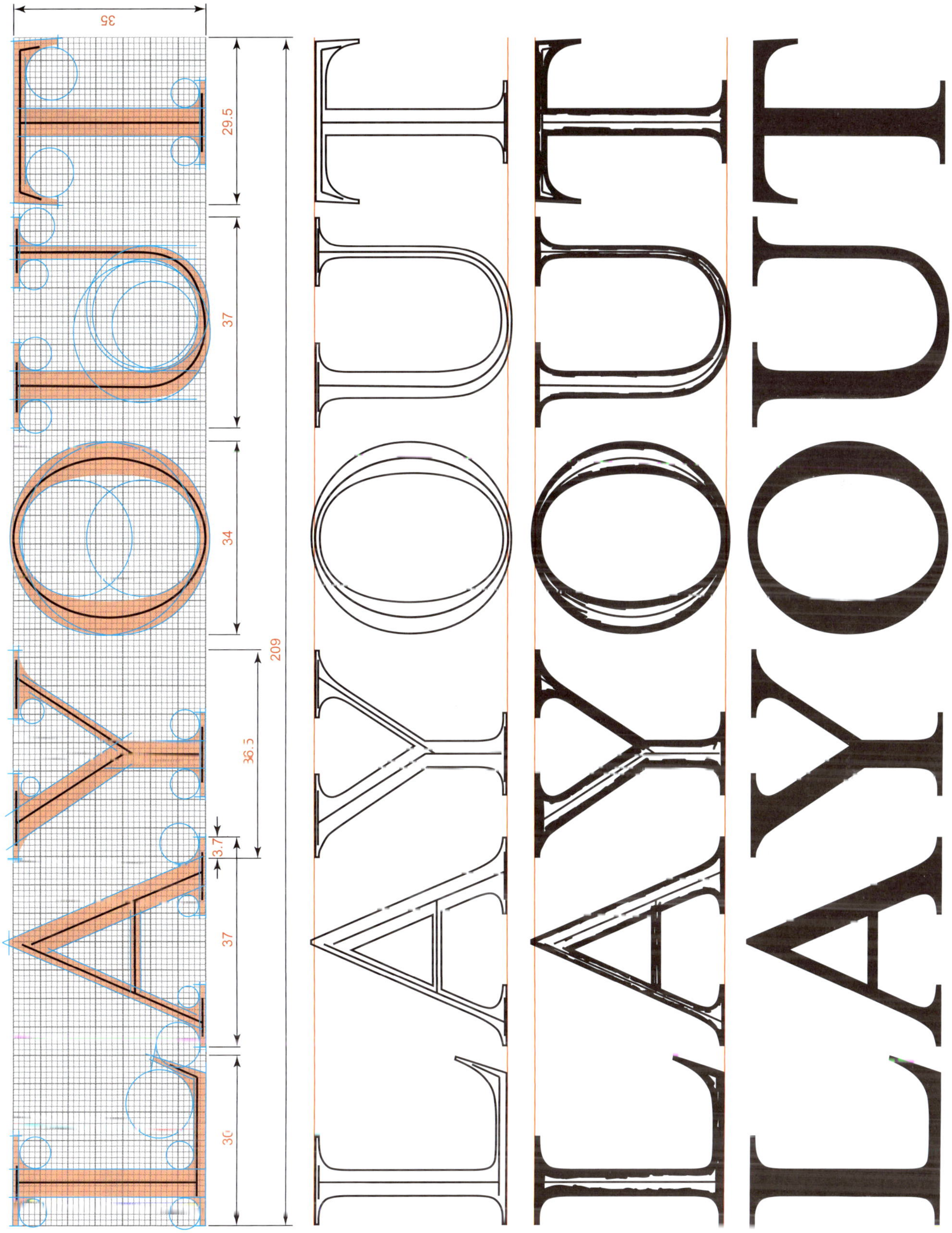
35
29.5
37
34
209
36.5
3.7
37
30

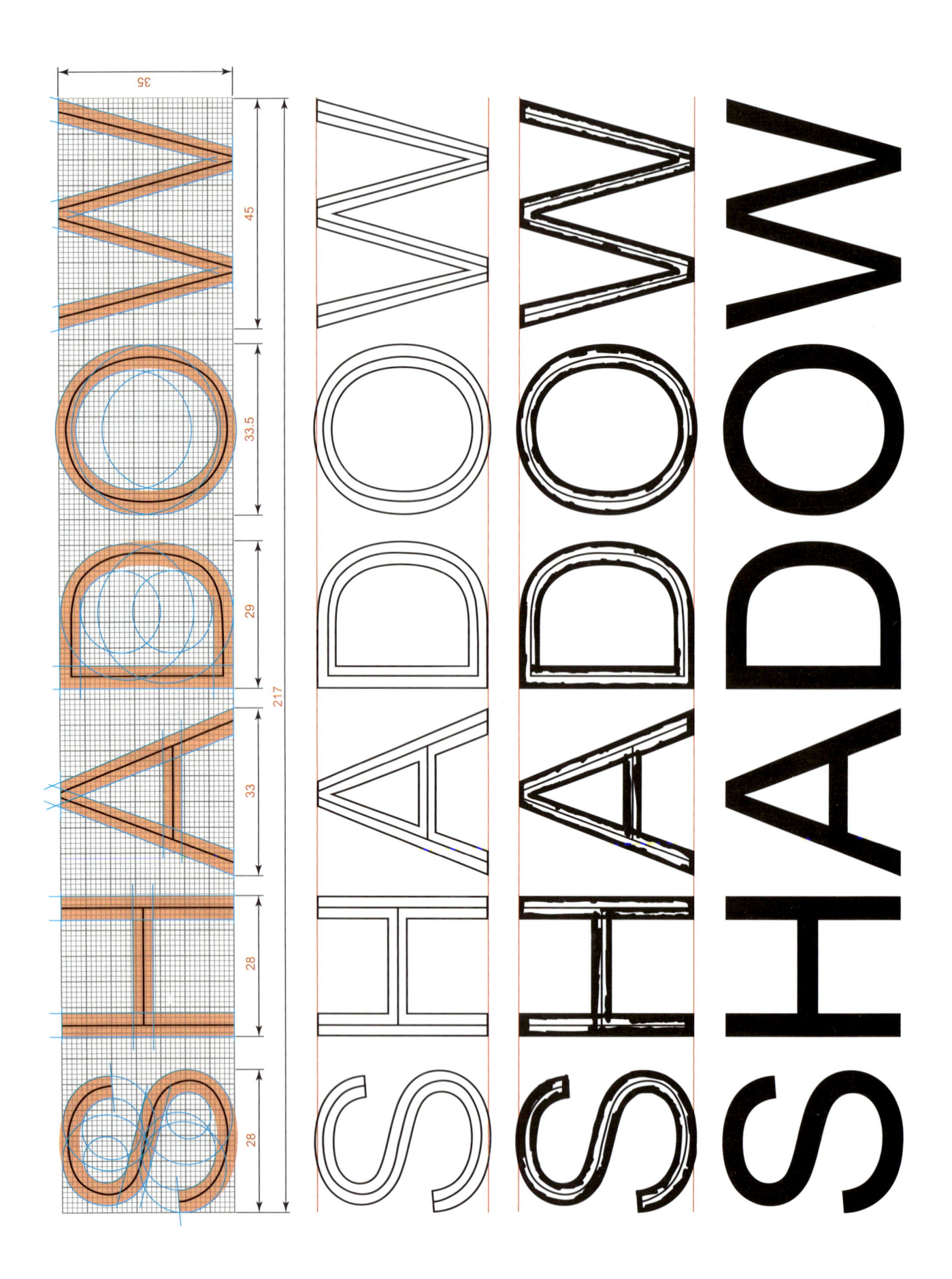

視覺傳達設計 | 丙級檢定學術科應檢寶典

視覺傳達設計
Visual Communication Design

PART 2・術科題庫解析

色彩設定

色彩原理

根據補色原理，洋紅、黃和青三個色料在理想的狀態下等量混和可以形成黑（但實務上三色等量混和之後只能形成一種深灰、深褐色而非黑），依此理論兩色等量混和後可形成黑的即為補色。而主色於色相環中兩側 10~30 度內的所有色彩都可以為類似色；主色於色相環中兩側 150~170 度內的所有色彩都可以為對比色。

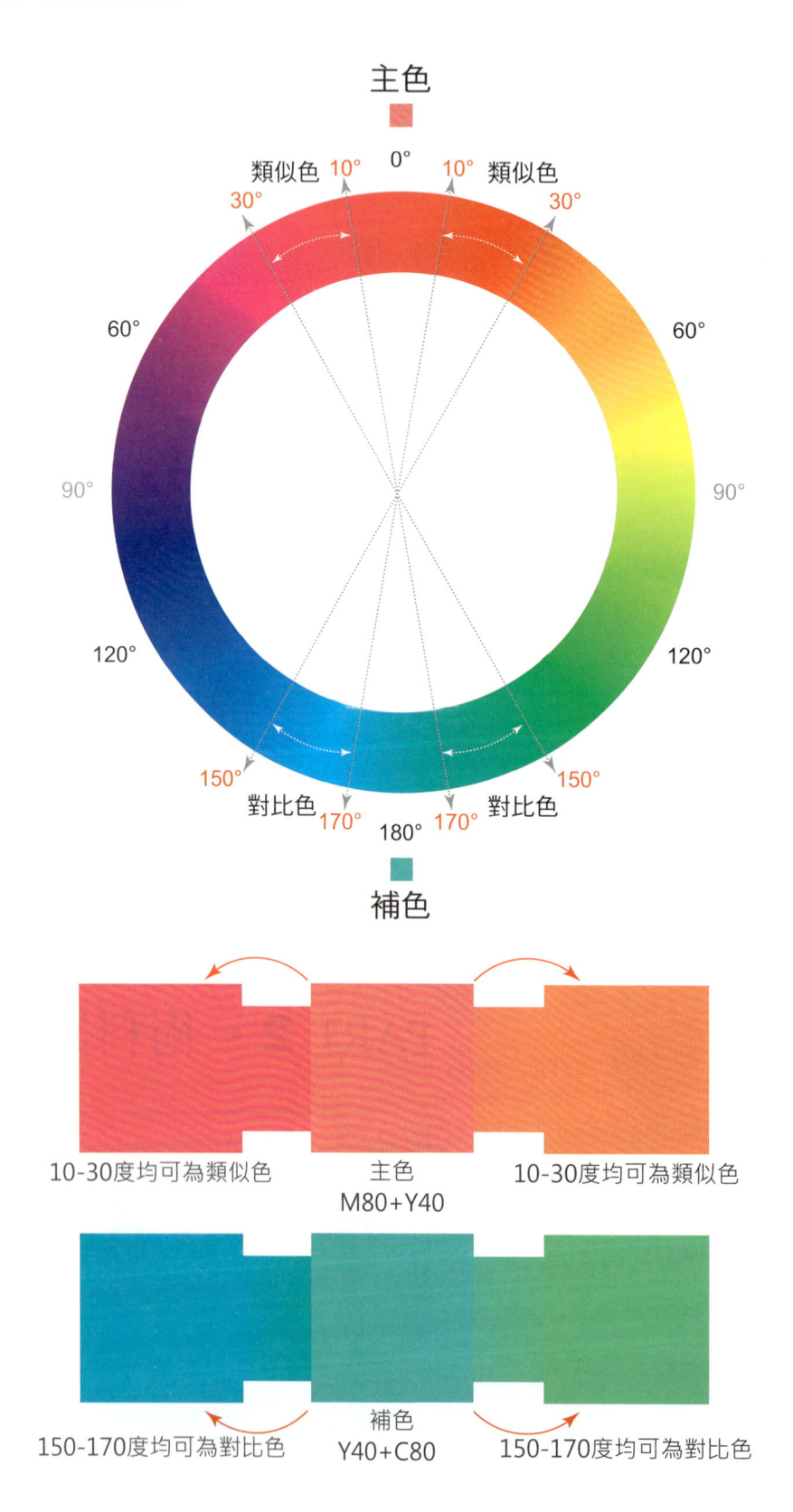

主色

類似色 10° 0° 10° 類似色
30° 30°
60° 60°
90° 90°
120° 120°
150° 150°
對比色 170° 180° 170° 對比色

補色

10-30度均可為類似色　　主色 M80+Y40　　10-30度均可為類似色

150-170度均可為對比色　　補色 Y40+C80　　150-170度均可為對比色

PART ❷ 術科題庫解析 | 色彩設定

一、試題編號：20100-110301

- 主色 M80+Y40
- （M80+Y40）+（Y40+C80）=M80+Y80+C80
- 補色為 Y40+C80
- 使用塑膠小湯匙依比例調製出主色以及補色。
- 主色於色相環中兩側 10~30 度內的色彩都可以為類似色。
  以主色為母色，加入少量的紅色或黃色即可成為類似色。
- 主色於色相環中兩側 150~170 度內的色彩都可以為對比色。
  以補色為母色，加入少量的藍色或黃色即可成為對比色。

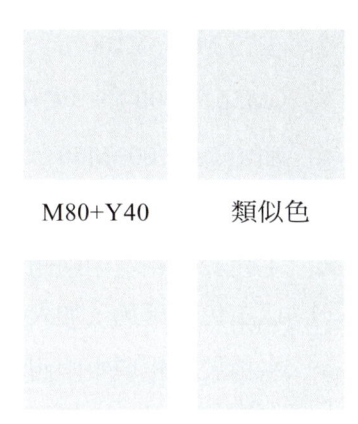

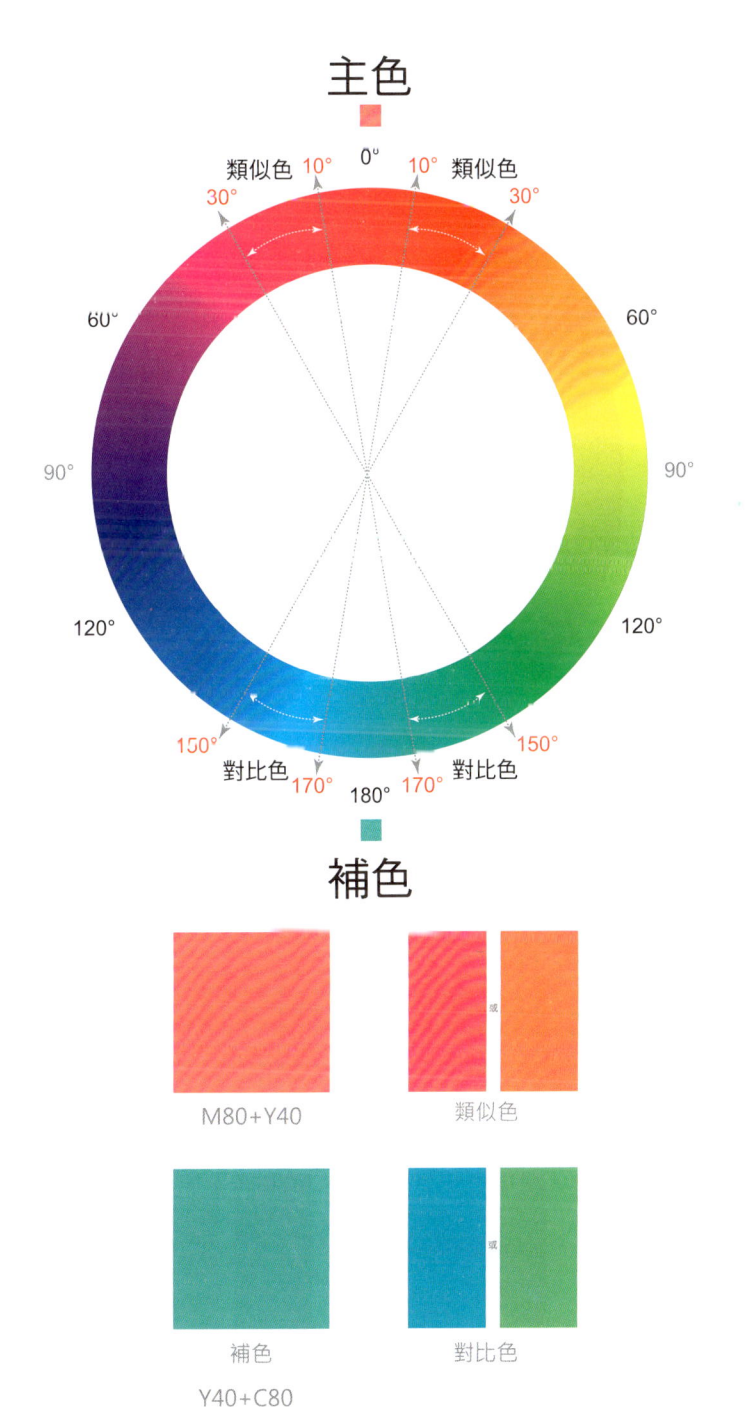

| M80+Y40 | 類似色 |
| 補色 | 對比色 |

主色

0° 類似色 10° 10° 類似色
30° 30°
60° 60°
90° 90°
120° 120°
150° 150°
對比色 170° 170° 對比色
180°

補色

M80+Y40　類似色

補色　對比色

Y40+C80

2-39

二、試題編號：20100-110302

- 主色 M50+Y100
- （M50+Y100）+（C100+M50）=M100+Y100+C100
- 補色為 C100+M50
- 使用塑膠小湯匙依比例調製出主色以及補色。
- 主色於色相環中兩側 10~30 度內的色彩都可以為類似色。
  以主色為母色，加入少量的紅色或黃色即可成為類似色。
- 主色於色相環中兩側 150~170 度內的色彩都可以為對比色。
  以補色為母色，加入少量的紅色或藍色即可成為對比色。

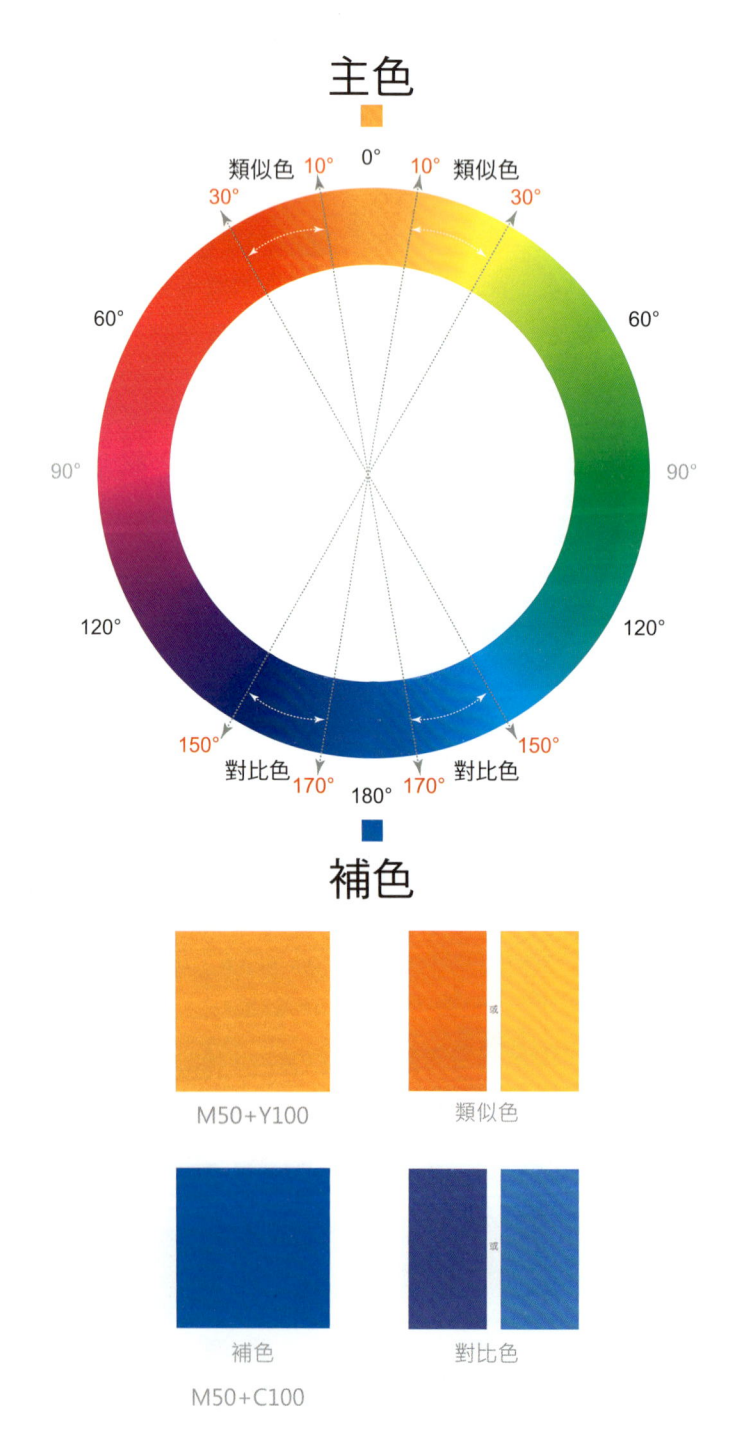

M50+Y100　類似色

補色　對比色

主色

類似色 10° 0° 10° 類似色
30°　　　　　　30°
60°　　　　　　　　60°
90°　　　　　　　　　90°
120°　　　　　　　　120°
150°　　　　　　　　150°
對比色 170° 180° 170° 對比色

補色

M50+Y100　類似色

補色　對比色
M50+C100

三 試題編號：20100-110303

- 主色 C60+Y80
- （C60+Y80）+（C20+M80）=C80+Y80+M80
- 補色為 C20+M80
- 使用塑膠小湯匙依比例調製出主色以及補色。
- 主色於色相環中兩側 10~30 度內的色彩都可以為類似色。
  以主色為母色，加入少量的黃色或藍色即可成為類似色。
- 主色於色相環中兩側 150~170 度內的色彩都可以為對比色。
  以補色為母色，加入少量的紅色或藍色即可成為對比色。

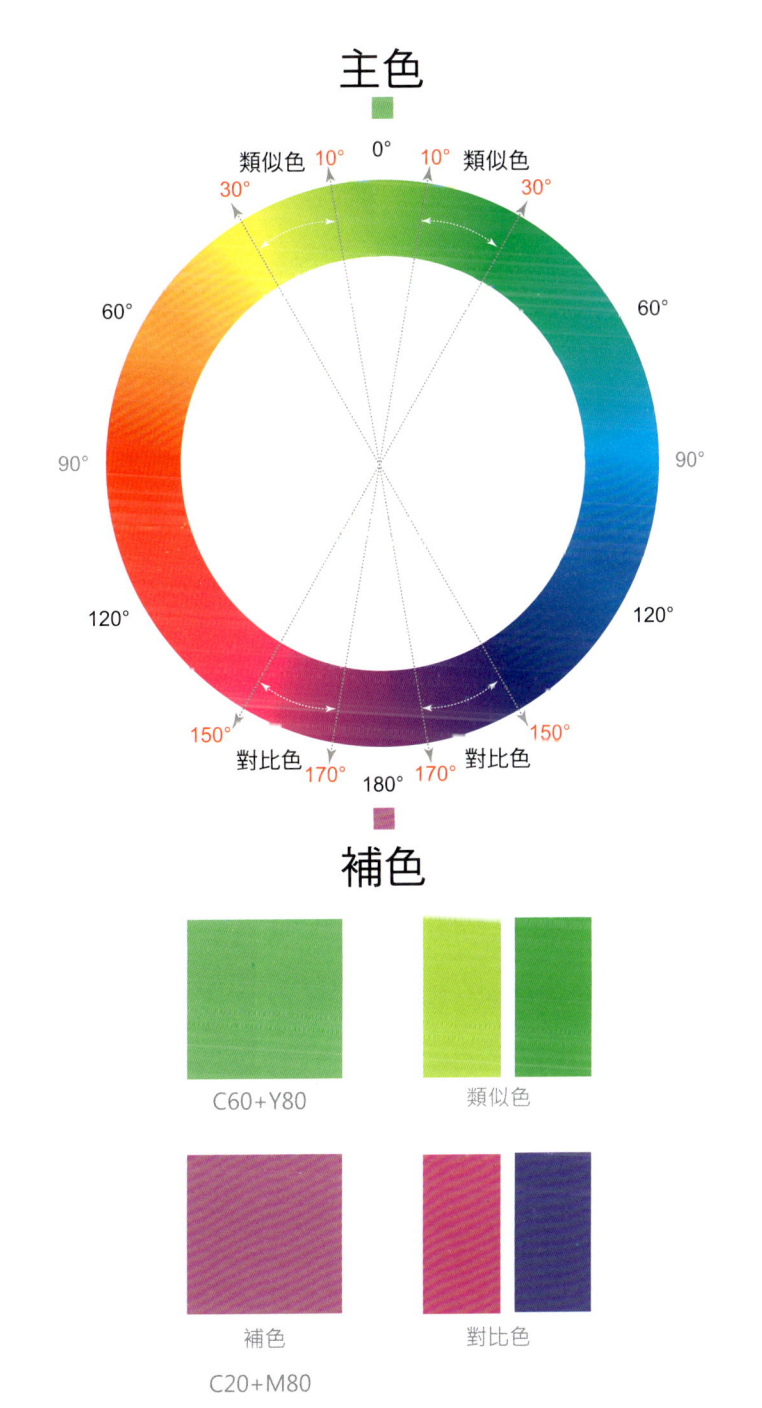

C60+Y80　類似色

補色　對比色

主色

類似色 10° 0° 10° 類似色
30° 30°
60° 60°
90° 90°
120° 120°
150° 150°
對比色 170° 180° 170° 對比色

補色

C60+Y80　類似色

補色　對比色
C20+M80

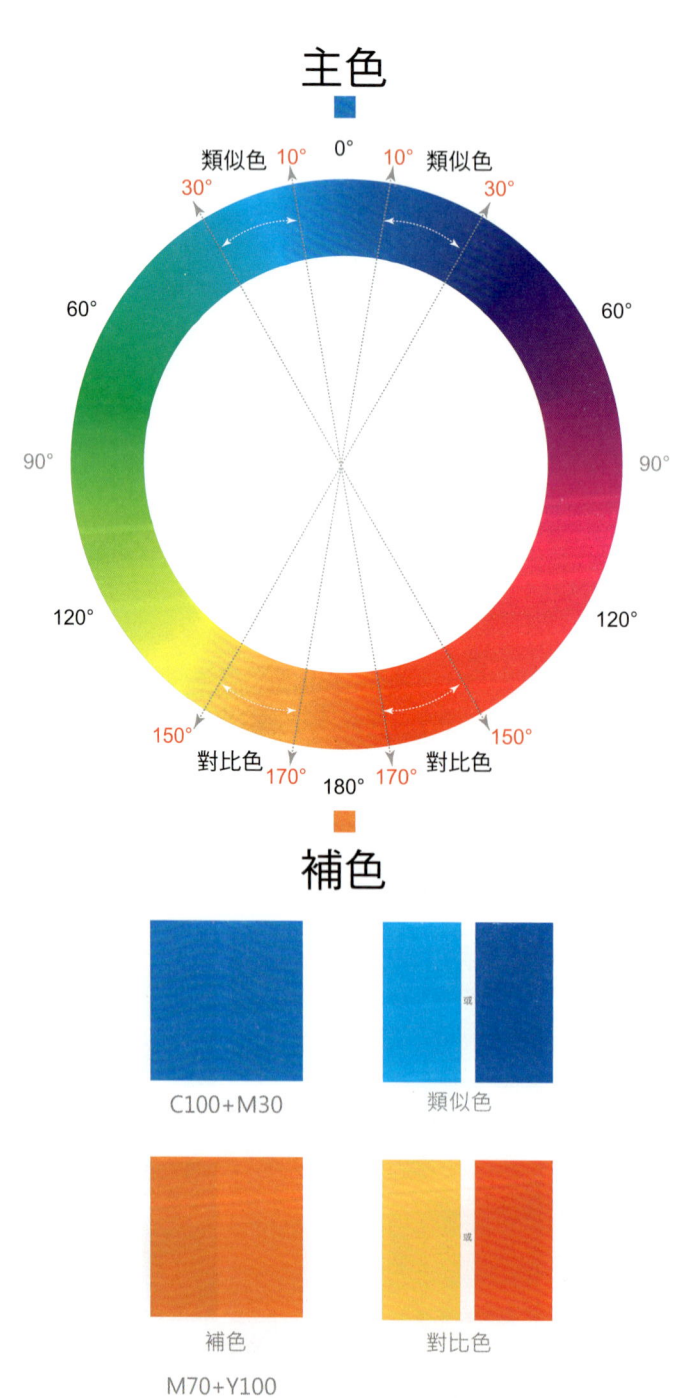

四 試題編號：20100-110304

- 主色 C100+M30
- （C100+M30）+（M70+Y100）= C100+M100+Y100
- 補色為 M70+Y100
- 使用塑膠小湯匙依比例調製出主色以及補色。
- 主色於色相環中兩側 10~30 度內的色彩都可以為類似色。
  以主色為母色，加入少量的黃或紅色即可成為類似色。
- 主色於色相環中兩側 150~170 度內的色彩都可以為對比色。
  以補色為母色，加入少量的黃色或紅色即可成為對比色。

C100+M30　類似色

補色　對比色

主色

類似色 10° 0° 10° 類似色
30°　　　　　30°
60°　　　　　　　60°
90°　　　　　　　　90°
120°　　　　　　　120°
　　　150°　150°
對比色 170° 180° 170° 對比色

補色

C100+M30　類似色

補色　對比色
M70+Y100

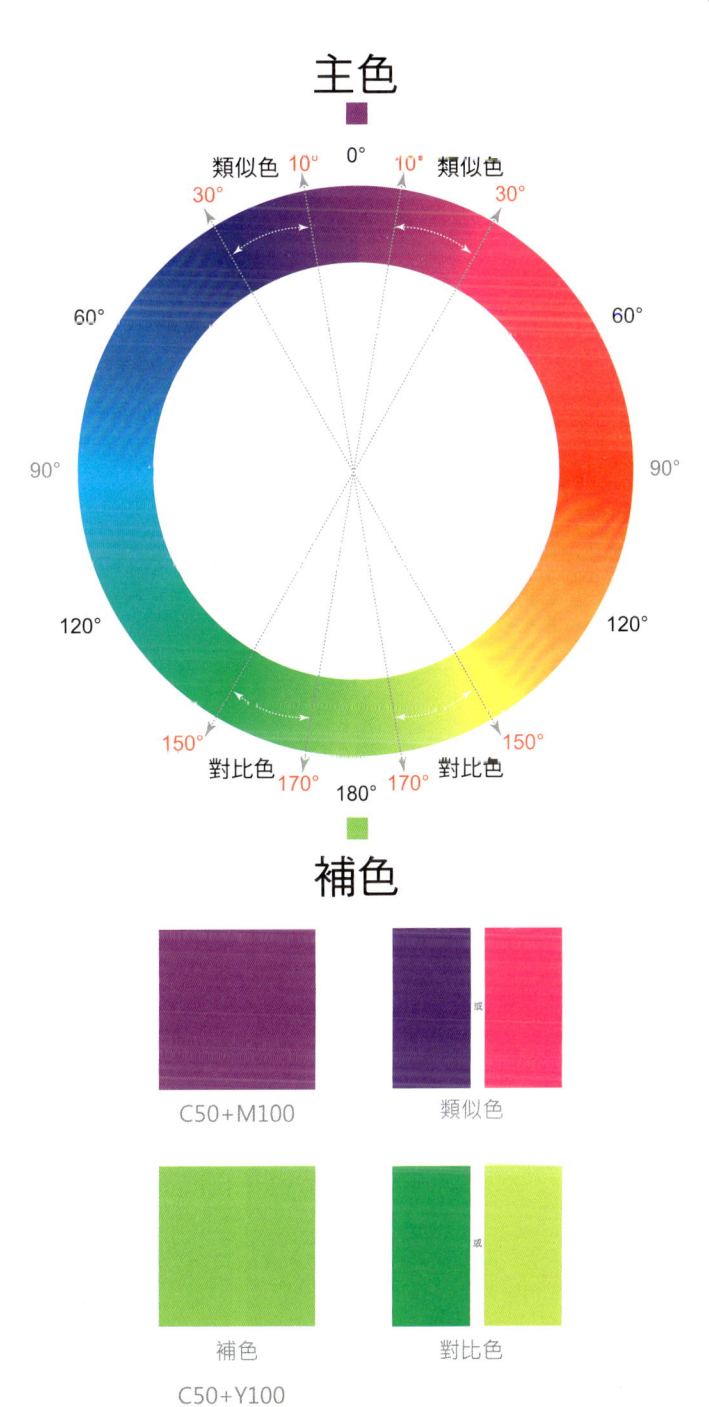

五 試題編號：20100-110305

- 主色 C50+M100
- （C50+M100）+（C50+Y100）=C100+M100+Y100
- 補色為 C50+Y100
- 使用塑膠小湯匙依比例調製出主色以及補色。
- 主色於色相環中兩側 10~30 度內的色彩都可以為類似色。
  以主色為母色，加入少量的藍色或紅色即可成為類似色。
- 主色於色相環中兩側 150~170 度內的色彩都可以為對比色。
  以補色為母色，加入少量的藍色或黃色即可成為對比色。

C50+M100　類似色

補色　對比色

主色

類似色 10° 0° 10° 類似色
30° 30°
60° 60°
90° 90°
120° 120°
150° 150°
對比色 170° 180° 170° 對比色

補色

C50+M100　類似色

補色　對比色

C50+Y100

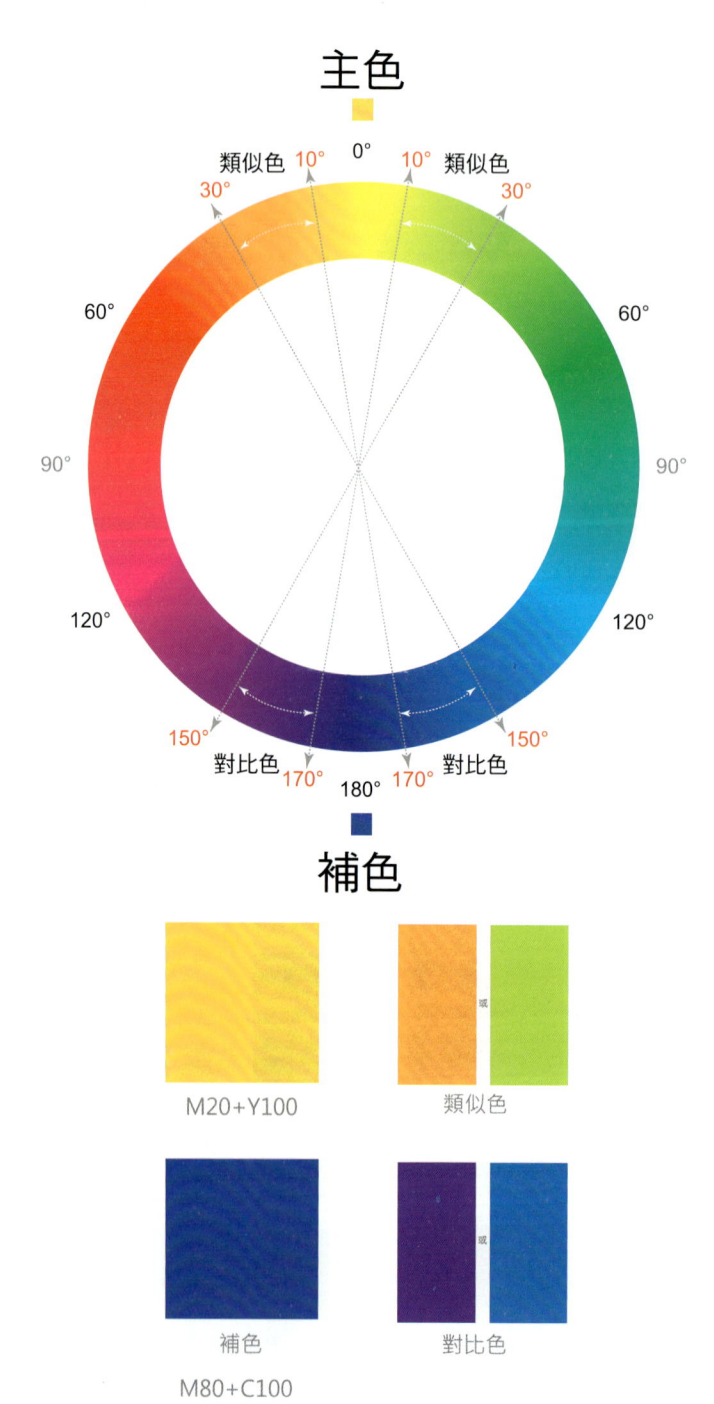

六、試題編號：20100-110306

- 主色 M20+Y100
- （M20+Y100）+（C100+M80）＝M100+Y100+C100
- 補色為 C100+M80
- 使用塑膠小湯匙依比例調製出主色以及補色。
- 主色於色相環中兩側 10~30 度內的色彩都可以為類似色。
  以主色為母色，加入少量的紅色或綠色即可成為類似色。
- 主色於色相環中兩側 150~170 度內的色彩都可以為對比色。
  以補色為母色，加入少量的紅色或黃色即可成為對比色。

M20+Y100	類似色
補色	對比色

主色

類似色 10° 0° 10° 類似色
30°　　　　　30°
60°　　　　　　　60°
90°　　　　　　　　90°
120°　　　　　　　120°
150°　　　　　　　150°
對比色 170° 180° 170° 對比色

補色

M20+Y100	類似色
補色	對比色

M80+C100

五　試題編號：20100-110305

- 主色 C50+M100
- （C50+M100）+（C50+Y100）=C100+M100+Y100
- 補色為 C50+Y100
- 使用塑膠小湯匙依比例調製出主色以及補色。
- 主色於色相環中兩側 10~30 度內的色彩都可以為類似色。
  以主色為母色，加入少量的藍色或紅色即可成為類似色。
- 主色於色相環中兩側 150~170 度內的色彩都可以為對比色。
  以補色為母色，加入少量的藍色或黃色即可成為對比色。

| C50+M100 | 類似色 |
| 補色 | 對比色 |

主色

類似色 10° 0° 10° 類似色
30° 30°
60° 60°
90° 90°
120° 120°
150° 150°
對比色 170° 170° 對比色
180°

補色

C50+M100　類似色

補色　對比色

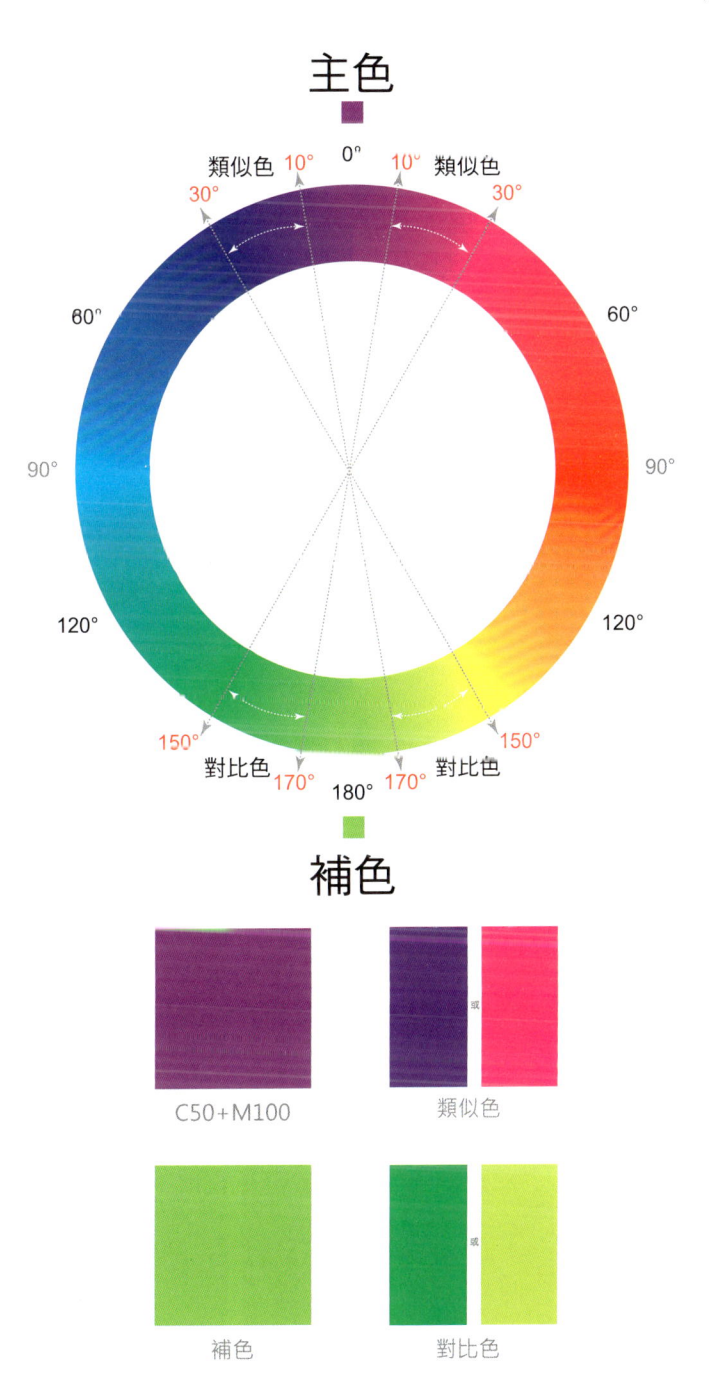

C50+Y100

六 試題編號：20100-110306

- 主色 M20+Y100
- （M20+Y100）+（C100+M80）=M100+Y100+C100
- 補色為 C100+M80
- 使用塑膠小湯匙依比例調製出主色以及補色。
- 主色於色相環中兩側 10~30 度內的色彩都可以為類似色。以主色為母色，加入少量的紅色或綠色即可成為類似色。
- 主色於色相環中兩側 150~170 度內的色彩都可以為對比色。以補色為母色，加入少量的紅色或黃色即可成為對比色。

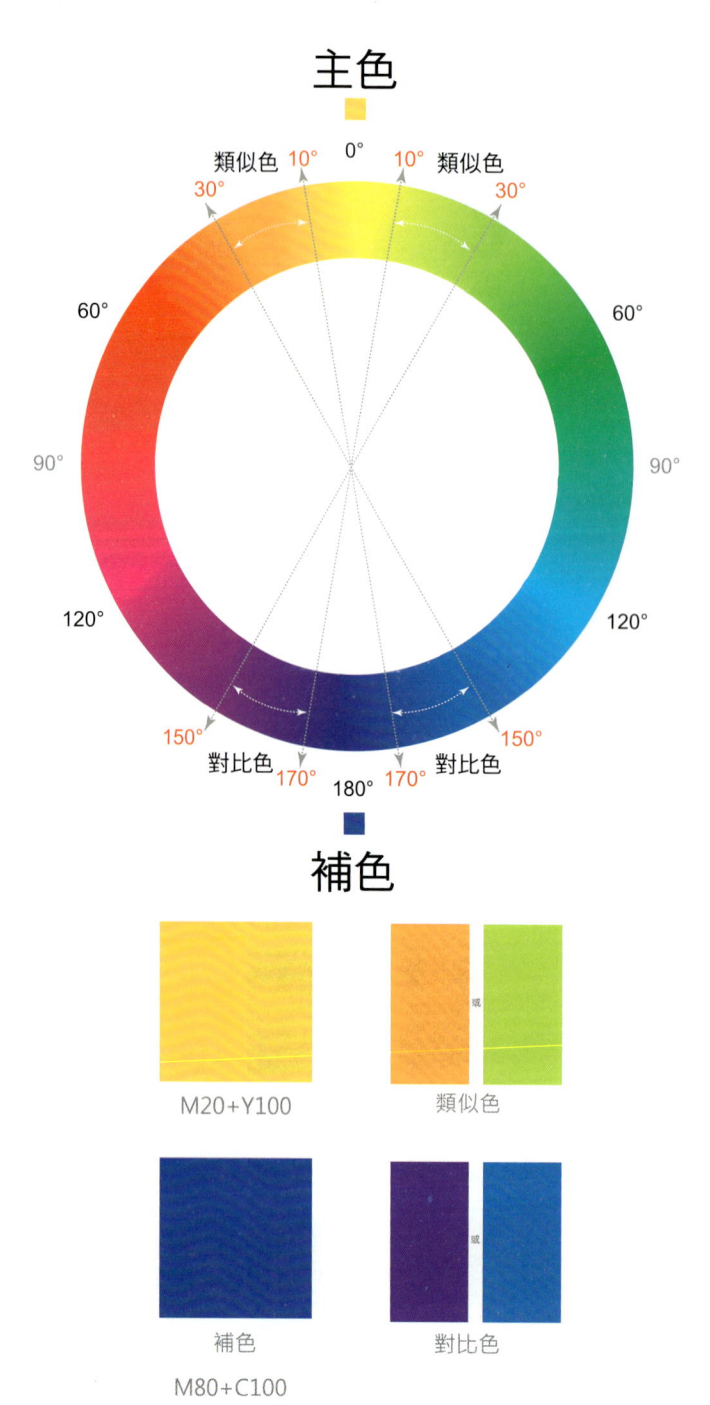

| M20+Y100 | 類似色 |
| 補色 | 對比色 |

主色

類似色 10° 0° 10° 類似色
30° 30°
60° 60°
90° 90°
120° 120°
150° 150°
對比色 170° 180° 170° 對比色

補色

M20+Y100 類似色

補色 對比色
M80+C100

視覺傳達設計
Visual Communication Design

PART 2・術科題庫解析

版面配置原則

版面配置原則

- 術科測試是使用下方已經印妥評審表的 300g/m² 八開西卡紙作答。

- 術科測試作答紙右下方空白處會加印應檢人的術科測驗編號，待測驗結束，監場人員會將編號予以彌封。

- 四個色塊上、下、左、右距離約為 15mm。

- 基礎製圖與色塊距離約為 20mm 並水平置中，與紙張左、右均分即可。

- 基礎製圖與色塊和文字之間的距離如果太寬會造成畫面缺乏整體感；距離太窄則會造成過度擁擠的視覺壓迫感，所以基礎製圖與色塊和文字之間的距離以 30mm 左右為佳。

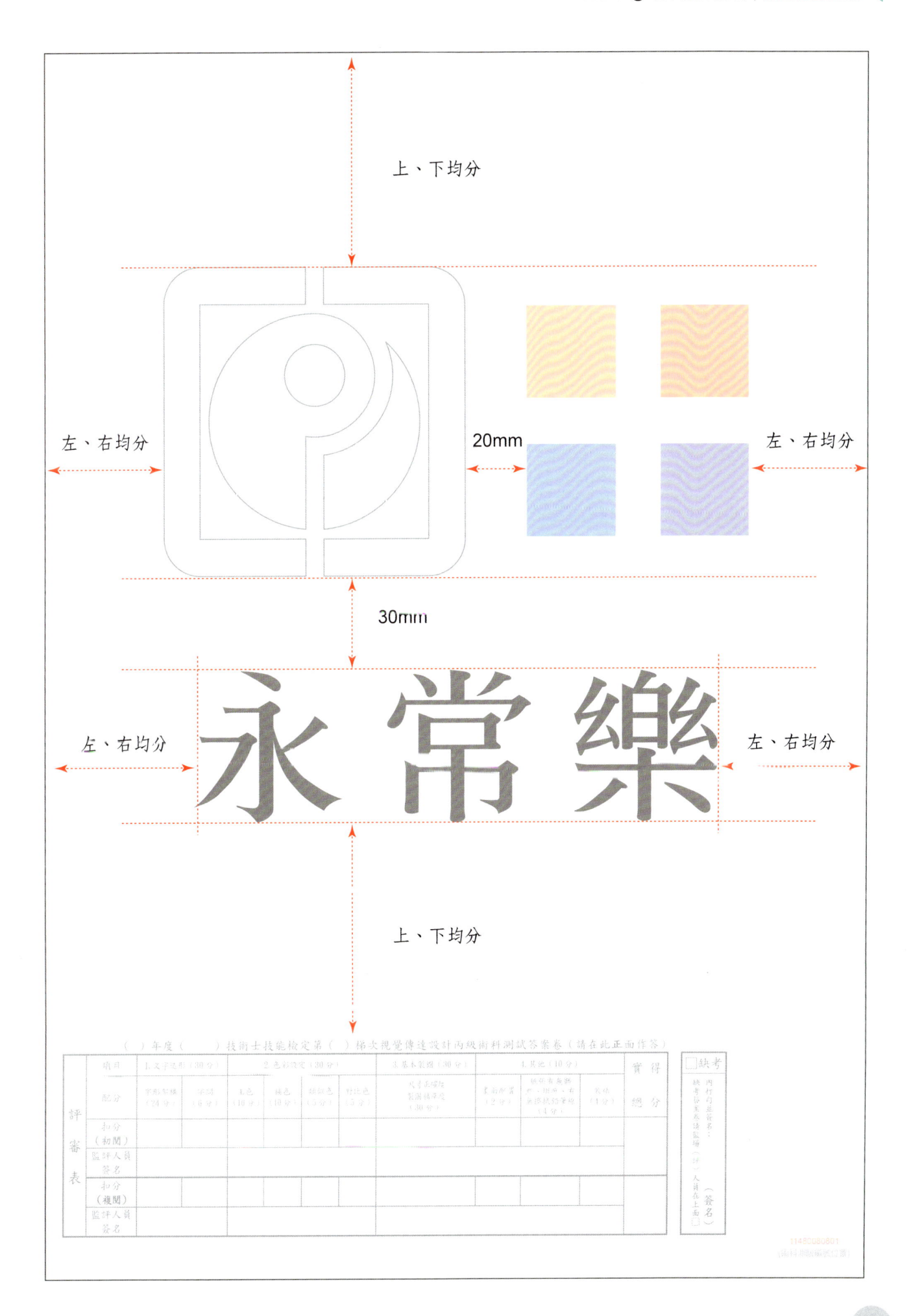

PART ❷ 術科題庫解析 ｜ 版面配置原則

上、下均分

左、右均分　　　20mm　　　左、右均分

30mm

左、右均分　　永 常 樂　　左、右均分

上、下均分

2-47

視覺傳達設計
Visual Communication Design

PART 2・術科題庫解析

描 圖 紙
裱貼指引

視覺傳達設計｜丙級檢定學術科應檢寶典

> 描圖紙裱貼指引

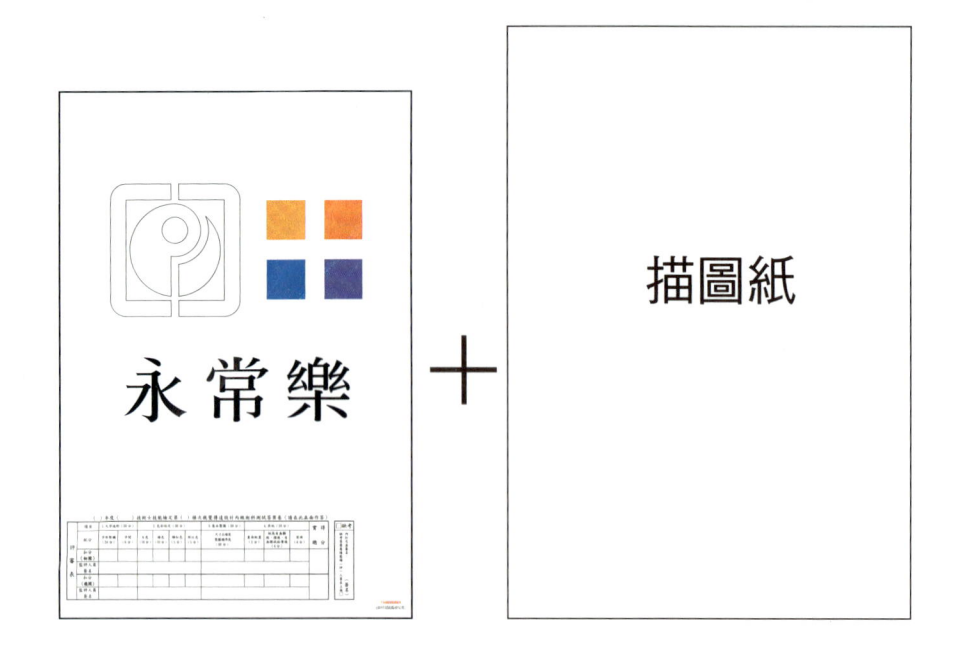

● 當完成作答之後請檢視廣告顏料是否確實乾燥，如果已確實乾燥，請取出裱褙用描圖紙進行畫面裱裝作業。

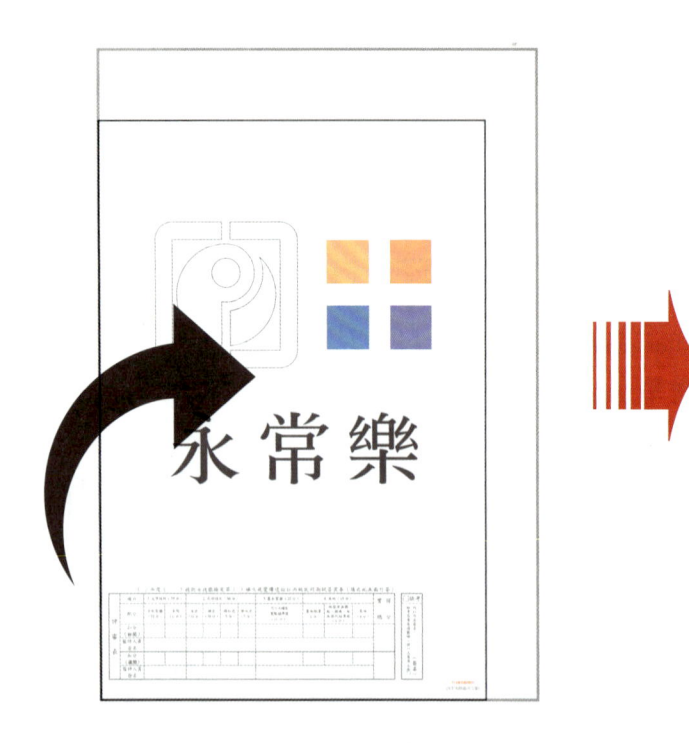

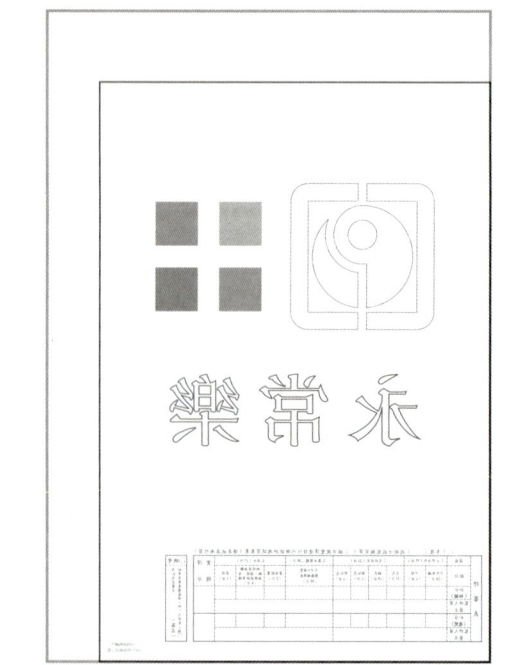

● 將作答紙正面朝上平放於桌面。
● 將描圖紙對齊作答紙左下角，並覆蓋在上面。
● 將描圖紙與作答紙同時翻蓋到桌面。

● 此時作答紙背面必須對齊描圖紙的右下角。

2-50

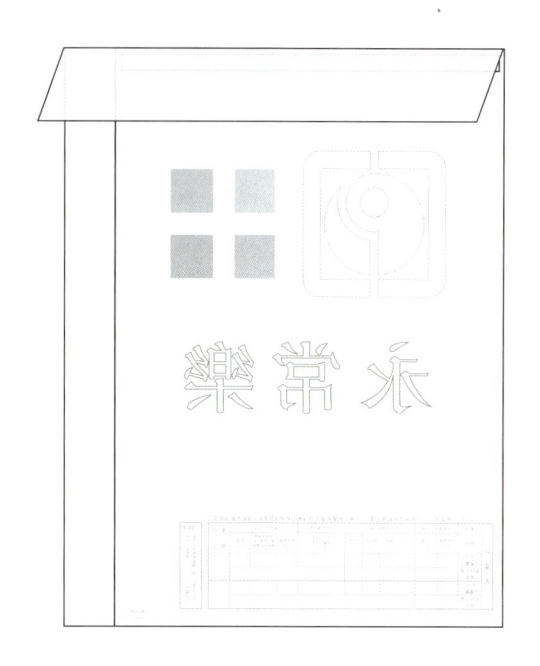

PART ❷ 術科題庫解析│描圖紙裱貼指引

● 在作答紙背面距離上緣 1-2mm 處貼妥 10mm 寬的雙面膠帶。

● 將描圖紙上方多餘部分向下對齊摺好。
● 撕開雙面膠帶，並將描圖紙下摺部份貼妥。

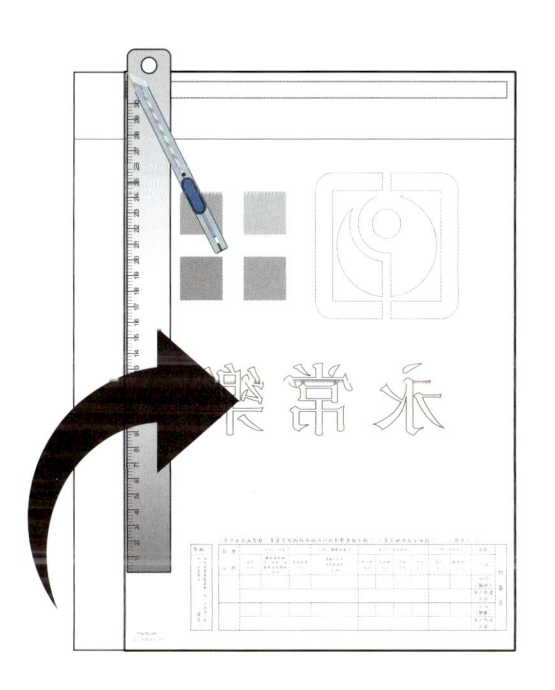

● 使用鋼尺壓住描圖紙左側多餘部分，接著使用美工刀將多餘部分切除。

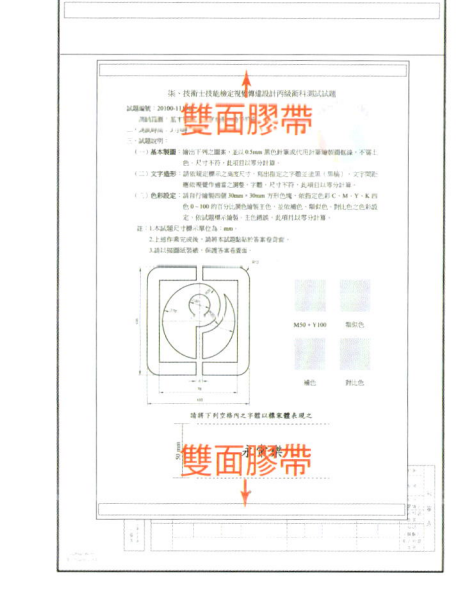

● 將試題紙放置於作答紙背面約略中間的位置，裁剪兩條適當長度的雙面膠帶，將試題紙平整黏貼於作答紙背面。

2-51

- 接著將裱貼完成的作答紙翻回正面。
- 大功告成。

視覺傳達設計
Visual Communication Design

PART 2・術科題庫解析

術科試題

一 試題編號：20100-111301

一、測試範圍：基本製圖、文字造形、色彩設定

二、測試時間：3 小時

三、試題說明：

（一）基本製圖：繪出下列之圖案，並以 0.5mm 黑色針筆或代用針筆繪製圖框線，不需上色。尺寸不符，此項目以零分計算。

（二）文字造形：請依規定標示之高度尺寸，寫出指定之字體並塗黑（黑稿），文字間距應依視覺作適當之調整。字體、尺寸不符，此項目以零分計算。

（三）色彩設定：請自行繪製四個 30mm×30mm 方形色塊，依指定色彩 C、M、Y、K 四色 0～100 的百分比調色繪製主色，並依補色、類似色、對比色之色彩設定，依試題標示繪製。主色錯誤，此項目以零分計算。

註：1. 本試題尺寸標示單位為：mm。

2. 上述作業完成後，請將本試題黏貼於答案卷背面。

3. 請以描圖紙裝裱，保護答案卷圖面。

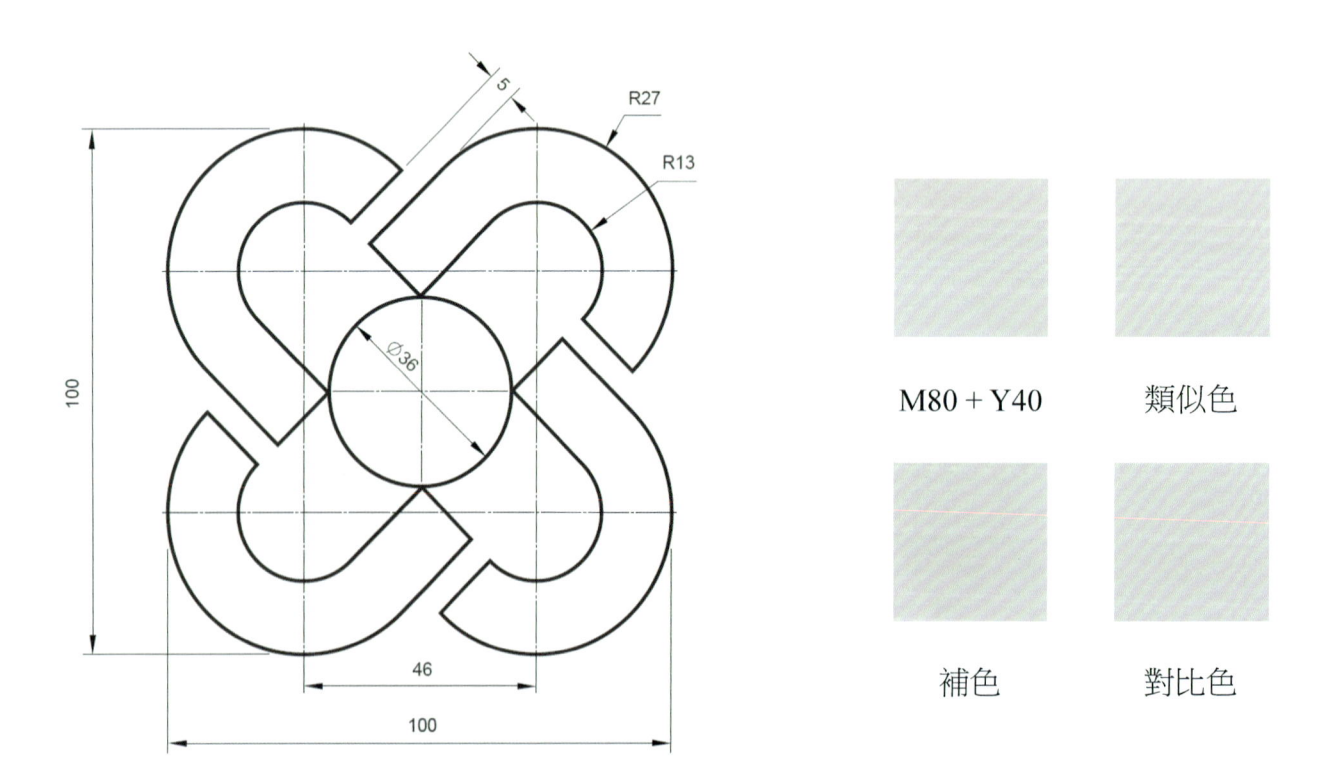

M80 + Y40　　類似色

補色　　對比色

請將下列空格內之字體以**羅馬體**表現之

35 mm　LAYOUT

二、試題編號：20100-111302

一、測試範圍：基本製圖、文字造形、色彩設定

二、測試時間：3 小時

三、試題說明：

(一) **基本製圖**：繪出下列之圖案，並以 0.5mm 黑色針筆或代用針筆繪製圖框線，不需上色。尺寸不符，此項目以零分計算。

(二) **文字造形**：請依規定標示之高度尺寸，寫出指定之字體並塗黑（黑稿），文字間距應依視覺作適當之調整。字體、尺寸不符，此項目以零分計算。

(三) **色彩設定**：請自行繪製四個 30mm×30mm 方形色塊，依指定色彩 C、M、Y、K 四色 0～100 的百分比調色繪製主色，並依補色、類似色、對比色之色彩設定，依試題標示繪製。主色錯誤，此項目以零分計算。

註：1. 本試題尺寸標示單位為：mm。

2. 上述作業完成後，請將本試題黏貼於答案卷背面。

3. 請以描圖紙裝裱，保護答案卷圖面。

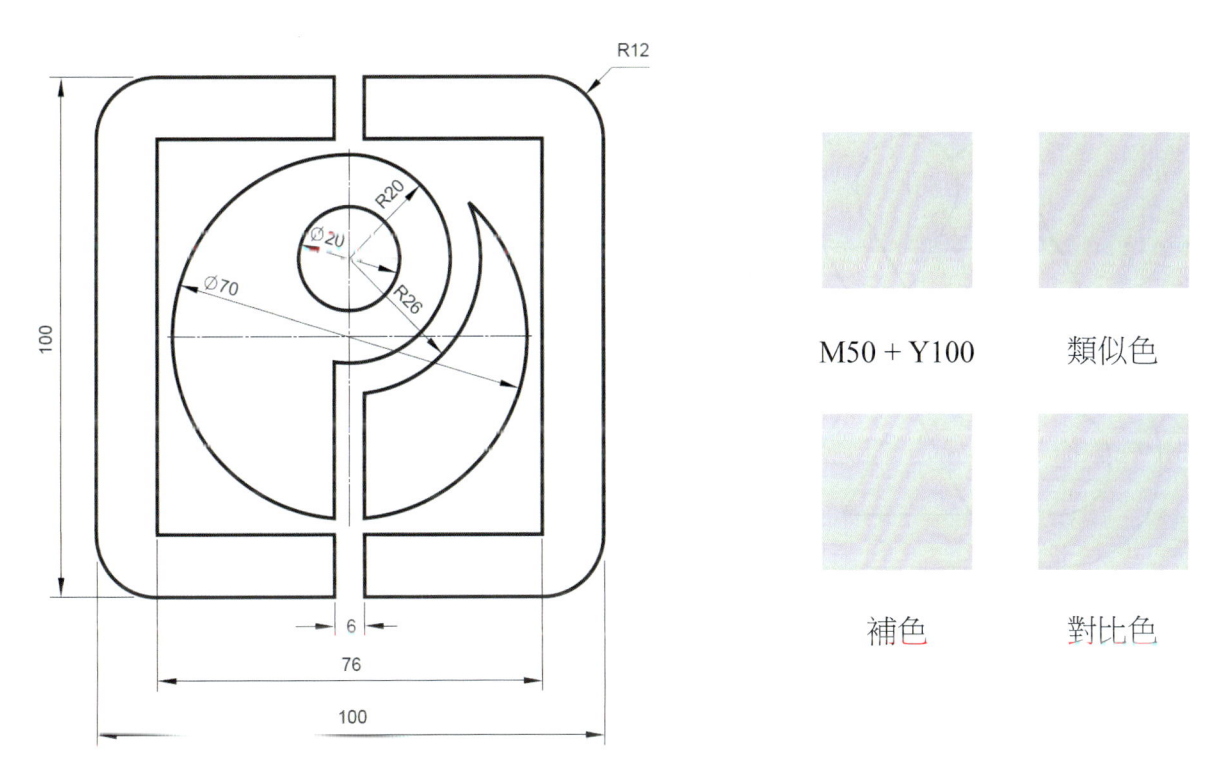

M50 + Y100　　類似色

補色　　對比色

請將下列空格內之字體以**標宋體**表現之

永 常 樂

50 mm

三、試題編號：20100-111303

一、測試範圍：基本製圖、文字造形、色彩設定

二、測試時間：3 小時

三、試題說明：

（一）**基本製圖**：繪出下列之圖案，並以 0.5mm 黑色針筆或代用針筆繪製圖框線，不需上色。尺寸不符，此項目以零分計算。

（二）**文字造形**：請依規定標示之高度尺寸，寫出指定之字體並塗黑（黑稿），文字間距應依視覺作適當之調整。字體、尺寸不符，此項目以零分計算。

（三）**色彩設定**：請自行繪製四個 30mm×30mm 方形色塊，依指定色彩 C、M、Y、K 四色 0～100 的百分比調色繪製主色，並依補色、類似色、對比色之色彩設定，依試題標示繪製。主色錯誤，此項目以零分計算。

註：1. 本試題尺寸標示單位為：mm。

2. 上述作業完成後，請將本試題黏貼於答案卷背面。

3. 請以描圖紙裝裱，保護答案卷圖面。

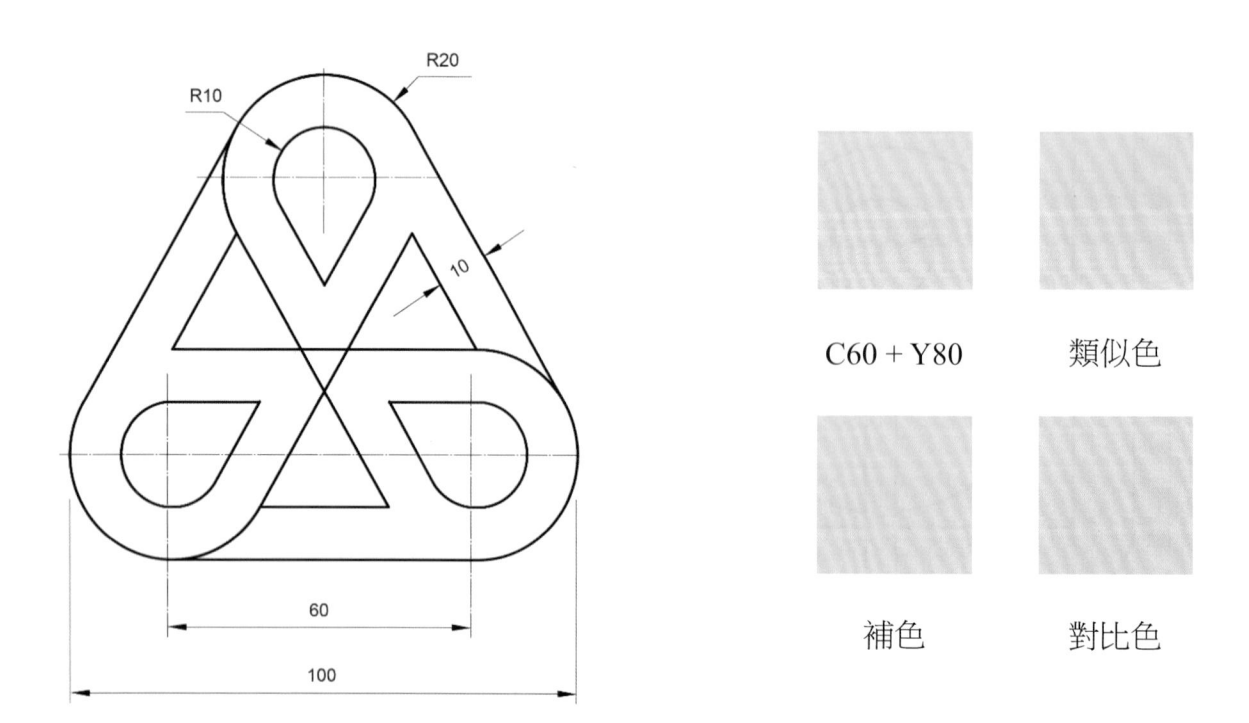

C60 + Y80　　類似色

補色　　對比色

請將下列空格內之字體以**黑體**表現之

50 mm

賦比興

四 試題編號：20100-111304

一、測試範圍：基本製圖、文字造形、色彩設定

二、測試時間：3 小時

三、試題說明：

（一）**基本製圖**：繪出下列之圖案，並以 0.5mm 黑色針筆或代用針筆繪製圖框線，不需上色。尺寸不符，此項目以零分計算。

（二）**文字造形**：請依規定標示之高度尺寸，寫出指定之字體並塗黑（黑稿），文字間距應依視覺作適當之調整。字體、尺寸不符，此項目以零分計算。

（三）**色彩設定**：請自行繪製四個 30mm×30mm 方形色塊，依指定色彩 C、M、Y、K 四色 0～100 的百分比調色繪製主色，並依補色、類似色、對比色之色彩設定，依試題標示繪製。主色錯誤，此項目以零分計算。

註：1. 本試題尺寸標示單位為：mm。

2. 上述作業完成後，請將本試題黏貼於答案卷背面。

3. 請以描圖紙裝裱，保護答案卷圖面。

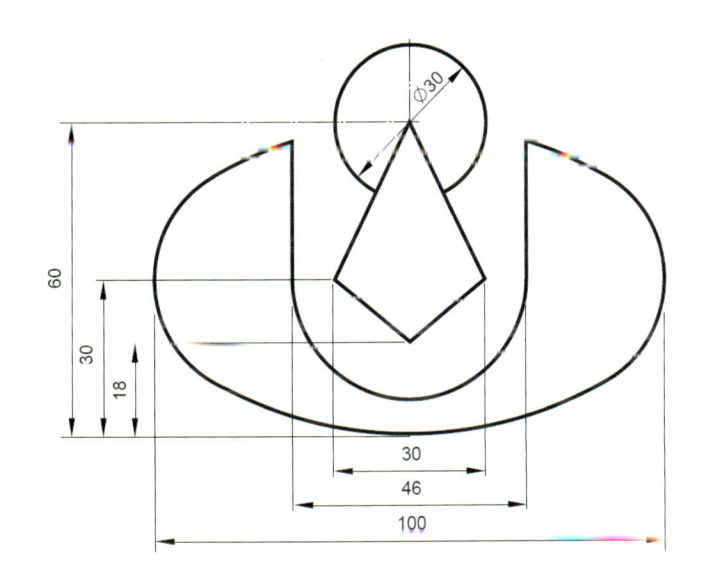

C100 + M30　　類似色

補色　　對比色

請將下列空格內之字體以**黑體**表現之

35 mm　　SHADOW

五 試題編號：20100-111305

一、測試範圍：基本製圖、文字造形、色彩設定

二、測試時間：3 小時

三、試題說明：

 （一）**基本製圖**：繪出下列之圖案，並以 0.5mm 黑色針筆或代用針筆繪製圖框線，不需上色。尺寸不符，此項目以零分計算。

 （二）**文字造形**：請依規定標示之高度尺寸，寫出指定之字體並塗黑（黑稿），文字間距應依視覺作適當之調整。字體、尺寸不符，此項目以零分計算。

 （三）**色彩設定**：請自行繪製四個 30mm×30mm 方形色塊，依指定色彩 C、M、Y、K 四色 0～100 的百分比調色繪製主色，並依補色、類似色、對比色之色彩設定，依試題標示繪製。主色錯誤，此項目以零分計算。

註：1. 本試題尺寸標示單位為：mm。

  2. 上述作業完成後，請將本試題黏貼於答案卷背面。

  3. 請以描圖紙裝裱，保護答案卷圖面。

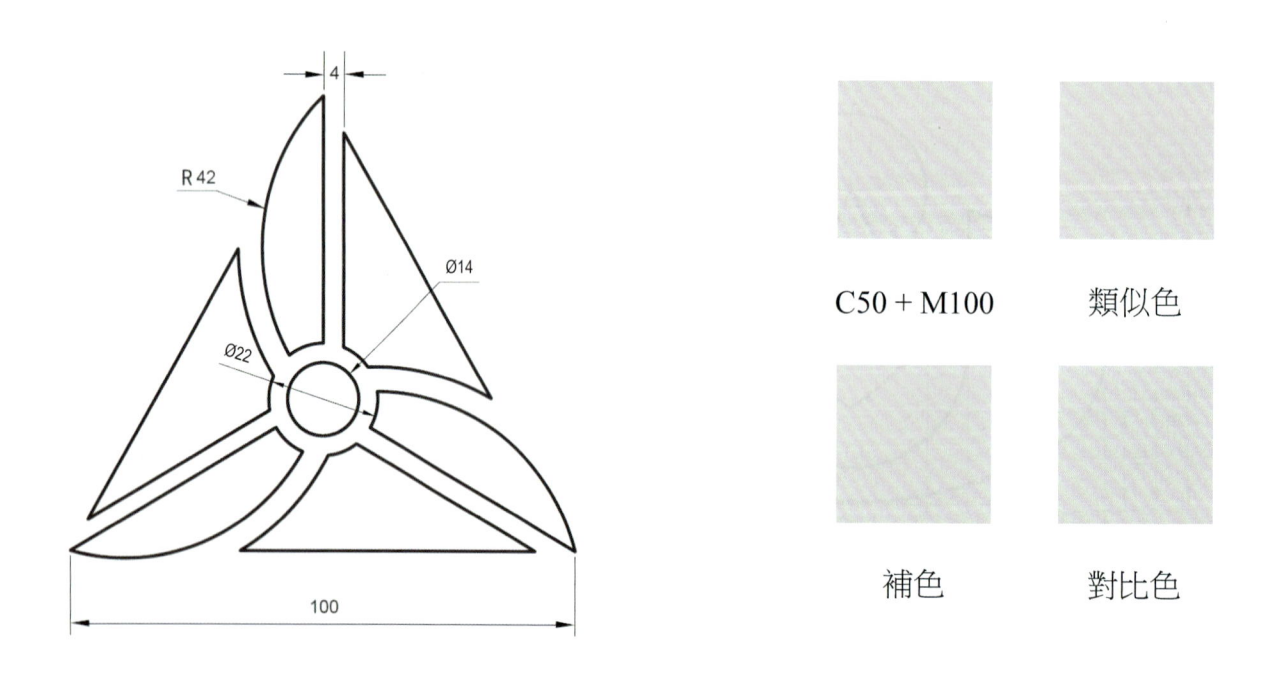

基本製圖尺寸標示：
- 頂端寬度：4
- R 42
- Ø14
- Ø22
- 底邊：100

C50 + M100　　類似色

補色　　對比色

請將下列空格內之字體以**黑體**表現之

50 mm

風雅頌

六 試題編號：20100-111306

一、測試範圍：基本製圖、文字造形、色彩設定

二、測試時間：3 小時

三、試題說明：

（一）**基本製圖**：繪出下列之圖案，並以 0.5mm 黑色針筆或代用針筆繪製圖框線，不需上色。尺寸不符，此項目以零分計算。

（二）**文字造形**：請依規定標示之高度尺寸，寫出指定之字體並塗黑（黑稿），文字間距應依視覺作適當之調整。字體、尺寸不符，此項目以零分計算。

（三）**色彩設定**：請自行繪製四個 30mm×30mm 方形色塊，依指定色彩 C、M、Y、K 四色 0～100 的百分比調色繪製主色，並依補色、類似色、對比色之色彩設定，依試題標示繪製。主色錯誤，此項目以零分計算。

註：1. 本試題尺寸標示單位為：mm。

2. 上述作業完成後，請將本試題黏貼於答案卷背面。

3. 請以描圖紙裝裱，保護答案卷圖面。

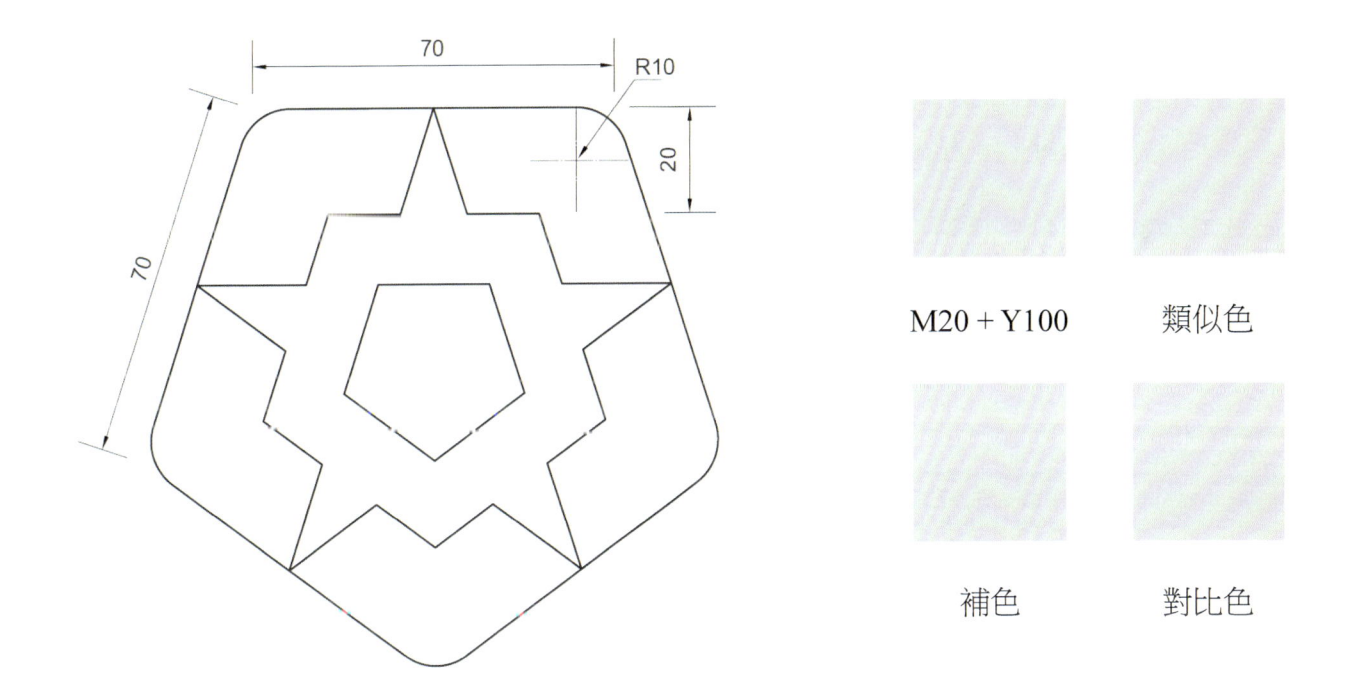

M20＋Y100　　類似色

補色　　對比色

請將下列空格內之字體以**標宋體**表現之

50 mm

雙飛燕

配色參考表

※ 應檢人自備工具表 8色廣告顏料

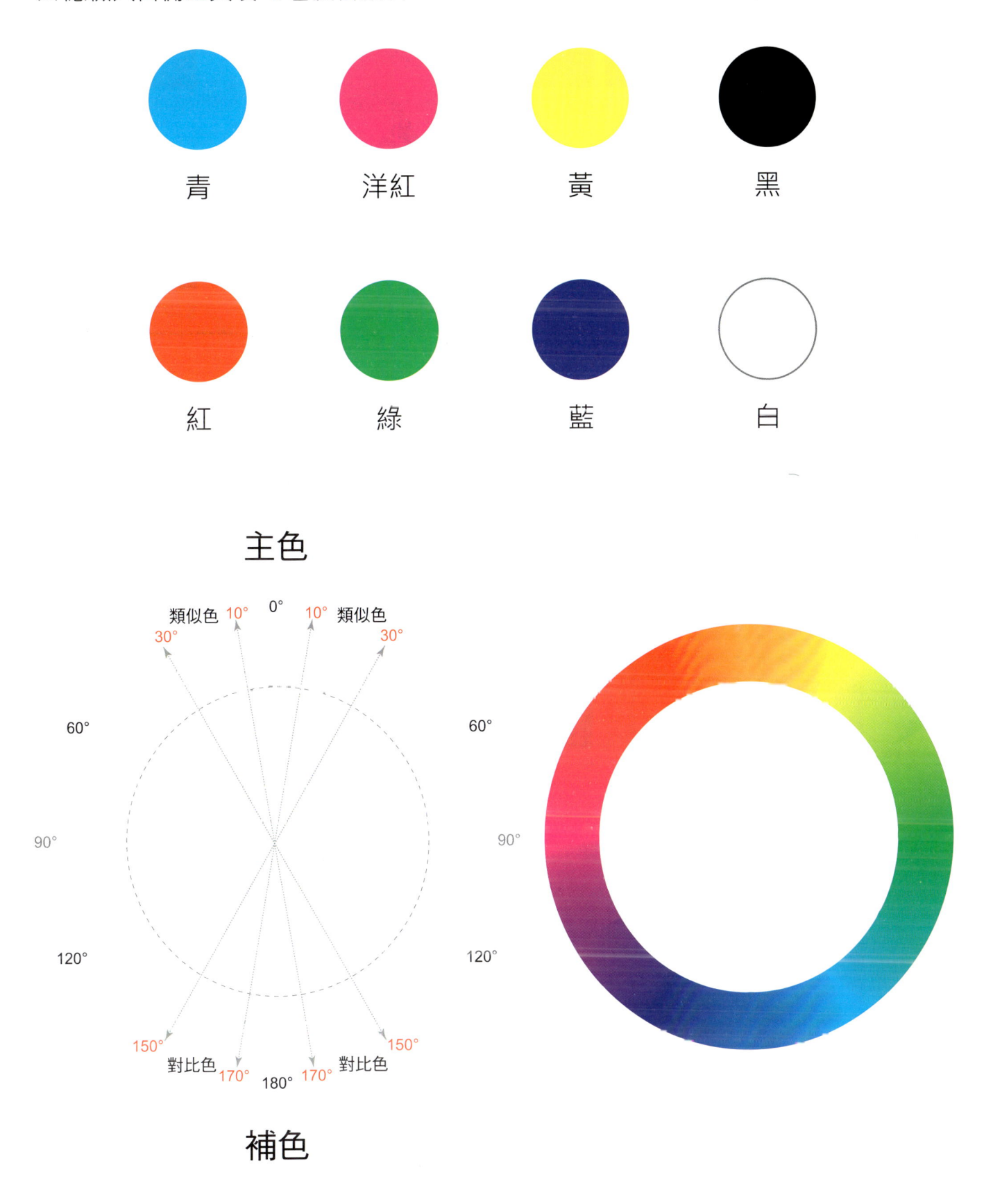

| 青 | 洋紅 | 黃 | 黑 |

| 紅 | 綠 | 藍 | 白 |

主色

類似色 10° 0° 10° 類似色
30°　　　　　30°
60°　　　　　　　60°
90°　　　　　　　90°
120°　　　　　　120°
150°　　　　　　150°
對比色 170° 180° 170° 對比色

補色

※ 類似色及對比色有順時針、逆時針各20度漸層範圍，範圍內色彩均可。

配色參考表

20100-111301
主色: M80+Y40
類似色
補色: Y40+C80
對比色

20100-111302
主色: M50+Y100
類似色
補色: M50+C100
對比色

20100-111303
主色: C60+Y80
類似色
補色: C20+M80
對比色

20100-111304
主色: C100+M30
類似色
補色: M70+Y100
對比色

20100-111305
主色: C50+M100
類似色
補色: C50+Y100
對比色

20100-111306
主色: M20+Y100
類似色
補色: M80+C100
對比色

視覺傳達設計丙級檢定學術科應檢寶典｜2025版

作　　者：技能檢定研究室
企劃編輯：郭季柔
文字編輯：江雅鈴
設計裝幀：張寶莉
發 行 人：廖文良

發 行 所：碁峰資訊股份有限公司
地　　址：台北市南港區三重路66號7樓之6
電　　話：(02)2788-2408
傳　　真：(02)8192-4433
網　　站：www.gotop.com.tw
書　　號：AER061531
版　　次：2025年04月初版
建議售價：NT$420

國家圖書館出版品預行編目資料

視覺傳達設計丙級檢定學術科應檢寶典. 2025版 / 技能檢定研究
　室著. -- 初版. -- 臺北市：碁峰資訊, 2025.04
　　　面；　公分
　ISBN 978-626-425-045-0(平裝)

　1.CST：視覺藝術　2.CST：視覺設計　3.CST：考試指南
960　　　　　　　　　　　　　　　　　　　　　114003498

商標聲明：本書所引用之國內外公司各商標、商品名稱、網站畫面，其權利分屬合法註冊公司所有，絕無侵權之意，特此聲明。

版權聲明：本著作物內容僅授權合法持有本書之讀者學習所用，非經本書作者或碁峰資訊股份有限公司正式授權，不得以任何形式複製、抄襲、轉載或透過網路散佈其內容。
版權所有‧翻印必究

本書是根據寫作當時的資料撰寫而成，日後若因資料更新導致與書籍內容有所差異，敬請見諒。若是軟、硬體問題，請您直接與軟、硬體廠商聯絡。